Transistor
Gijutsu
Special
for Freshers

トランジスタ技術
SPECIAL
for フレッシャーズ

No.99

徹底図解

トップ・エンジニアを目指してスタートダッシュ!

ディジタル・オシロスコープ 活用ノート

- 電子部品&デバイス
- ノイズ対策
- マイコン
- アナログ回路
- ロジック回路

トランジスタ技術SPECIAL forフレッシャーズは，プロを目指すエンジニアが企業の即戦力となるためにマスタするべき基礎知識と設計技術をわかりやすく解説します．

forフレッシャーズの世界

電源＆パワー

センサ＆計測

シミュレーション技術

測定

高周波＆ワイヤレス

プリント基板

The World of **for Freshers**

Illustration by Maho Mizuno

Transistor Gijutsu Special for Freshers

トランジスタ技術 SPECIAL for フレッシャーズ
No.99

はじめに

ディジタル・オシロスコープが市場に出回り始めたころは，「表示波形が粗く，スピードが遅い」という印象でした．しかしディジタル・オシロスコープは予想を超えた速度で進化し，アナログ・オシロスコープに取って代わることができるようになってきました．

ディジタル・オシロスコープは，トリガ条件が分からなくても，STOPボタンで波形を静止できるという芸当ができます．また，帯域もアナログ・オシロスコープをはるかに凌駕しています．したがって，今ではほど特殊な分野でない限り，アナログ・オシロスコープを備える理由はなくなってきました．

本書はこのような背景から「ディジタル・オシロスコープを早く使いこなせるようになりたい」という要望に応えることができるように構成しました．

特に，図や写真にコメントを入れて，とっつきやすく分かりやすくしました．漫画を読むように短時間のうちに最後まで見ていただけると思います．

若いうちは，お金も時間もありません．私はかつて，オシロスコープ欲しさのあまりに，2,700円でブラウン管を入手し，時間を見つけて自作したものでした．今では，少し貯金すれば，性能の良いディジタル・オシロスコープが手に入ります．

オシロスコープを使えば，今まで見えなかった世界が見えてきます．望遠鏡で未知の宇宙を探るように，電子の世界を垣間見る，そんな喜びを味わっていただけたらと思います．

漆谷正義

CONTENTS

徹底図解
トップ・エンジニアを目指してスタートダッシュ！

ディジタル・オシロスコープ活用ノート

第1章 電子回路開発のための必需品
オシロスコープは電気信号を見る道具 　8

1-1 電子回路の動きを見るところから始める
電気信号ってどうやって見ればいいんだっけ？ 　8

1-2 電子回路の診断装置はこんな格好をしている
ディジタル・オシロスコープの素顔 　9

1-3 電気信号のふるまいをディスプレイに映し出す
ディジタル・オシロスコープを使ってみる 　10
1 どんな物理量も電気信号でその姿を観測できる！
2 実験その1
　レモン汁を使って化学電池の起電力の変化を観測
3 実験その2
　DVDのディジタル音声出力波形を観測

1-4 習うより慣れろ
身近な製品の電気信号を見てみる 　13
1 ワンチップFMラジオ・レシーバICの入出力
2 ワンチップAMラジオ・レシーバICの入出力
3 赤外線リモコンICの入出力
4 ビデオ・テープ・レコーダの再生ヘッド出力
5 DVDプレーヤのピックアップ出力とビデオ出力
6 イーサネットの差動シリアル信号
7 液晶ディスプレイのビデオ入力信号
8 シリアルATAインターフェースの信号

1-5 オシロスコープに表示されるのは教科書の波形と違う
現実の信号波形とその呼称 　19

第2章 測定ターゲットに合ったオシロスコープを選ぶ
ディジタル・オシロスコープの適材適所 　20

2-1 堅牢で野外の厳しい環境下でも安心して使える
電池動作が可能なハンディ・オシロスコープ 　20

2-2 まれに発生する異常波形も捕らえる
長時間の波形を蓄積できる
ロング・メモリ・オシロスコープ … 22

2-3 テスタで物足りなくなったら
基本機能を備えたスタンダード・タイプ … 24

2-4 1台二役！アナログとディジタルを一度に観測
ミクスト・シグナル・オシロスコープ … 26

2-5 アナログ・オシロスコープの長所を兼ね備えた
輝度階調表現が可能な
ディジタル・オシロスコープ … 28

2-6 パソコンの液晶モニタ・ディスプレイに表示
USBインターフェースの
小型ディジタル・オシロスコープ … 30

2-7 専用のプローブで高速信号の姿を確実に捕らえる
Gbps超の差動伝送線路を評価できる
ディジタル・オシロスコープ … 32

第3章 信号を捕らえてオシロスコープに伝える聴診器
プローブの基礎知識 … 34

3-1 ターゲットの動作に影響を与えることなく確実に信号を伝える
プローブが必要な理由とそのしくみ … 34
1. 電子回路の聴診器「プローブ」の働き
2. プローブを構成するパーツの外観と呼称
3. プローブに付属しているアクセサリ・キット

3-2 信号のタイプに合わせて選ぶ
プローブの種類と適材適所 … 37
1. 最もよく使うパッシブ・プローブ
2. ターゲットへの影響がとても小さい
   アクティブ・プローブ
3. 任意の2点間の電圧差を観測できる
   差動プローブ
4. 1kV以上の電圧信号を観測できる
   高圧プローブ
5. 配線をつかむだけで電流値がわかる
   電流プローブ
6. ファイン・ピッチにコンタクトできる
   照明ルーペ付きプローブ

3-3 信号の波形を正しく評価するために
プロービングの作法 … 46
1. 作法その1 テスト端子や電線のつかみ方
2. 作法その2 はんだ部やICの端子に直接当てる方法
3. グラウンド・リードの接続のしかた
4. プロービングを手助けしてくれるアクセサリのいろいろ
5. ケーブルを延長する方法

3-4 調整されていないプローブを使った観測には意味がない
大切な校正作業 … 52
1. 調整その1 低周波補正
2. 調整その2 高周波補正

3-5 ターゲットの動作に影響を与える
プローブの入力インピーダンス … 55

第4章 表示波形の拡大/縮小から振幅値の読み取り方まで
ディジタル・オシロスコープの基本操作 … 57

4-1 オシロスコープの動作状態や波形が表示される情報窓
ディスプレイの見方 … 57

4-2 波形のディテールを観測するための基本
表示波形の伸縮とポジショニング … 58
1. X軸とY軸のゲインと位置のコントロール
2. 波形操作を体感する
3. 水平掃引時間と水平位置を設定する

4-3 限られた波形表示部をめいっぱい使って観測
波形の一部を詳しく見る … 62
1. 直流成分を除いて交流分だけを拡大する
2. 波形の一部をクローズアップする遅延掃引

4-4 データの比較や資料作成に役立つ
大切な波形データを内部メモリに保存する … 64
1. 操作方法
2. 演習…CAL波形の保存と呼び出し
3. 演習…垂直軸と水平軸の設定を保存する

4-5 目盛りと垂直軸感度，そしてプローブの設定で決まる
入力信号の電圧振幅の読み取り方 … 67
1. 交流信号の振幅を読み取る
2. 演習…正弦波の振幅を求める
3. 直流分を含む交流信号の振幅を測定する

4-6 周期を読み取り逆数を取る
信号の周波数を求める … 70
1. 周波数とは1秒間に繰り返される波の数
2. 表示波形から周期を読み取る

4-7 波形の電圧値や時間の測定を補助してくれる
カーソルの使い方 … 72
1. カーソルを使った波形パラメータの測定
2. 演習…カーソルを使ってCAL信号の振幅と周期を測定する
3. 演習…CAL信号の立ち上がり時間を測定する
4. 立ち上がり時間と立ち下がり時間を自動測定する

トランジスタ技術 SPECIAL for フレッシャーズ
No.99

4-8	二つの信号の位相差や周波数比を図形で確認する
	CH-1とCH-2の入力信号を2次元表示する 78
	1 二つの信号の位相差と振幅比が一目でわかる
	2 リサージュ波形からわかること
	3 演習…CAL信号をX-Y表示する

4-9	表示をコントロールする
	波形の輝度や色の変更 83

第5章 内蔵の波形蓄積メモリ操る
表示波形を安定させるトリガのテクニック　84

5-1	オシロスコープの登竜門
	トリガをマスタすれば一人前 84

5-2	オシロスコープの内部でどんな働きをしているのか
	トリガ回路のしくみ 85
	1 トリガがかかると波形蓄積メモリから表示メモリに波形データが転送される
	2 波形蓄積メモリにおけるトリガ点の移動
	3 トリガと波形蓄積メモリの関係

5-3	表示の設定と入力チャネルの選択
	トリガ動作の開始条件を設定する 88
	1 トリガ動作をしていないとき波形を表示するかしないかの選択
	2 トリガ回路への入力チャネルの選択
	3 波形に合わせて選ぶ3種類のトリガ・モード

5-4	もっともよく利用する
	立ち上がり/立ち下がりで引っ掛けるエッジ・トリガ 90
	1 トリガ設定の基本
	2 CAL信号をエッジ・トリガで捕らえる
	3 ノイズの多い信号の表示を安定させる

5-5	方形波を確実に捕まえたいときは
	パルス幅で引っ掛けるパルス・トリガ 93

5-6	アナログ・ビデオ信号を捕まえたいときは
	テレビ信号の同期信号で捕まえるビデオ・トリガ 94
	1 ビデオ・トリガの用途と使いかた
	2 DVDプレーヤのアナログ・ビデオ信号を観測する

5-7	単発信号を捕えたり垂れ流し表示する方法
	トリガ・テクニックのいろいろ 98
	1 単発現象を捕らえるシングル・トリガ
	2 H/Lの組み合わせで指定するパターン・トリガ
	3 絵巻きのようにゆっくりと波形表示するロール・モード
	4 一定期間だけトリガ機能を抑止するホールド・オフ
	5 表示波形を録画/再生する

表紙・扉・目次デザイン＝千村勝紀
表紙・目次イラストレーション＝水野真帆
本文イラストレーション＝神崎真理子
表紙撮影＝矢野 渉

第6章 周波数分析からパソコンによる制御まで
ディジタルならではの便利な機能 105

6-1 FFT解析機能を使って周波数分解
波形に含まれる周波数成分を表示する 105
1 周期信号を単一周波数の正弦波に分解するフーリエ変換
2 FFT機能を使ってみる
3 窓関数の使い分け

6-2 差動信号の観測などに威力を発揮！
波形の加減算 112

6-3 電力波形の観測などに利用する
波形の乗算 114

6-4 アベレージング機能や帯域制限機能を駆使する
雑音を除去して精度良く観測する 115
1 必要十分な測定帯域で正確に観測する
2 ディジタル・フィルタを使った特定の周波数成分の抽出
3 ランダム・ノイズを除去するアベレージング

6-5 ハード・ディスクに保存したりExcelでデータ整理
パソコンに波形データを取り込む 119

6-6 BASICやCでプログラミング
オシロスコープを自動運転する 122
1 GP-IBやEIA-232-E経由でオシロスコープを遠隔操作
2 アドレスを使って測定器を指定する
3 スケール/トリガの設定やデータ取り込み用の指示文
4 オシロスコープを解析モードにする

6-7 目視よりも高精度&手間要らず
振幅や立ち上がり時間の自動測定機能 126
1 自動測定コントロール
2 自動測定できる電圧パラメータ
3 電圧値の自動測定の例
4 時間幅の自動測定
5 自動測定は手動よりも高精度
6 CR回路のパルス応答波形の自動測定

6-8 モデル波形と実測波形を重ね描きして一発チェック
信号が規格内にあるかどうか
自動判定するマスク・テスト 136
1 信号品質を自動判定するマスク機能
2 マスク・テスト機能を使ってみる

6-9 温度や経時変化による特性のずれを見つけ出して元に戻す
状態を表示したり診断, 校正する機能 140
1 自己校正
2 セルフ・テスト

第7章 測定器は万能じゃない！
誤差の原因や測定限界 142

7-1 オシロスコープの入力インピーダンスやプローブのグラウンド・リードが影響する
ターゲットの信号を変化させる要因のいろいろ 143
1 オシロスコープは本当の信号レベルより小さく表示する
2 オシロスコープの入力インピーダンスが波形レベルに影響を与える例
3 プローブのグラウンド・リードが表示波形を変化させる
4 低周波信号はDC結合で観測する

7-2 オシロスコープにも周波数特性がある
帯域の限界が与える波形への影響 148
1 精度良く振幅を観測できるのは帯域の70％程度
2 立ち上がり時間の測定限界

7-3 表示部にも誤差要因が潜んでいる
液晶ディスプレイの表示分解機能による測定誤差 150

7-4 偽の表示波形にだまされないために
サンプリング周波数, 帯域, 波形蓄積メモリ容量の関係 153
1 オシロスコープの波形取り込み部の特性
2 メモリ容量とサンプリング・レート
3 偽信号の発生

コラム	オシロスコープの入力回路	74
	カーソルを波形に沿って移動させるトラッキング機能	76
	フーリエ変換は身近なところにある	106
	振幅ばらつきが一目でわかるピーク検出機能	139
	グラウンド・リードは観測信号の4分の1波長が目安	146
	サンプリング・レートと帯域の関係	152
	垂直軸回路の精度と最大入力電圧	156

索引　158

徹底図解★ディジタル・オシロスコープ活用ノート

第1章
電子回路開発のための必需品

オシロスコープは電気信号を見る道具

1-1 電子回路の動きを見るところから始める
電気信号ってどうやって見ればいいんだっけ？

図1 ある会社の一幕…

　A君は，○△□株式会社の電子回路設計部の新人．ある日，1台の測定器（ディジタル・オシロスコープ）を1台手渡されました．
　操作マニュアルを見ても，使い方がさっぱり分からず悩んでいると…
先輩：「マニュアルだけじゃ使い方が身につかないだろう．ちょうど試作基板が上がってきたところだ．これを渡しておこう．」
A君：「どうすれば良いのですか？」
先輩：「きちんと動いているかどうかだけ調べてくれればいい．これが回路図だ．ほれ．」
　先輩は忙しそうに自分の仕事に戻って行きました．
　A君は，電子回路については一通りの教育を受けていますし，オシロスコープも学校で使ったことがあります．

　しかし，このようにディジタル・オシロスコープと実際の回路図を与えられると，頭が真っ白になる自分がいることに気づきました．
　本書では，このような立場のエンジニアを想定して，簡単にできる実験や容易に入手できる機器や回路を動かしながら，ディジタル・オシロスコープの使い方に慣れていきます．

1-2 ディジタル・オシロスコープの素顔

電子回路の診断装置はこんな格好をしている

写真1 ディジタル・オシロスコープのフロント・パネル（DSO3202A，アジレント・テクノロジー）

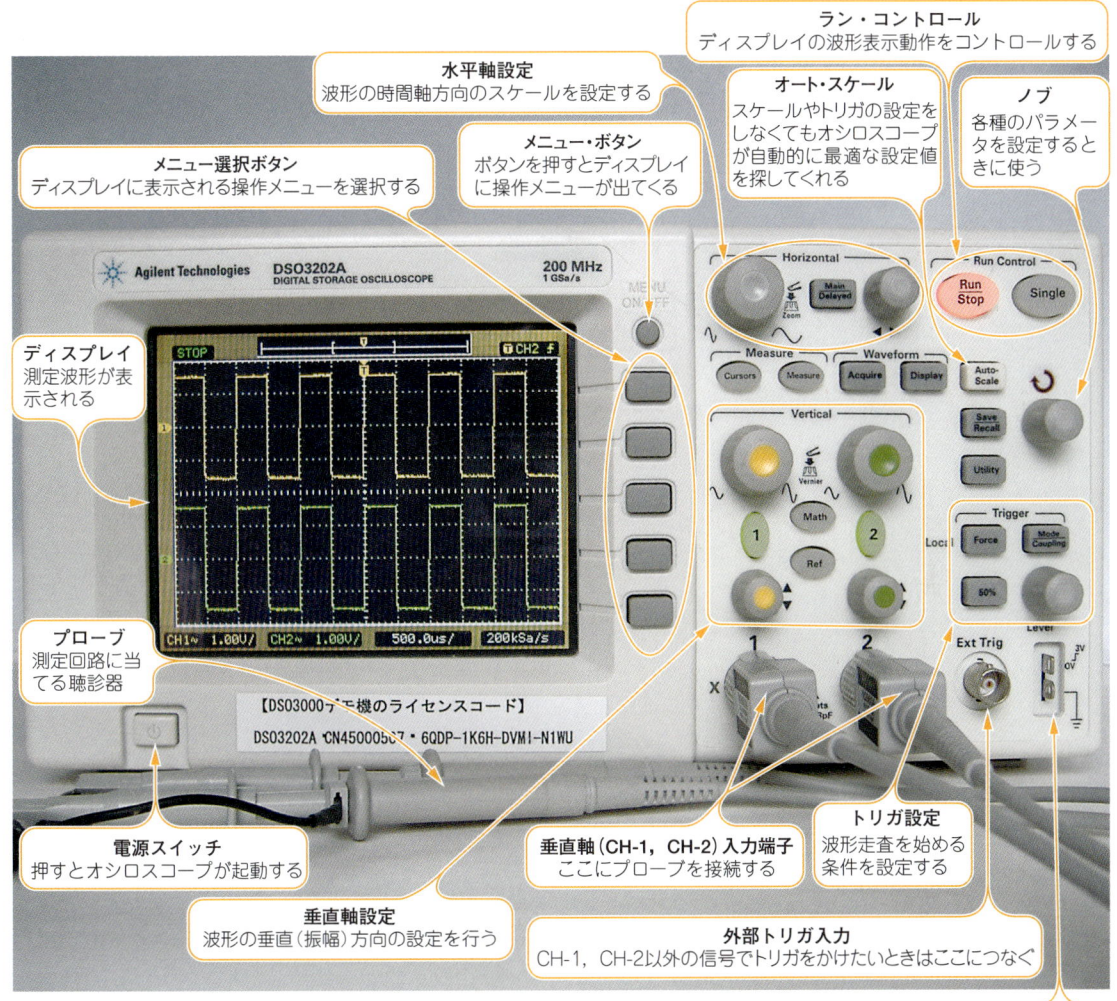

- **水平軸設定**：波形の時間軸方向のスケールを設定する
- **ラン・コントロール**：ディスプレイの波形表示動作をコントロールする
- **オート・スケール**：スケールやトリガの設定をしなくてもオシロスコープが自動的に最適な設定値を探してくれる
- **ノブ**：各種のパラメータを設定するときに使う
- **メニュー選択ボタン**：ディスプレイに表示される操作メニューを選択する
- **メニュー・ボタン**：ボタンを押すとディスプレイに操作メニューが出てくる
- **ディスプレイ**：測定波形が表示される
- **プローブ**：測定回路に当てる聴診器
- **電源スイッチ**：押すとオシロスコープが起動する
- **垂直軸設定**：波形の垂直（振幅）方向の設定を行う
- **垂直軸（CH-1, CH-2）入力端子**：ここにプローブを接続する
- **トリガ設定**：波形走査を始める条件を設定する
- **外部トリガ入力**：CH-1, CH-2以外の信号でトリガをかけたいときはここにつなぐ
- **校正信号端子**：オシロスコープの動作を確認したり，校正するときに使う信号がつねに出ている

　これまでオシロスコープは，専門家が使うものと思われていましたが，ここ数年で一気に身近なものになりました．それは，オシロスコープがディジタル化されて，多機能化と低価格化が進んだからです．

　ディジタル・オシロスコープは多機能なので，いろいろなターゲットを簡単に測定できます．

　ディジタル・オシロスコープのフロント・パネルには，たくさんの操作ノブがついていますが，無秩序に並べられているわけではありません．

　写真1に示すように，機能ごとに同じ場所にまとめられています．

　ディジタル・オシロスコープはメーカによって操作パネルの配置，画面，メニューの表示方法などが異なります．また，同じ機能でも違った表現をしている場合もあります．

　しかし，ディジタル・オシロスコープの原理や構成はほぼ同じですから，基本的な機能もほぼ同じです．

　本書では，主にディジタル・オシロスコープ DSO3202A（アジレント・テクノロジー）を動かしながら，使いかたを説明していきますが，ほかの機種でも十分に参考になるでしょう．

1-3 電気信号のふるまいをディスプレイに映し出す
ディジタル・オシロスコープを使ってみる

1 どんな物理量も電気信号でその姿を観測できる!

図2 風車の出力電圧をオシロスコープで観測すれば風量の変化を捕らえることができる

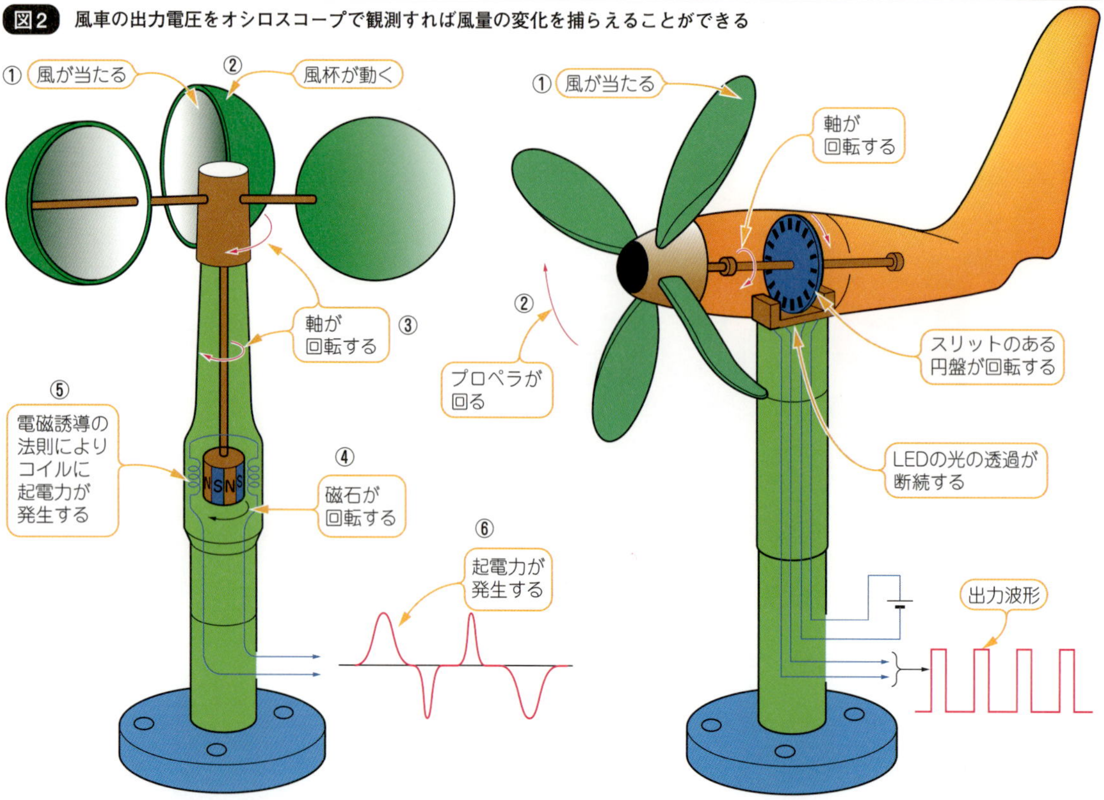

① 風が当たる
② 風杯が動く
③ 軸が回転する
④ 磁石が回転する
⑤ 電磁誘導の法則によりコイルに起電力が発生する
⑥ 起電力が発生する
N S N S
① 風が当たる
軸が回転する
② プロペラが回る
スリットのある円盤が回転する
LEDの光の透過が断続する
出力波形

(a) 風車その1 (b) 風車その2

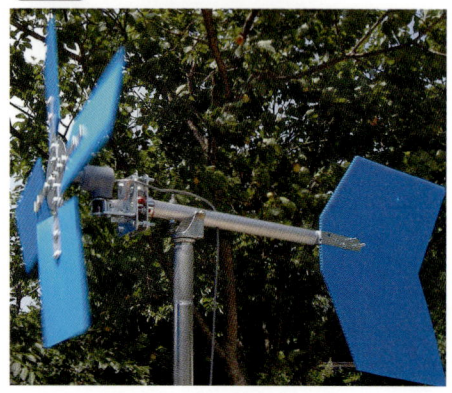

写真2 発電機を取り付けた風車

写真3 発電機の出力信号

T'D
CH1
Freq(1)=28.25Hz
CH1= 1.00V/
10.00ms/
10.0kSa/s

ここでは，オシロスコープを使うことで，何を測ることができるのか，その一例を紹介しましょう．

自然界に存在する物理量のほとんどは，工夫することによって電気信号に変換することができます．

風の強さだって電気信号に変換することができます．**写真2**のように発電機にプロペラを取り付ければ，プロペラが回ることで発電機から電気信号が発生します（**図2**）．このような工夫によって風の強さが電気信号に変換されます．あとは，**写真3**のようにオシロスコープで発電機の出力波形を観測すれば，風の強さがどのように変化したかを目で見ることができます．

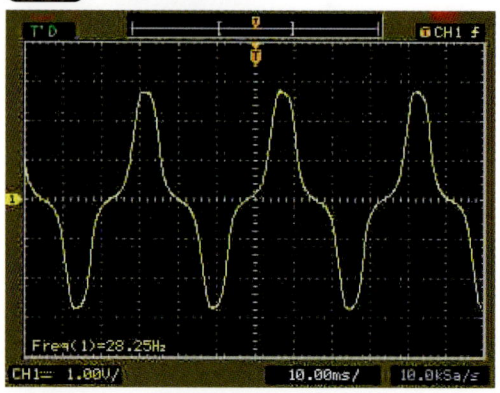

2 実験その1 レモン汁を使って化学電池の起電力の変化を観測

写真4 ディジタル・オシロスコープを使ってみる（その①）

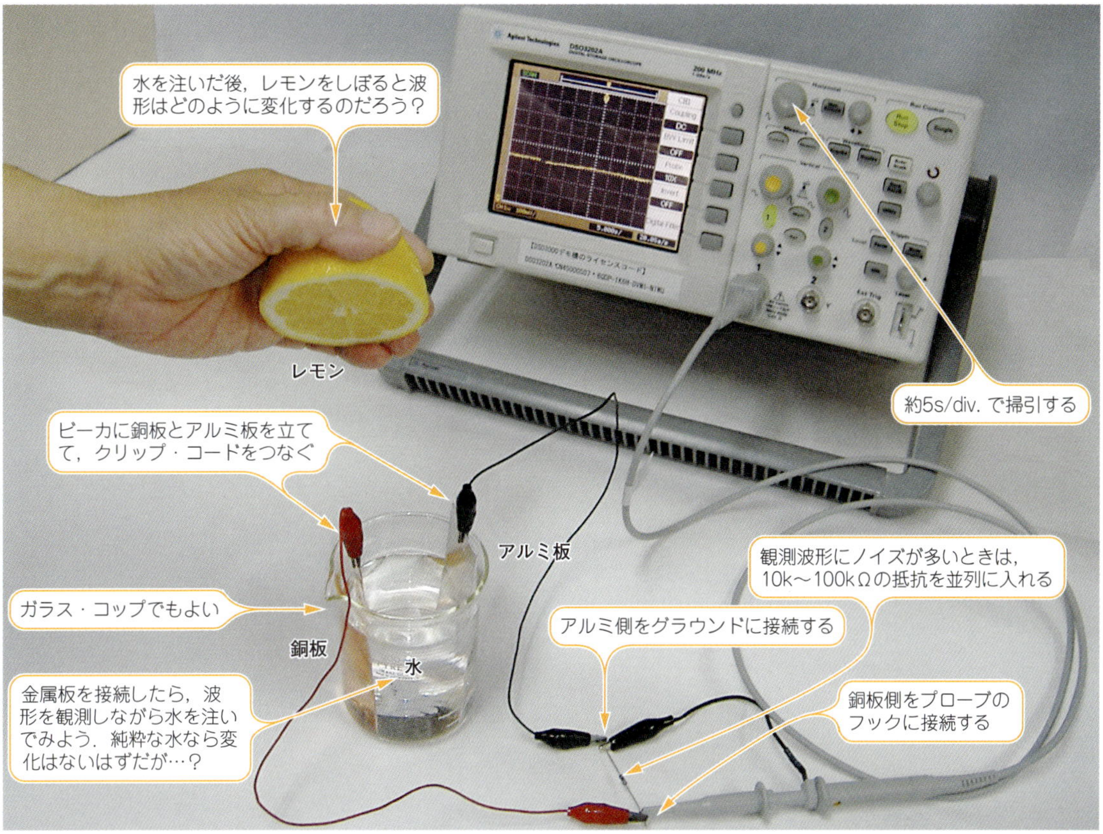

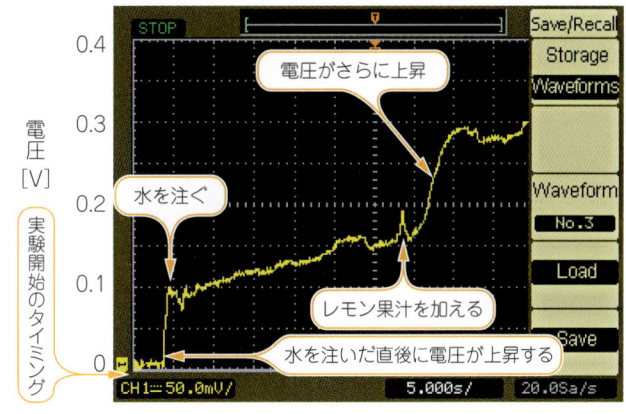

- 水を注いだ後，レモンをしぼると波形はどのように変化するのだろう？
- レモン
- ビーカに銅板とアルミ板を立てて，クリップ・コードをつなぐ
- アルミ板
- ガラス・コップでもよい
- 銅板
- 水
- 金属板を接続したら，波形を観測しながら水を注いでみよう．純粋な水なら変化はないはずだが…？
- 約5s/div．で掃引する
- 観測波形にノイズが多いときは，10k～100kΩの抵抗を並列に入れる
- アルミ側をグラウンドに接続する
- 銅板側をプローブのフックに接続する

写真5 銅板とアルミ板を浸した水から電気が発生するようすをキャッチ

- 電圧がさらに上昇
- 水を注ぐ
- レモン果汁を加える
- 水を注いだ直後に電圧が上昇する
- 実験開始のタイミング

　写真4に示すのは，みなさんもご存知の銅板とアルミ板とレモンを使った化学電池の実験のようすです．

　レモン，ビーカと銅板，アルミ板（ともに0.1～0.3 mm厚程度）を準備します．クリップ付きコードがあると便利です．アルミ板をグラウンド側にして配線します．オシロスコープは5 s/div.程度で掃引します．

　写真5に示すのは，ディジタル・オシロスコープで観測したアルミ板と銅板間の電圧信号の変化です．

　水を加えた直後，出力電圧は0Vから0.1Vに上昇します．これは，水（または金属表面）に不純物が含まれているからです．

　レモンをしぼって汁を水の中に落とすと，電圧はさらに高くなります．

　実際にこの実験を再現しようとすると，ノイズが混入して，**写真5**のようなきれいな波形が観測されない場合があります．このようなときは，アルミ板と銅板の電極の間に，10 k～100 kΩの抵抗を並列に接続します．これを「回路のインピーダンスを下げる」と言います．

1-3 ディジタル・オシロスコープを使ってみる　11

3　実験その2　DVDのディジタル音声出力波形を観測

写真6　ディジタル・オシロスコープを使ってみる(その②)

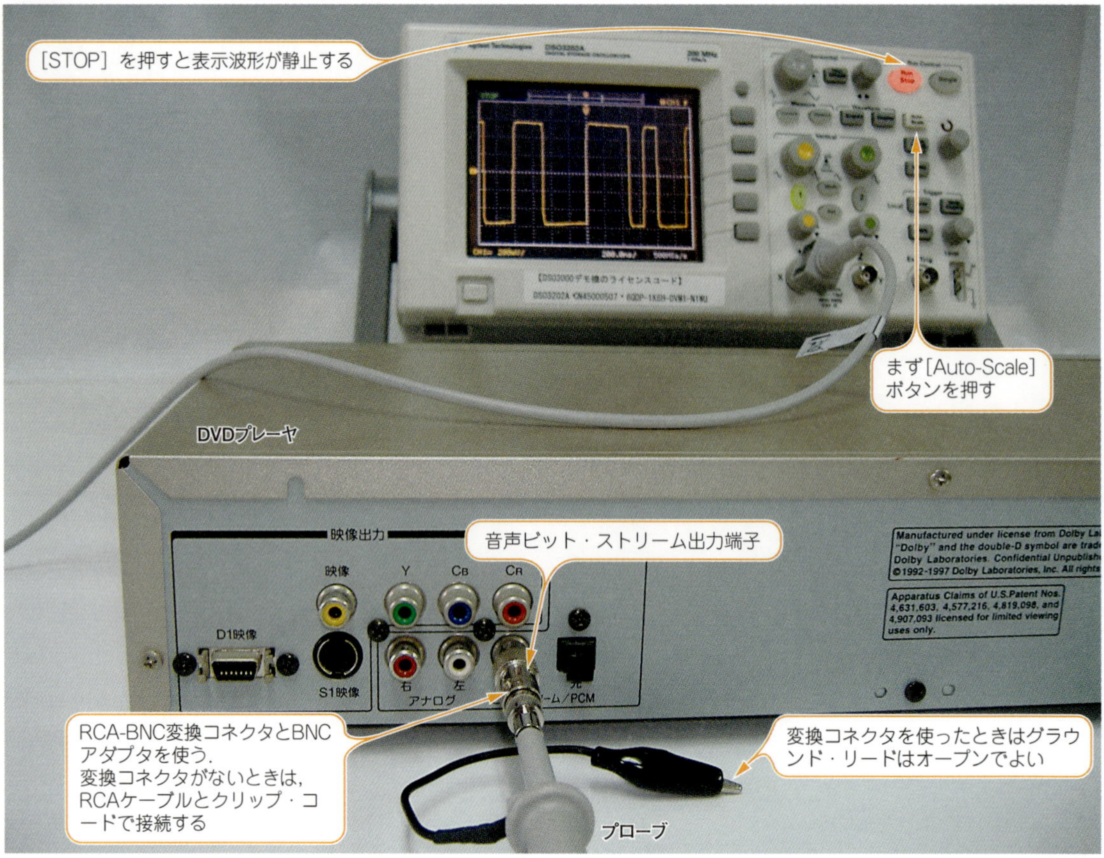

[STOP]を押すと表示波形が静止する
まず[Auto-Scale]ボタンを押す
DVDプレーヤ
映像出力
映像
Y
CB
CR
D1映像
S1映像
右
左
アナログ
音声ビット・ストリーム出力端子
RCA-BNC変換コネクタとBNCアダプタを使う.変換コネクタがないときは,RCAケーブルとクリップ・コードで接続する
変換コネクタを使ったときはグラウンド・リードはオープンでよい
プローブ

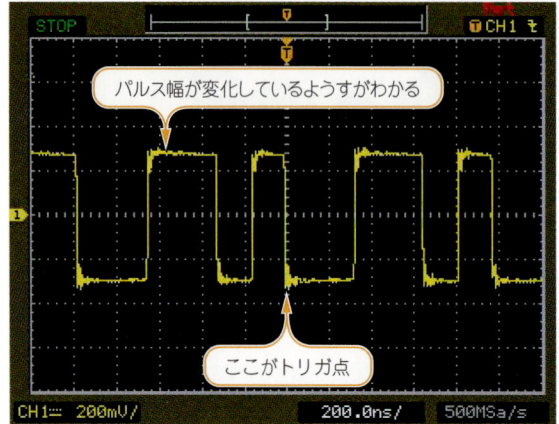

写真7　ディジタル・オシロスコープで捕らえたディジタル音声信号

STOP
CH1
パルス幅が変化しているようすがわかる
ここがトリガ点
CH1 200mV/
200.0ns/
500MSa/s

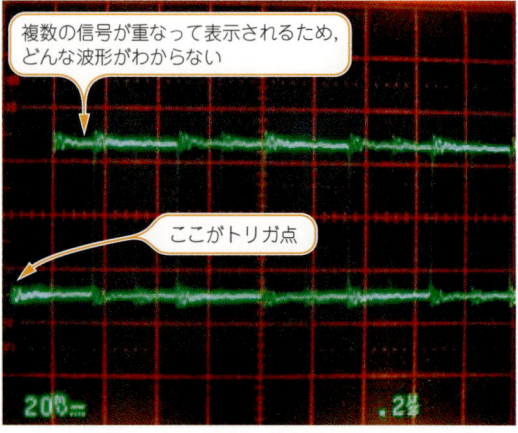

写真8　アナログ・オシロスコープで観測したディジタル音声信号

複数の信号が重なって表示されるため,どんな波形がわからない
ここがトリガ点

高速に変化する信号を観測してみましょう．**写真6**に示すような実験で，DVDプレーヤのリア・パネルにあるディジタル音声出力端子の波形を見てみました．

DVDプレーヤのリア・パネルには,「同軸ビット・ストリーム/PCM」などと書かれた端子があります．DVDを挿入して，この出力波形を観察してみました．

写真7にディジタル・オシロスコープで観測した波形を示します．**写真8**に示すのは，アナログ・オシロスコープで観測した波形です．複数の波形が重なって，信号がどんな形をしているのか判別できません．

1-4 身近な製品の電気信号を見てみる
習うより慣れろ

1　ワンチップFMラジオ・レシーバICの入出力

図3 ワンチップFMラジオ・レシーバの周辺回路

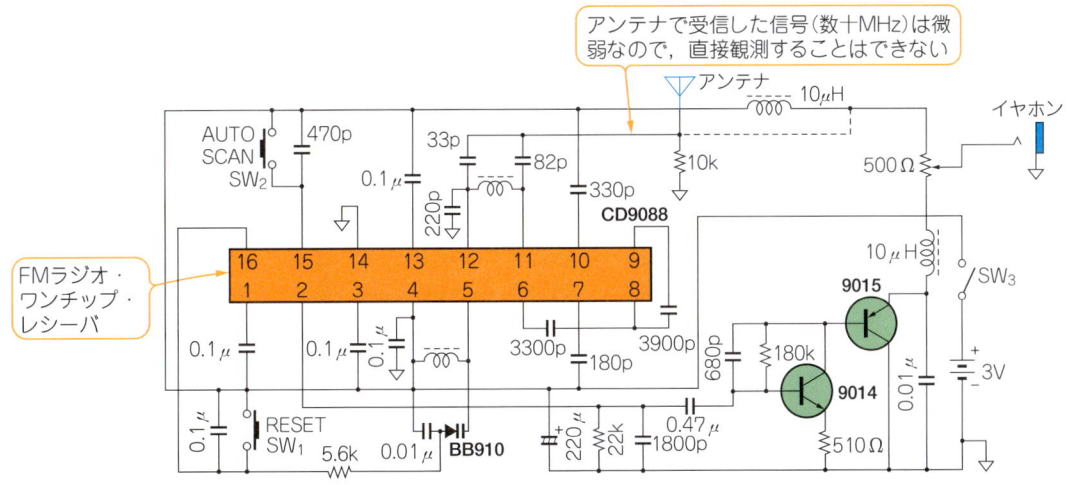

写真9 ワンチップFMラジオ・レシーバ CD9088のIF信号（15番端子）

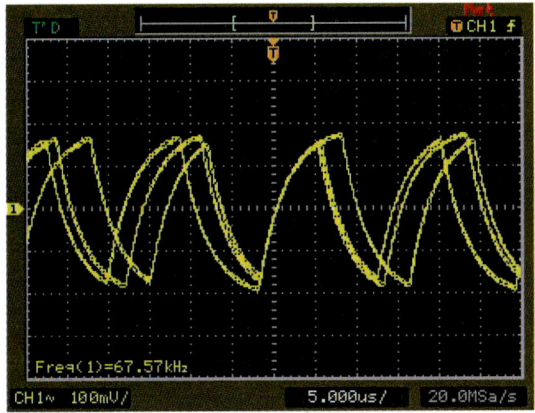

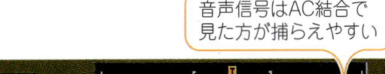
写真10 ワンチップFMラジオ・レシーバ CD9088の音声出力信号（2番端子）

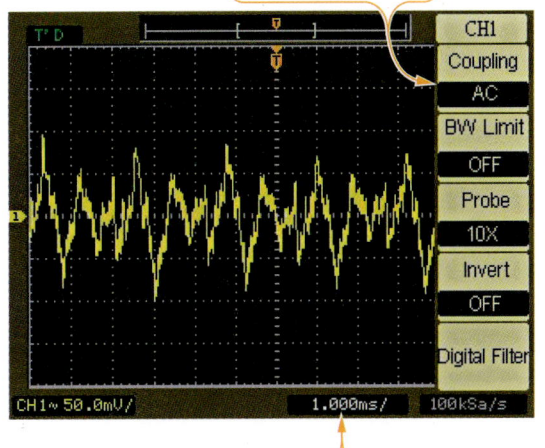

音声信号はAC結合で見た方が捕らえやすい

1msは1kHzに相当する．音声の波形は15kHz以下なので，この程度に設定するとよい

　オシロスコープを使いこなすには，いろいろな種類の波形を何度も観測することが大切です．ここでは，身近にある電気製品の中にある電子回路の波形をいろいろと見てみることにします．

　図3に示すのはイヤホン式のFMラジオに内蔵されているFMラジオ・ワンチップIC CD9088とその周辺回路です．

　写真9は，受信した数十MHzの電波を中間周波数（IF周波数）に下げた信号の波形です．周波数が変動しており，FM変調されていることがわかります．ほとんどのFMラジオの中間周波数は10.7 MHzですが，このICは約70 kHzです．

　写真10に示すのは，音声出力信号です．

2 ワンチップAMラジオ・レシーバICの入出力

図4 ワンチップAM/FMラジオ・レシーバの周辺回路

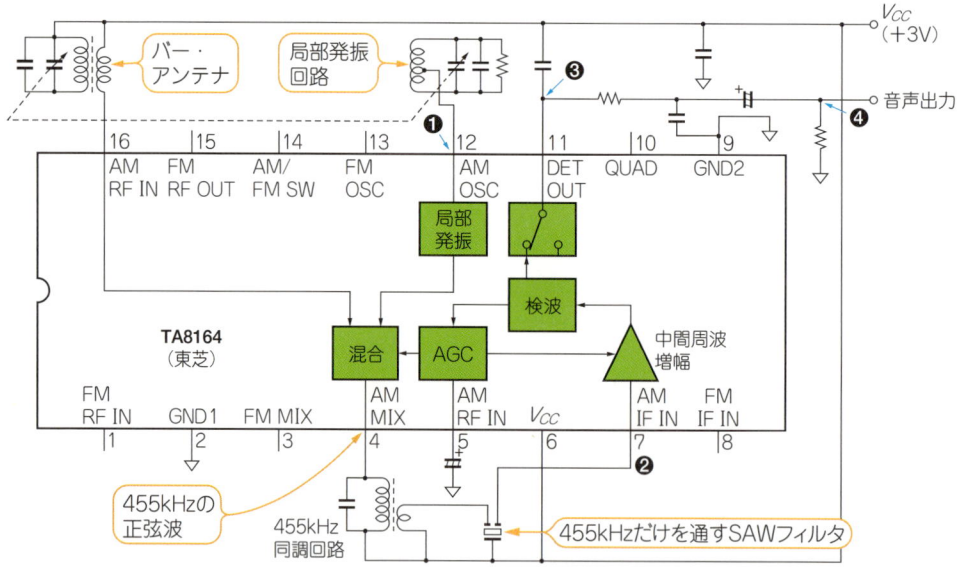

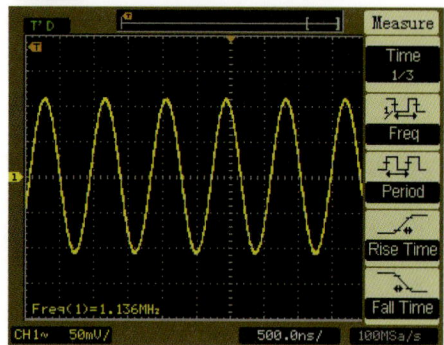

写真11 局部発振器の出力(12番端子)

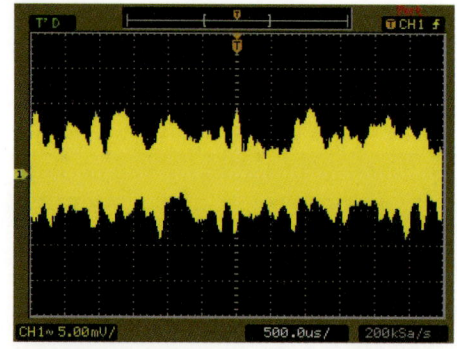

写真12 455kHzのIF信号で振幅変調された信号(7番端子)

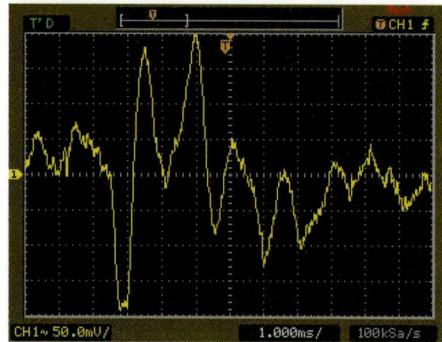

写真13 検波出力(11番端子)

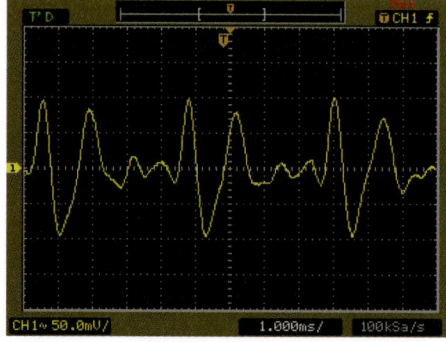

写真14 音声出力

図4に示すのは，AM/FMワンチップ・ラジオICの内部ブロック図と周辺回路です．AM機能だけを働かせて，ICの各端子をオシロスコープで観測してみました．

写真11（観測点❶）は，スーパーヘテロダインの局発周波数が出ているポイントです．**写真12**（観測点❷）は，放送信号と局発周波数の差である455kHzの中間周波信号です．
写真13（観測点❸）は検波信号，
写真14（観測点❹）が音声出力です．

3 赤外線リモコンICの入出力

図5 赤外線リモコンに内蔵されている専用ICと周辺回路

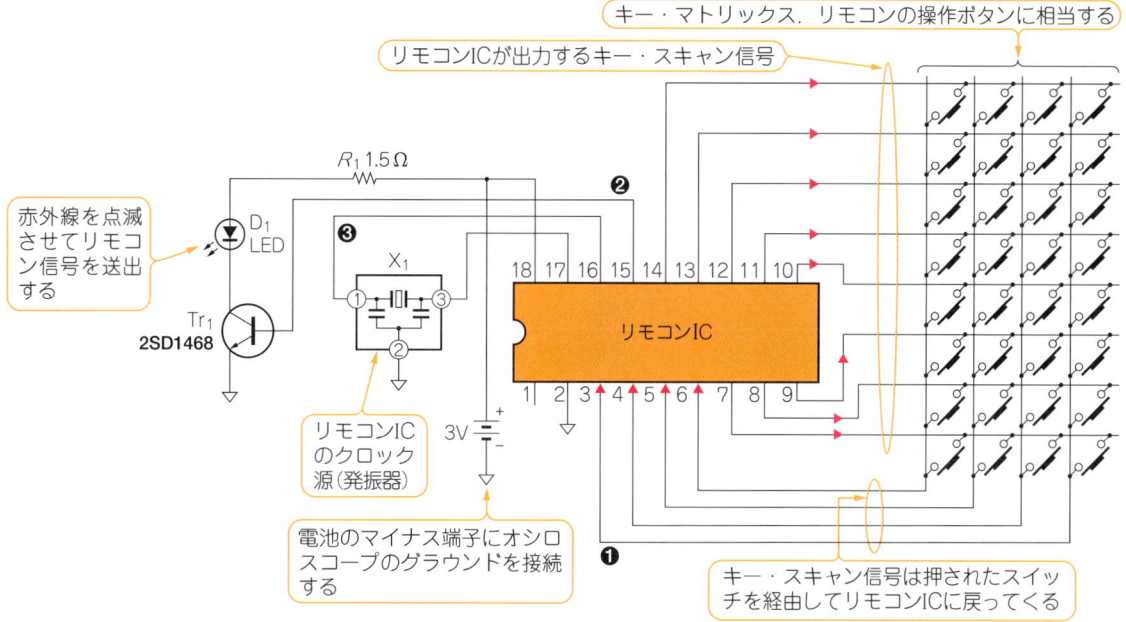

写真15 スイッチを通過してきたキー・スキャン信号

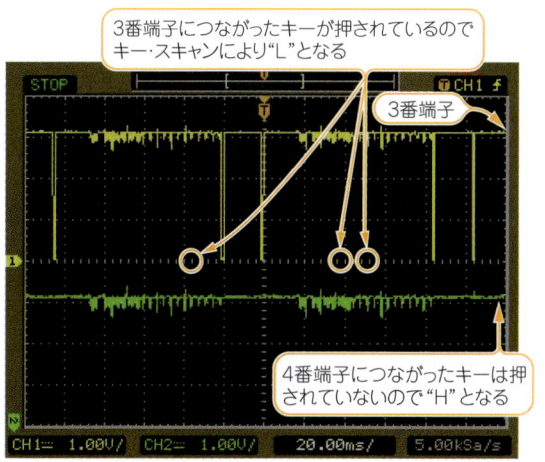

写真16 リモコンICの出力信号

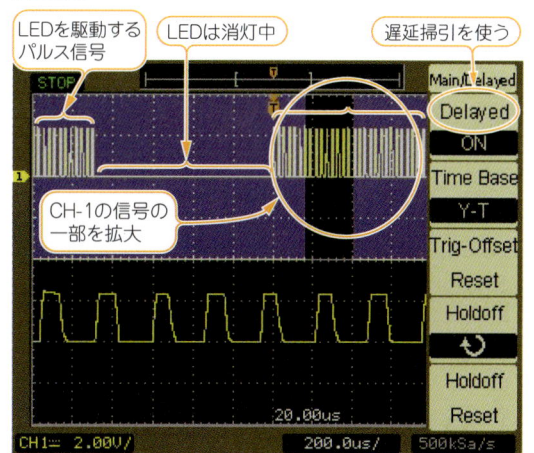

写真17 発振子(X_1)の出力信号❸

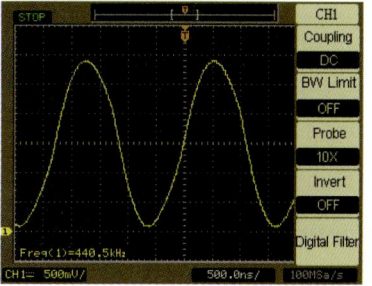

図5に示すのは，リモコンに内蔵されているリモコンICとその周辺回路です．キー，リモコンIC，発振器，赤外LED，そしてこれを駆動するトランジスタ1個からなります．グラウンドは電池のマイナス端子です．リモコンのキーを押しながらリモコンICの端子を観測すると，写真15〜写真17に示すような波形が観測されます．

写真15（観測点❶）はリモコンICの3番端子のキー・スキャン入力信号です．写真15の下側（CH-2）は，リモコンICの4番ピンのキー・スキャン入力です．3番ピンに入力があるときは，ほかのスキャンは"H"に維持されます．

写真16（観測点❷）は，リモコンICから出力される赤外線の駆動信号です．"H"のときに赤外LEDが点灯します．

1-4 身近な製品の電気信号を見てみる

4 ビデオ・テープ・レコーダの再生ヘッド出力

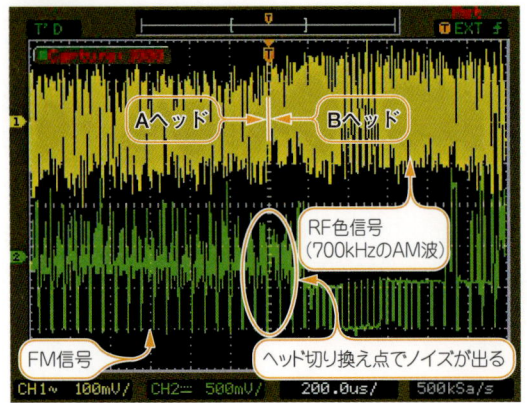

写真18 VTRのプリント基板上で観測されるヘッドの出力信号

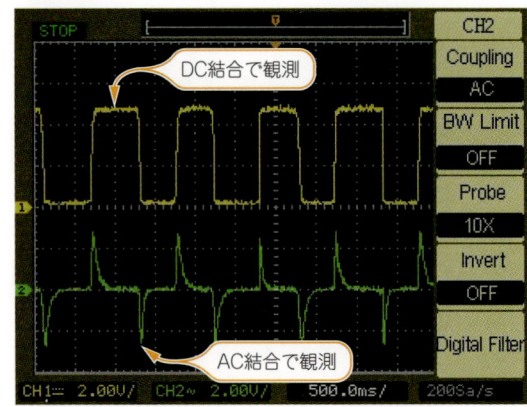

写真19 VTRのテイクアップ・リール・パルス信号

家庭用ビデオ・テープ・レコーダ(VTR)のボンネットを開けると，プリント基板が現れます．この基板の上に，**表1**に示すような表記が見つかったので，観測してみました．

写真18に示すのは，再生されたRF色信号(C-PB)とFM信号です．ヘッド切り替えパルス(RF-SW)をオシロスコープの外部同期入力(EXT端子)に入力して，この信号でトリガをかけています．画面中央のトリガ点が，ヘッドの切り替え点です．

表1 VTRのプリント基板上に用意されている動作チェック用の信号

表記名	意 味
RF-SW	ヘッド切り換えパルス
CTL	トラック基準パルス
REC-RF	記録FM信号
PB-RF	再生FM信号
C-PB	再生RF色信号
T-REEL	リール・パルス(T, S)

Tはテイクアップ，Sはサプライの意味

写真19の上段(CH-1)は，オシロスコープの入力設定をDC結合にして観測したテイクアップ・リール信号(T-REEL)です．T-REEL信号の周期は長いため，AC結合に設定すると(下段，CH-2)，エッジ部分だけからなる微分波形となり正しく観測できません．

5 DVDプレーヤのピックアップ出力とビデオ出力

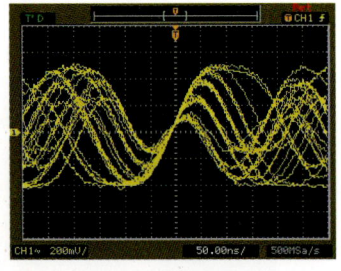

写真20 DVDレコーダのピックアップの出力信号

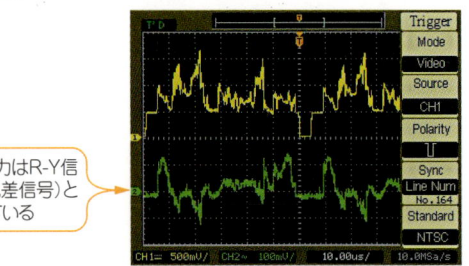

写真21 DVDレコーダのビデオ信号出力

DVDプレーヤの内部を除くと，光ピックアップ基板が見つかります．

写真20に示すのは，この基板の出力信号です．光ピックアップ基板からは，メディアに光を照射することで得られる反射信号を増幅した高周波信号が出力されます．

写真21に示すのは，リア・パネルにあるYCrCb端子の，Y信号端子とCr信号端子(下段)の波形です．ビデオ・トリガ機能を利用して捕らえました．

6 イーサネットの差動シリアル信号

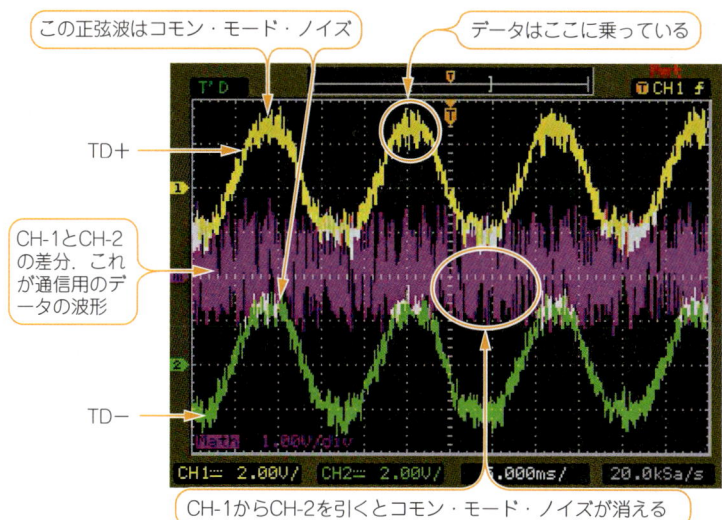

写真22 グラウンド基準で見たTD＋信号ラインとTD－信号ラインの波形

- この正弦波はコモン・モード・ノイズ
- データはここに乗っている
- TD＋
- CH-1とCH-2の差分．これが通信用のデータの波形
- TD－
- CH-1からCH-2を引くとコモン・モード・ノイズが消える

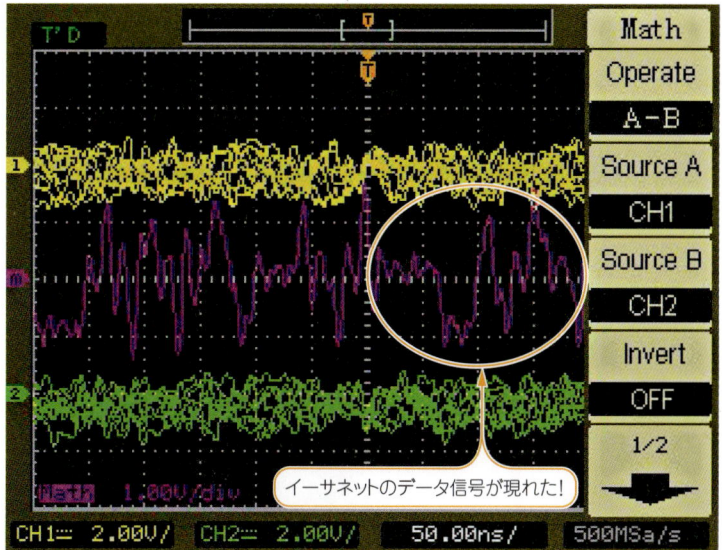

写真23 水平軸のスケールを5 ms/div.から50 ns/div.に変更

- イーサネットのデータ信号が現れた！

イーサネットのツイスト・ペア線用のコネクタ**図6**は，8ピンのモジュラ・ジャック（RJ-45）です．ケーブルは，4本の配線で構成されており，送信用（2本）と受信用（2本）があります．送信用と受信用の2本の信号の位相は180°違います．どちらも信号線ですから，グラウンドに落とすことは許されません．

写真22は，グラウンド基準で観測したTD＋信号（CH-1）とTD－信号（CH-2）です．水平軸は5 ms/div.と長く設定しています．通信用データ信号はこの正弦波に重畳しています．

CH-1とCH-2の波形を見るとわかるように，グラウンドとTD＋およびTD－の間には，大きなノイズが乗っています．これをコモン・モード・ノイズと呼んでいます．

ディジタル・オシロスコープの演算機能を利用して，CH-1の信号からCH-2の信号を引き算すると，コモン・モード・ノイズを除去することができます．

写真22の中央は，CH-1の信号からCH-2の信号を引いた信号です．

写真23のように水平時間軸の設定を50 ns/div.と短くしていくと，イーサネットの通信データ信号の波形が見えてきます．

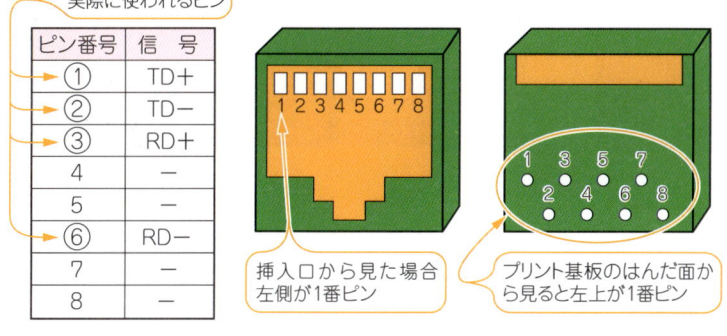

図6 イーサネット・モジュラ・ジャックの外形と信号の内訳

実際に使われるピン

ピン番号	信号
①	TD＋
②	TD－
③	RD＋
4	－
5	－
⑥	RD－
7	－
8	－

(a) 端子名　　(b) コネクタ挿入口　　(c) コネクタの端子

- 挿入口から見た場合左側が1番ピン
- プリント基板のはんだ面から見ると左上が1番ピン

7　液晶ディスプレイのビデオ入力信号

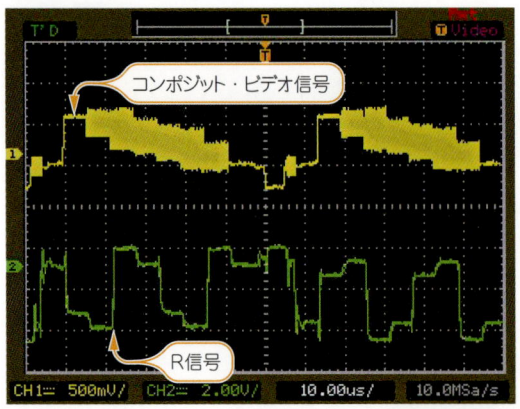

写真24 液晶ディスプレイに入力するコンポジット・ビデオ信号とRGB信号

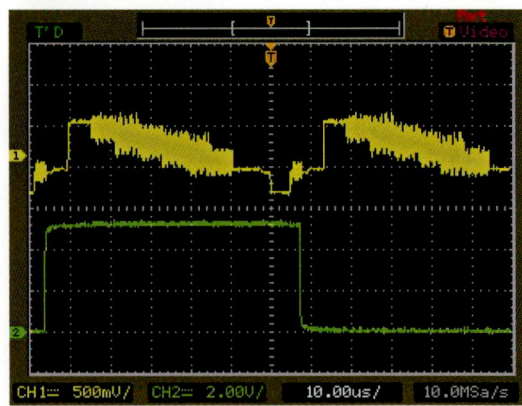

写真25 反転識別信号

　液晶ディスプレイに入力されるRGB信号は，ラインごとに極性が反転されています．

　液晶ディスプレイのRGB入力コネクタの根元にプローブを当てると，写真24に示すような波形が観測されます．上段（CH-1）は，コンポジット・ビデオ信号です．

　写真24の上段はコンポジット・ビデオ信号，下段はR信号の波形です．写真25の下段は反転識別パルスです．

　LCDディスプレイは，直流を加え続けることができません．そこで，一定時間（フレーム周波数）ごとに波形を反転させています．R，G，Bの三つの色信号を反転させるときに，Rは反転したけれどもGは反転しなかったというふうに位相が合わないことがあると正しく色が付かないので，この位相合わせのための識別信号を設けています．これを反転識別信号と呼んでいます．

8　シリアルATAインターフェースの信号

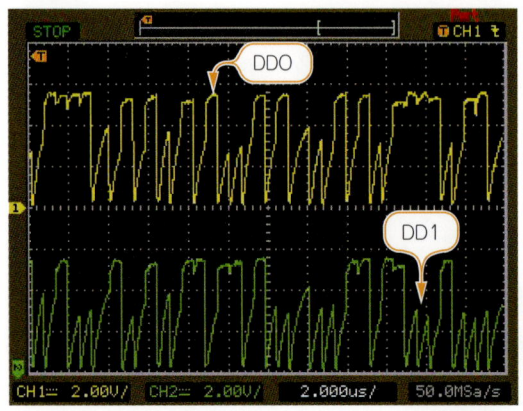

写真26 ATAインターフェースの信号その①

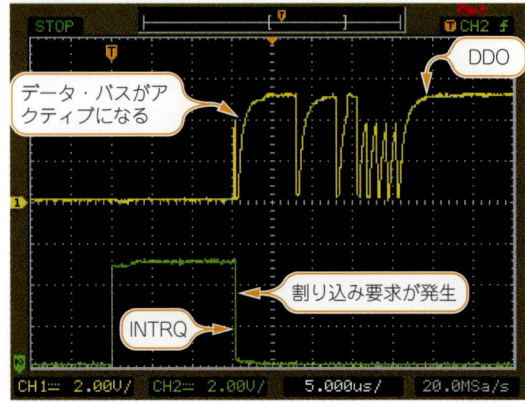

写真27 ATAインターフェースの信号その②

　パソコンに内蔵されているハード・ディスクやCD-ROMに接続されている40芯ケーブル（ATA）の内部の信号を観測してみました．

　写真26に示すのは，DD0（CH-1）とDD1（CH-2）の信号です．

　写真27に示すのは，DD0（CH-1）とINTRQ（CH-2）の信号です．

　これらの信号はCD-ROMを動かしながら観測しました．

1-5 現実の信号波形とその呼称

オシロスコープに表示されるのは教科書の波形と違う

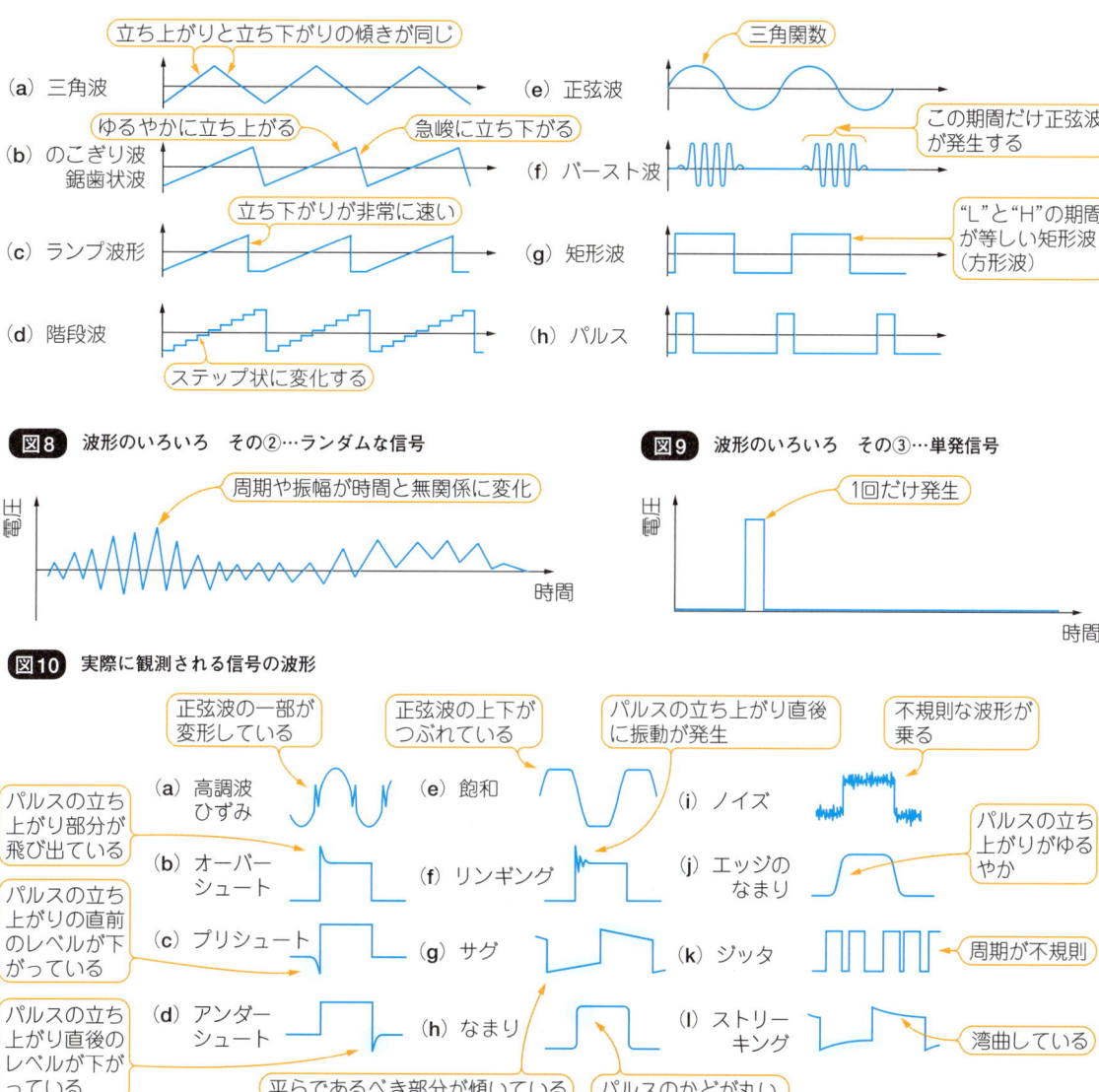

図7 波形のいろいろ その①…周期性のある信号
(a) 三角波 — 立ち上がりと立ち下がりの傾きが同じ
(b) のこぎり波／鋸歯状波 — ゆるやかに立ち上がる／急峻に立ち下がる
(c) ランプ波形 — 立ち下がりが非常に速い
(d) 階段波 — ステップ状に変化する
(e) 正弦波 — 三角関数
(f) バースト波 — この期間だけ正弦波が発生する
(g) 矩形波 — "L"と"H"の期間が等しい矩形波（方形波）
(h) パルス

図8 波形のいろいろ その②…ランダムな信号
周期や振幅が時間と無関係に変化

図9 波形のいろいろ その③…単発信号
1回だけ発生

図10 実際に観測される信号の波形
(a) 高調波ひずみ — 正弦波の一部が変形している
(b) オーバーシュート — パルスの立ち上がり部分が飛び出している
(c) プリシュート — パルスの立ち上がりの直前のレベルが下がっている
(d) アンダーシュート — パルスの立ち上がり直後のレベルが下がっている
(e) 飽和 — 正弦波の上下がつぶれている
(f) リンギング — パルスの立ち上がり直後に振動が発生
(g) サグ — 平らであるべき部分が傾いている
(h) なまり — パルスのかどが丸い
(i) ノイズ — 不規則な波形が乗る
(j) エッジのなまり — パルスの立ち上がりがゆるやか
(k) ジッタ — 周期が不規則
(l) ストリーキング — 湾曲している

　波形は，電圧や電流の変化を時間の関数として表した2次元の図形で，
- 同じ形が繰り返される周期性のあるタイプ **図7**
- ランダムに変化するもの **図8**
- 1回だけしか発生しないタイプ **図9**

などに分類できます．

　図10に示すのは，実際の電子回路で観測される波形と，それぞれの呼称です．

　実際の電子回路の信号は，変調されたり伝送路で雑音が乗ったりしているため，これらの波形よりも複雑です．

　医師が聴診器で心音や呼吸の音を聴いて診断するように，ベテランの技術者は，オシロスコープの波形を観るだけで機器や部品の不具合の個所を突きとめます．それは問題を含む多くの波形を観ていく中で積み重ねられた経験に基づくものです．

　このように不具合や問題を含んだ波形を多く観れば観るほど，オシロスコープの使い方は上達します．

徹底図解★ディジタル・オシロスコープ活用ノート

第2章
測定ターゲットに合ったオシロスコープを選ぶ

ディジタル・オシロスコープの適材適所

2-1 堅牢で野外の厳しい環境下でも安心して使える
電池動作が可能なハンディ・オシロスコープ

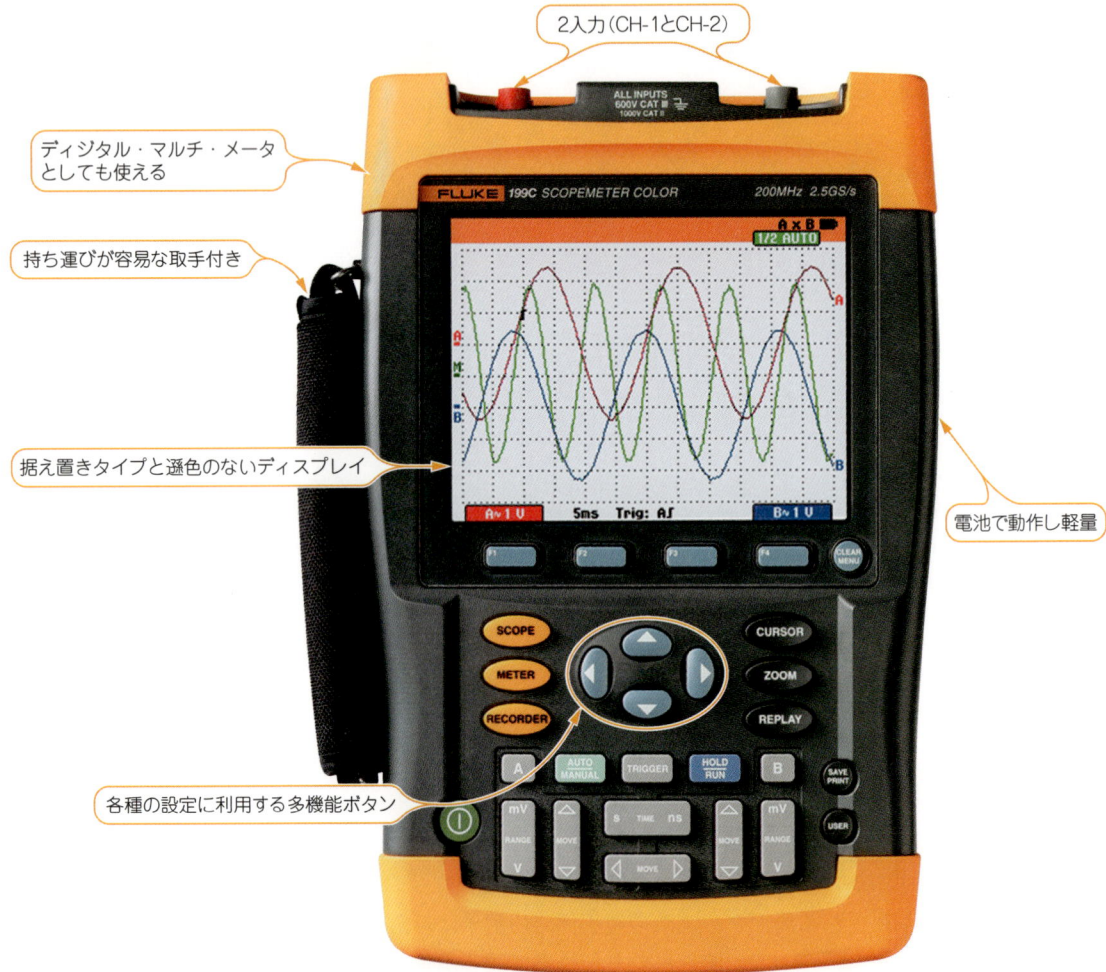

写真1 堅牢で野外でも使える電池動作のオシロスコープ（Fluke 199C/S，フルーク）

多くのオシロスコープは据え置き型で，重厚なイメージがありますが，中には，電池で動作してもち運びが簡単なテスタのようなディジタル・オシロスコープがあります．

写真1 に示すのは，ハンディ型のオシロスコープの例（フルーク社，スコープ・メータ Fluke 199C/S）です．

2入力，帯域200MHz, 2.5GS/s, メモリ容量3kポイント/チャネ

図1 ハンディ・オシロスコープ Fluke 199C/Sの波形表示例

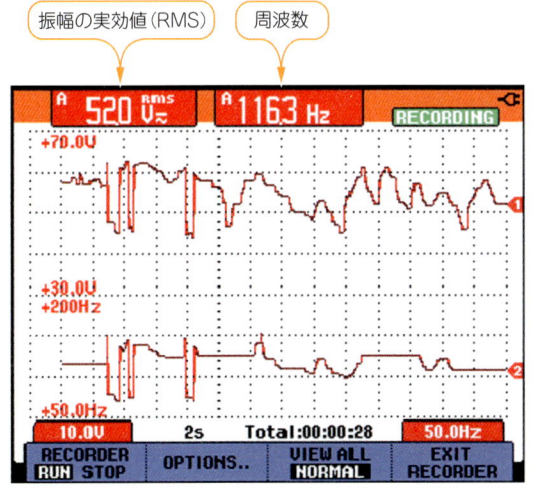

振幅の実効値（RMS）
周波数

写真2 現場で解析作業やトラブルシュートに威力を発揮

圧力センサの出力信号を観測中
圧力センサ

図2 ハンディ・オシロスコープを野外作業に使用する例

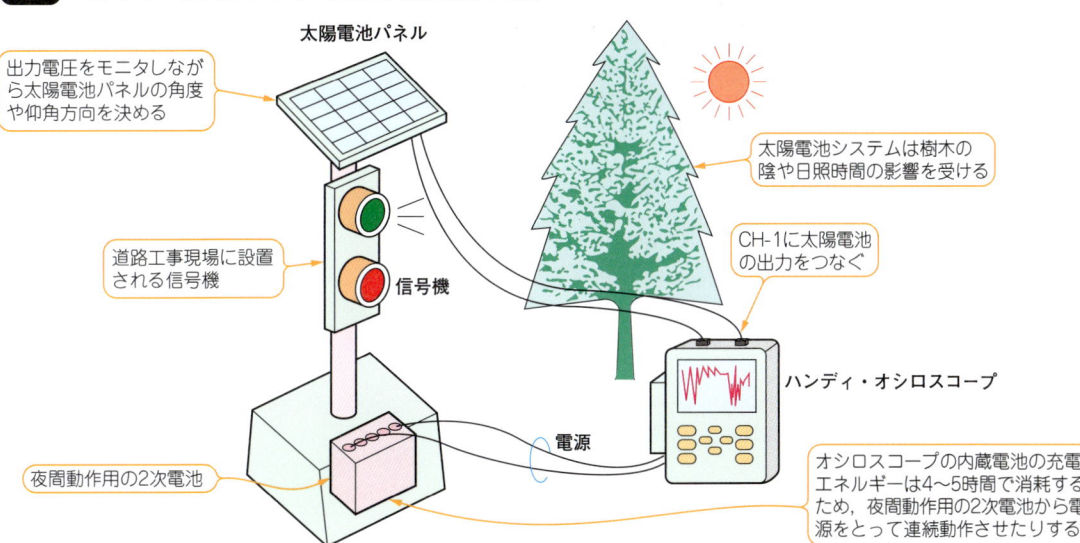

出力電圧をモニタしながら太陽電池パネルの角度や仰角方向を決める
太陽電池パネル
太陽電池システムは樹木の陰や日照時間の影響を受ける
道路工事現場に設置される信号機
信号機
CH-1に太陽電池の出力をつなぐ
ハンディ・オシロスコープ
夜間動作用の2次電池
電源
オシロスコープの内蔵電池の充電エネルギーは4～5時間で消耗するため，夜間動作用の2次電池から電源をとって連続動作させたりする

ルの高性能タイプです．FFT，波形レコーダ，残像，データ・ロガー（ペーパーレス・チャート・レコーダ）などの付加機能をもっています．EIA-232-E（RS-232-C）経由でデータを転送することも可能です．

ハンディ型とはいえ，性能や機能は据え置き型と遜色ないものも多く，たいていの用途に利用できます．

図1に波形の表示例を示します．**写真2**のように移動が多く，環境の厳しい野外でも利用されることに配慮して堅牢な作りになっています．

図2に実際の使用例を示します．太陽電池パネル付きの信号機を野外に設置する際，日照時間や建物，樹木の陰の影響による太陽電池の出力電圧の変化を調査する必要があります．

このようなケースでは，**写真1**のように，持ち運びが簡単で堅牢なハンディ・オシロスコープを使って，長時間のデータ蓄積が可能です．

オシロスコープの内蔵ニッケル水素2次電池で連続稼働できるのは4～5時間と短いので，**図2**の応用例の場合は，信号機に組み込む鉛蓄電池から電源を供給して連続動作させることがあります．

そのほかの応用例には次のようなものがあります．

- 工場のFA機器のメンテナンス
- 自動車，船舶，航空機の整備
- 家庭電化製品の出張修理
- 携帯機器のフィールド・テスト

2-2 長時間の波形を蓄積できるロング・メモリ・オシロスコープ
まれに発生する異常波形も捕らえる

写真3 長時間の波形データを貯めこむことができる大容量メモリ搭載型のオシロスコープ（メモリハイコーダ 8855，日置電機）

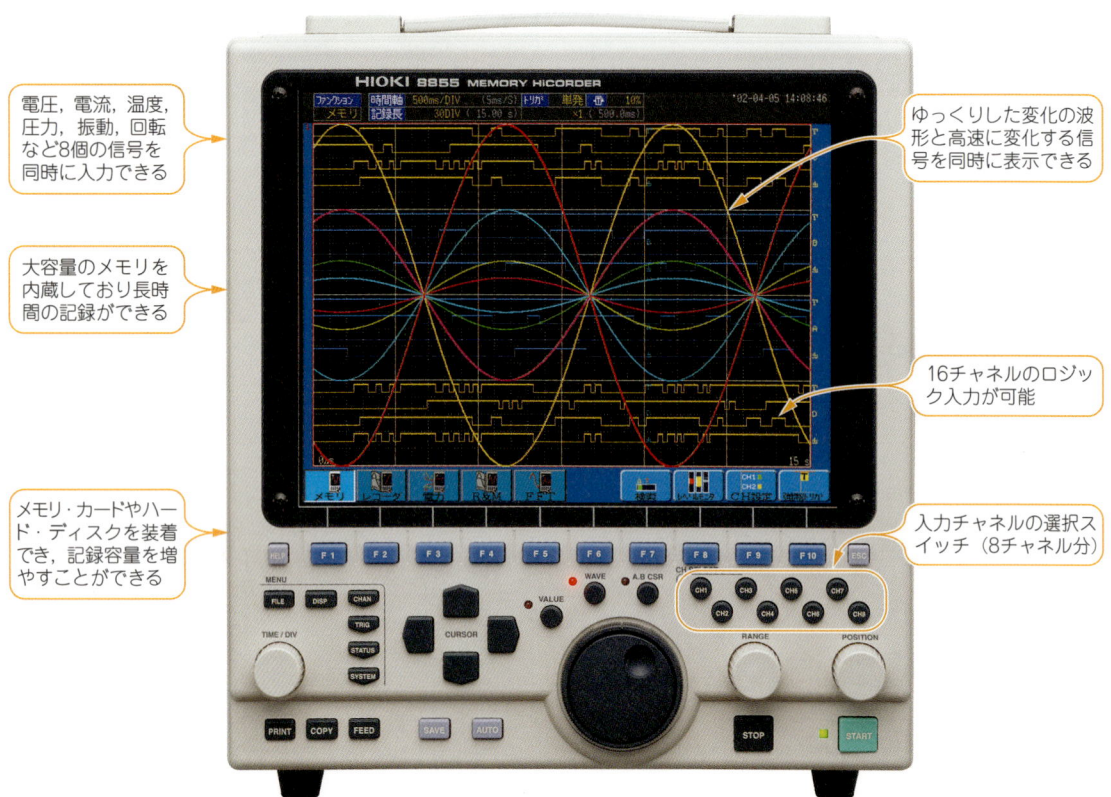

- 電圧，電流，温度，圧力，振動，回転など8個の信号を同時に入力できる
- 大容量のメモリを内蔵しており長時間の記録ができる
- メモリ・カードやハード・ディスクを装着でき，記録容量を増やすことができる
- ゆっくりした変化の波形と高速に変化する信号を同時に表示できる
- 16チャネルのロジック入力が可能
- 入力チャネルの選択スイッチ（8チャネル分）

図3 三相交流のインバータの積算電力などを観測するときに利用する

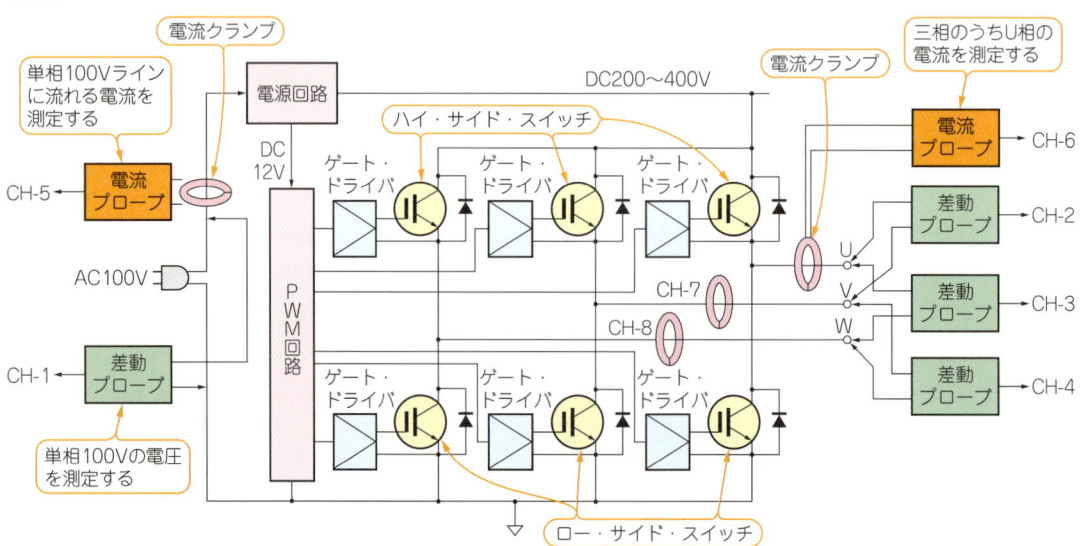

● **長時間のデータをメモリに取り貯めてから後でじっくり解析**

ディジタル・オシロスコープは，入力信号をディジタル値（2値）に変換し，いったん内部のメモリに保存します．ゆっくりと変化する信号や何時間分もの信号を蓄積して，後で解析したい場合は，大容量のメモリを内

蔵したオシロスコープが欲しくなります．

写真3 に示すのは，長時間の波形蓄積が得意なディジタル・オシロスコープ（メモリハイコーダ8855，日置電機）です．以前は，ロール紙を巻き取りながら，波形を記録していくペン・レコーダが利用されていましたが，ディジタル・オシロスコープは応答が速く使い易いため用途が広がりました．

典型的な応用例を次に示します．

- 電力インバータの出力電圧波形や出力電流波形の観測（写真4）
- 電源ONから数秒間の各種波形の取り込み
- まれに発生するノイズの捕捉
- ハード・ディスクやDVDの1トラック分のデータをすべて取り込んで，ビット欠落を探す

● 実際の使用例

図3 は，単相100Vから3相交流を作り出すインバータ回路です．

相間の電圧測定には差動プローブを使います．各相に流れる電流は，経路を電流プローブで挟んで非接触で測定します．

写真5 に示すのは，三つの相のうちの二つの相（例えばU相-V相）間の電圧波形や各相に流れる電流，そして出力電力の波形です．

写真3 に示すオシロスコープは，インバータのようなパワー回路で利用されることも多く，入力端子部のグラウンドが筐体やほかの入力のグラウンド側と絶縁されています．

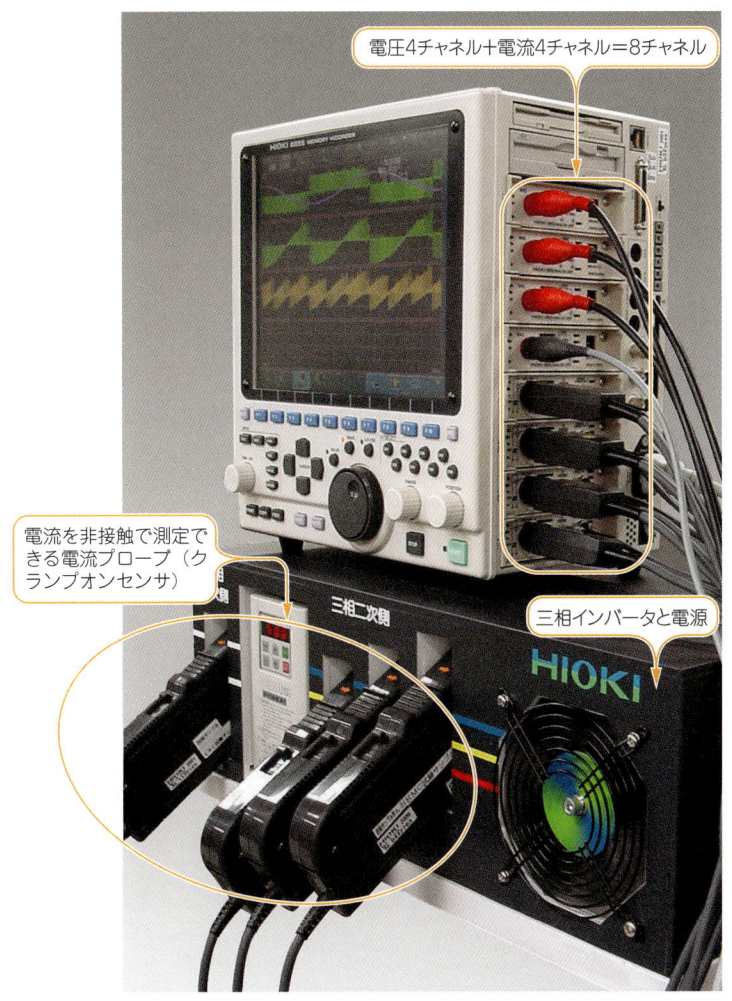

写真4 インバータの出力電力を観測しているところ

電圧4チャネル＋電流4チャネル＝8チャネル

電流を非接触で測定できる電流プローブ（クランプオンセンサ）

三相インバータと電源

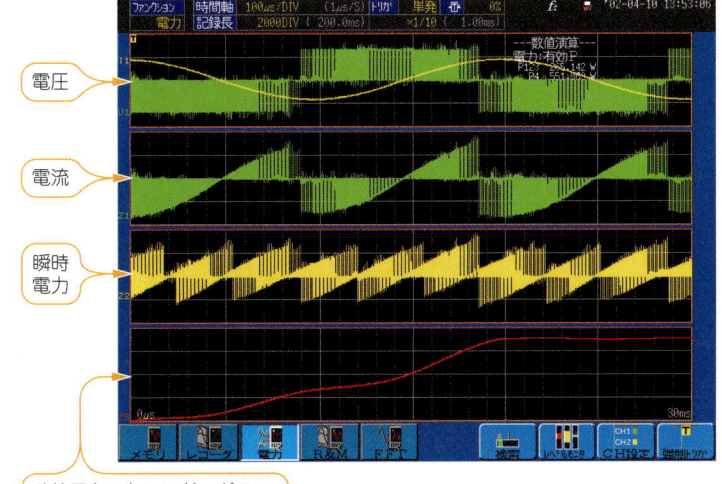

写真5 インバータの出力を観測した波形の例…積算電力の変化などを表示してくれる

電圧
電流
瞬時電力

積算電力のトレンド・グラフ．トレンド・グラフとは長期的な変化を示すグラフのこと

2-2 長時間の波形を蓄積できるロング・メモリ・オシロスコープ

2-3 基本機能を備えたスタンダード・タイプ
テスタで物足りなくなったら

写真6 波形観測のための基本機能を備えたディジタル・オシロスコープの定番（TDS1000B/2000B，テクトロニクス）

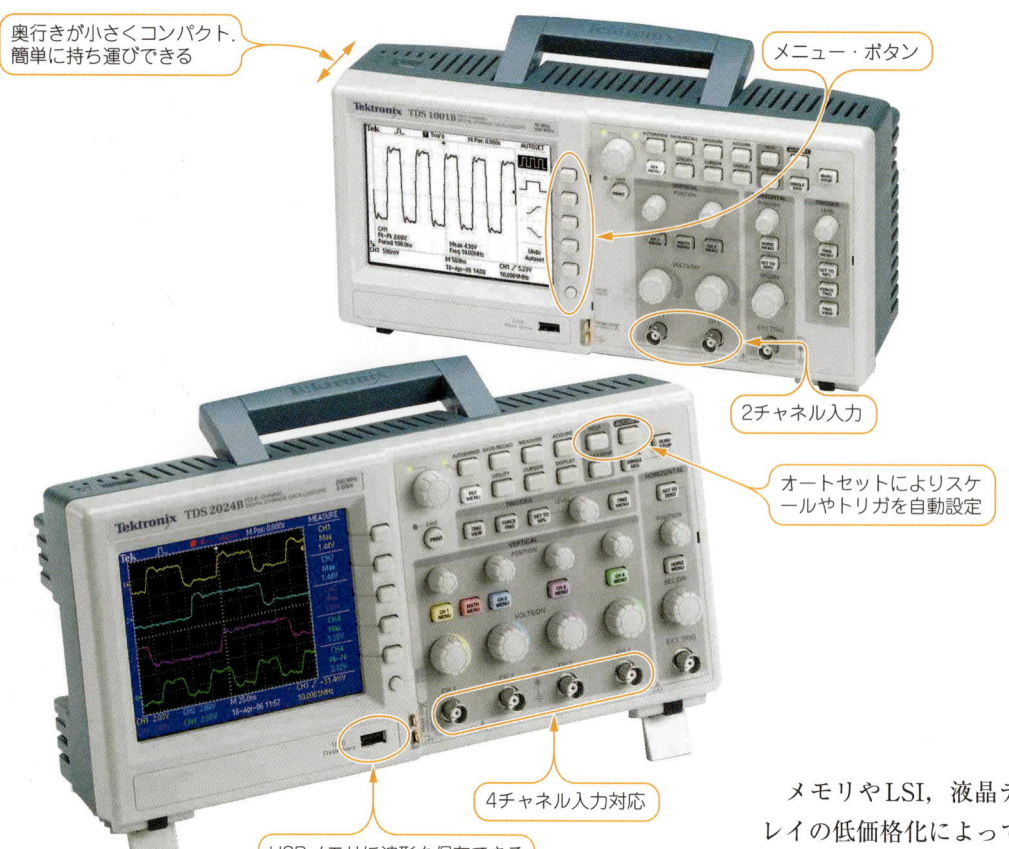

- 奥行きが小さくコンパクト．簡単に持ち運びできる
- メニュー・ボタン
- 2チャネル入力
- オートセットによりスケールやトリガを自動設定
- 4チャネル入力対応
- USBメモリに波形を保存できる

写真7 定番ディジタル・オシロスコープ TDS1000B/2000Bの波形表示部

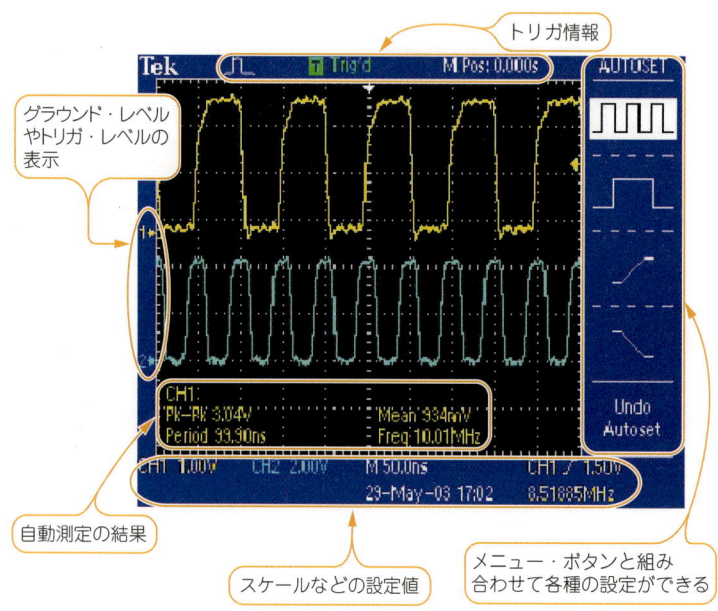

- トリガ情報
- グラウンド・レベルやトリガ・レベルの表示
- 自動測定の結果
- スケールなどの設定値
- メニュー・ボタンと組み合わせて各種の設定ができる

　メモリやLSI，液晶ディスプレイの低価格化によって，帯域100MHzのディジタル・オシロスコープが十数万円で入手できるようになりました．このクラスのディジタル・オシロスコープは，多くのメーカが参入しており，選択肢もさまざまです．
　図4に示すように，オシロスコープの価格はほぼ帯域幅で決まります．
　写真6は，オシロスコープの老舗 テクトロニクス社のTDS1000B/2000Bシリーズです．薄型で携帯も可能です．**写真7**に表示波形の例を示します．
　写真8は，テクシオ社（旧ケンウッド ティー・エム・アイ）のDCS-7020です．アナログ・オシロスコープの使い勝手を踏

写真8 アナログ・オシロスコープのような操作性とデザインをもつタイプ（DCS-7020，テクシオ）

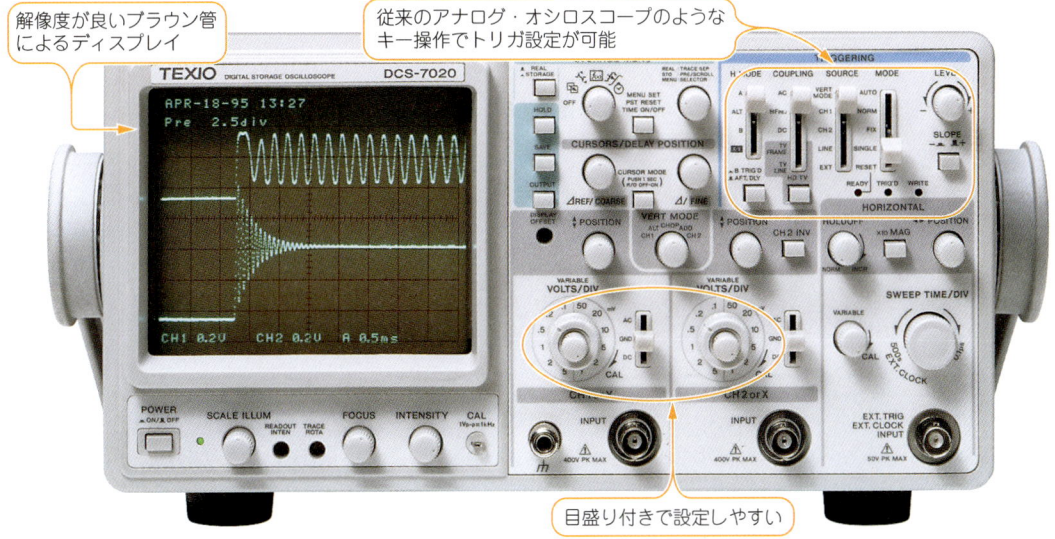

- 解像度が良いブラウン管によるディスプレイ
- 従来のアナログ・オシロスコープのようなキー操作でトリガ設定が可能
- 目盛り付きで設定しやすい

写真9 本誌で取り上げたディジタル・オシロスコープ（DSO3202A，アジレント・テクノロジー）

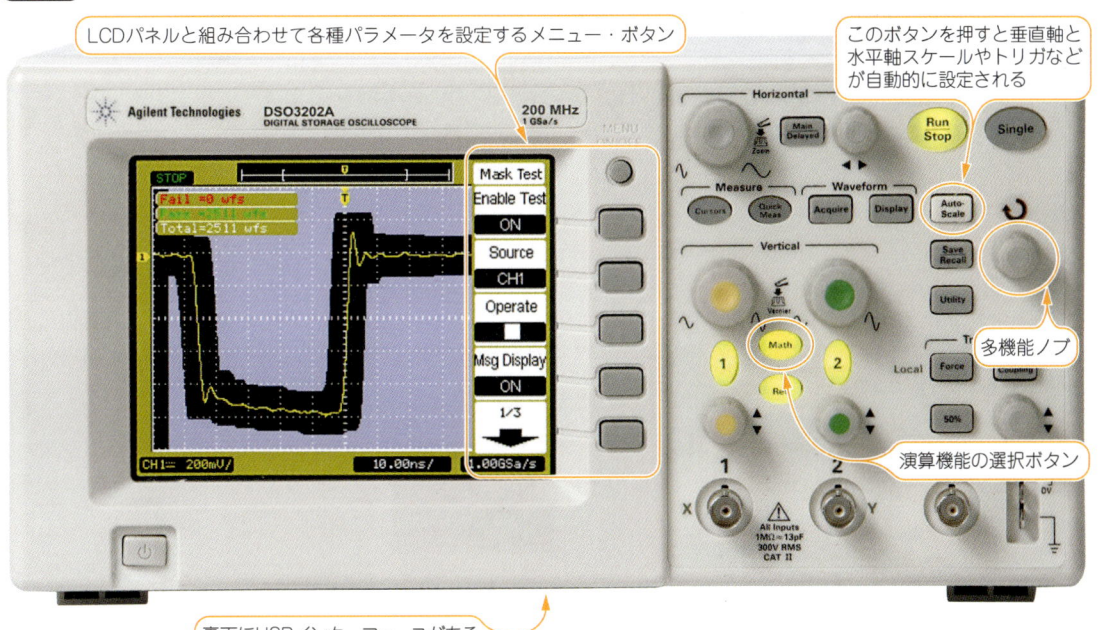

- LCDパネルと組み合わせて各種パラメータを設定するメニュー・ボタン
- このボタンを押すと垂直軸と水平軸スケールやトリガなどが自動的に設定される
- 多機能ノブ
- 演算機能の選択ボタン
- 裏面にUSBインターフェースがある

襲したノブとキーによる操作感が売りです．ディスプレイには解像度の高いブラウン管を採用しています．

写真9は，アジレント・テクノロジー社のDSO3202Aです．パネルの操作ボタンを減らして使いやすくしています．

このほか岩通計測器社も同様の製品を出しています．

図4 ディジタル・オシロスコープの価格はほぼ帯域で決まる

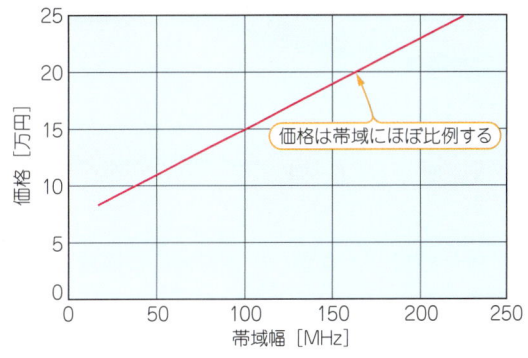

価格は帯域にほぼ比例する

2-3 基本機能を備えたスタンダード・タイプ　25

2-4 ミクスト・シグナル・オシロスコープ
1台二役！アナログとディジタルを一度に観測

写真10 アナログ信号とロジック信号を同時に観測できるミクスト・シグナル・オシロスコープ（MSO6034A，アジレント・テクノロジー）

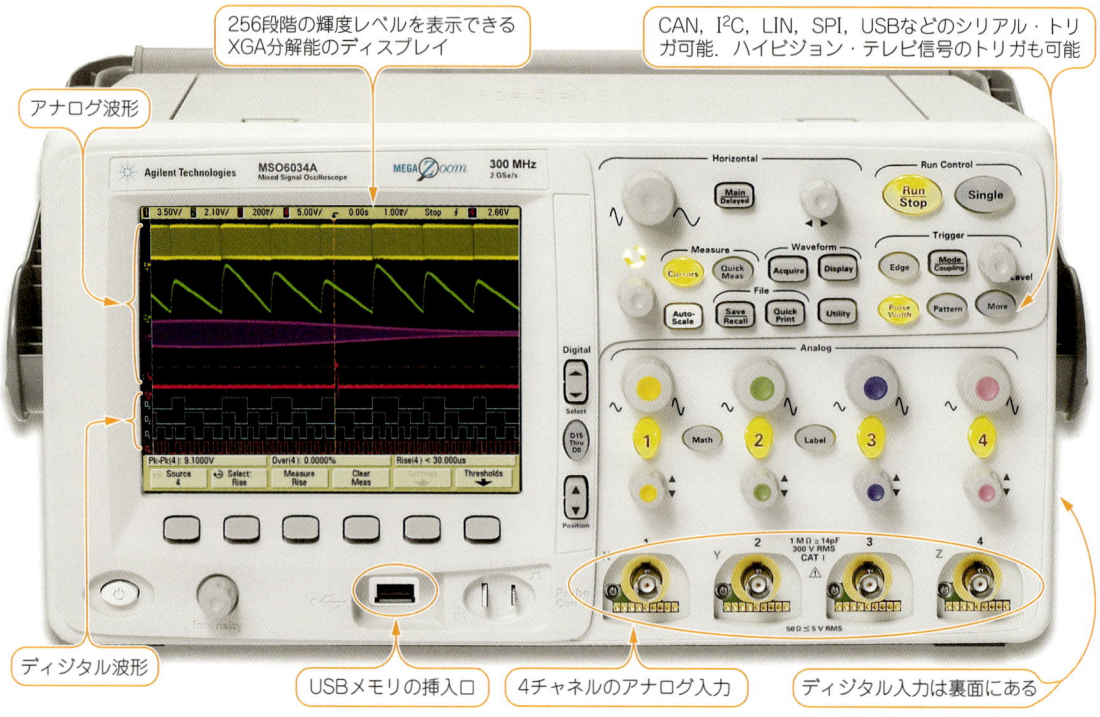

写真11 ミクスト・シグナル・オシロスコープ MSO6034Aの表示部

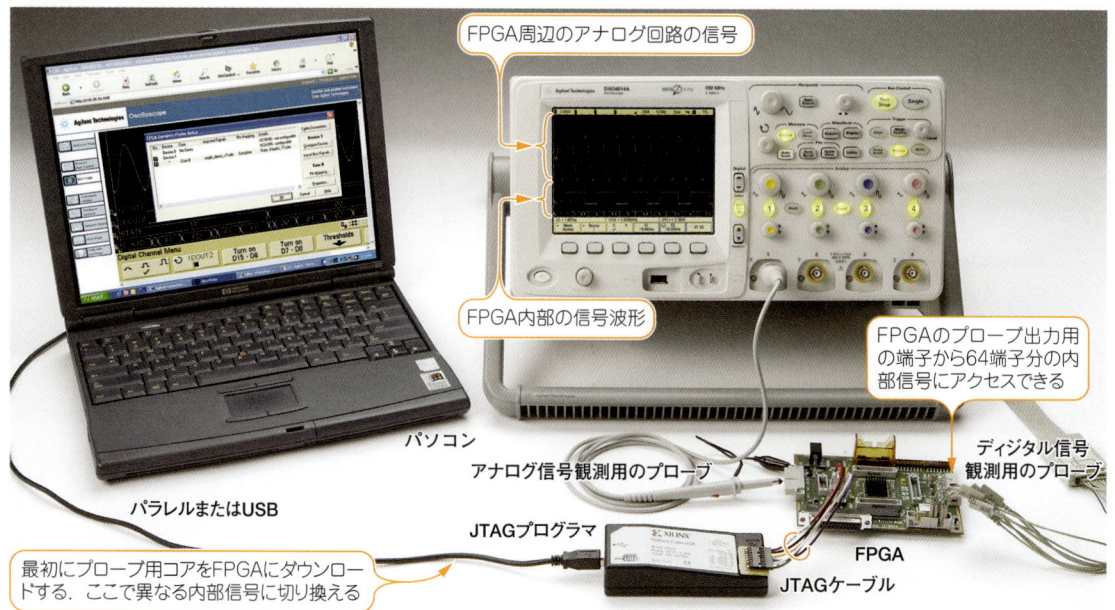

● アナログ信号とロジック信号を1台で解析

8～16本のバス・ラインの信号を同時に観測するケースが多いディジタル回路などを評価するときは，2チャネル以上の入力が必要です．このような場合は，通常ロジック・アナライザと呼ばれる専用の測定器を使い

ます．

写真10 に示すのは，アナログ信号（2または4チャネル）とディジタル信号（16チャネル）を同時に観測できるオシロスコープ（MSO6034A，アジレント・テクノロジー）です．

1台にアナログ波形の観測とロジック解析が可能で，アナログ信号とディジタル信号の組み合わせでトリガをかけることもできます．

● FPGA内部のロジック信号と周辺のアナログ信号を観測

写真11 に示すのは，FPGAの端子信号をMSO6034Aのディジタル入力に接続して，FPGAに書き込んだロジック回路とFPGA周辺のアナログ回路を同時にデバッグしているところです．

FPGAのデバッグは，JTAGプログラマ経由でFPGAに回路を書き込み，観測したいFPGA内部の信号を指定しながら行います．プリント基板上のFPGA周辺にあるアナログ回路の信号は，アナログ入力チャネルに入力して観測します．**写真12** に示すのは観測波形の例です．

FPGAボード開発以外の応用例には次のようなものがあります．

- A-D/D-Aコンバータの設計
- W-CDMAなどの変復調動作の観測

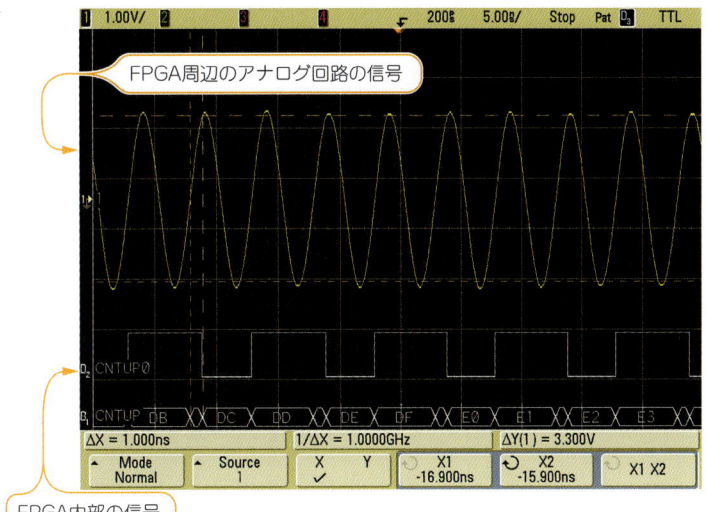

写真12 ロジック・デバイスとアナログ・デバイスが同居するディジ・アナ混載ボードの開発や評価に威力を発揮

1GS/sで1年以上のロギングが可能なパソコン接続タイプのオシロスコープ column

図A は，帯域50MHz，サンプリング・レート1GS/s，2チャネル入力のパソコン・スコープPCS500（velleman instruments，ベルギー）です．**図B** に，パソコンのモニタでの表示例を示します．パソコンのパラレル・ポートに接続します．

入力端子が，コンピュータのグラウンドと光学的に分離されているので，絶縁不良によるショートや感電を回避できます．1年以上のデータ・ロギングが可能です．FFTなどの演算機能も装備されています．

応用例としては次のようなものがあります．

- 工場や工事現場における長時間データ収集
- パソコンへの音声波形の取り込みと解析
- 通信データ回線のパソコン上でのモニタ
- ファンクション・ジェネレータと組み合わせて制御系のボーデ線図を得る

水平スケールを0.2μs/div.に設定すると，繰り返し信号に対して等価サンプリングをかけることができます．

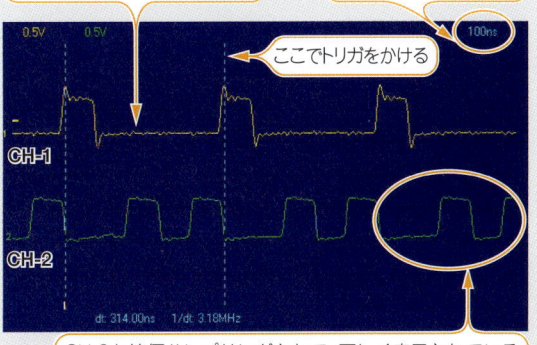

図A パソコンに長時間の波形データを取り込むパソコン・スコープ PCS500

図B PCS500と接続したパソコンの波形表示

2-5 輝度階調表現が可能なディジタル・オシロスコープ
アナログ・オシロスコープの長所を兼ね備えた

● **高速取り込みによって輝度階調表現を可能に**

　映像信号の明るさ(輝度)は，光源を点灯させる頻度でそのレベル(階調)を表現できます．

　アナログ・オシロスコープは，波形の保存や解析は苦手ですが，信号の取り込み周期が短いため，入力信号のレベル変化への追従が良く，たまにしか発生しない信号でも確実に捕らえて輝度で表現します．発生頻度が高い信号は明るく，低い信号は暗くディスプレイに映し出します．

　一方，いったんメモリに波形データを蓄えてからディスプレイに映し出すディジタル・オシロスコープは，アナログ・オシロスコープより取り込み周期が長く，発生頻度が意味をもつ信号の観測が苦手でした．特に，メモリ容量の制限からサンプリング・レートが落ちる低速掃引時に波形情報をたくさん失ってしまうという欠点があります．1(信号があり)か0(信号なし)だけでしか表示できないディスプレイも，輝度階調表現ができない理由の一つでした．

　最近は，デバイスの進化によって信号処理の高速化が一段と進み，輝度階調表現が可能な高精細液晶ディスプレイも安価になりました．上記の欠点を克服したディジタル・オシロスコープが市販されるようになり，次のような用途に利用されています．

- ハード・ディスクのトラックごとのビット欠落の検出

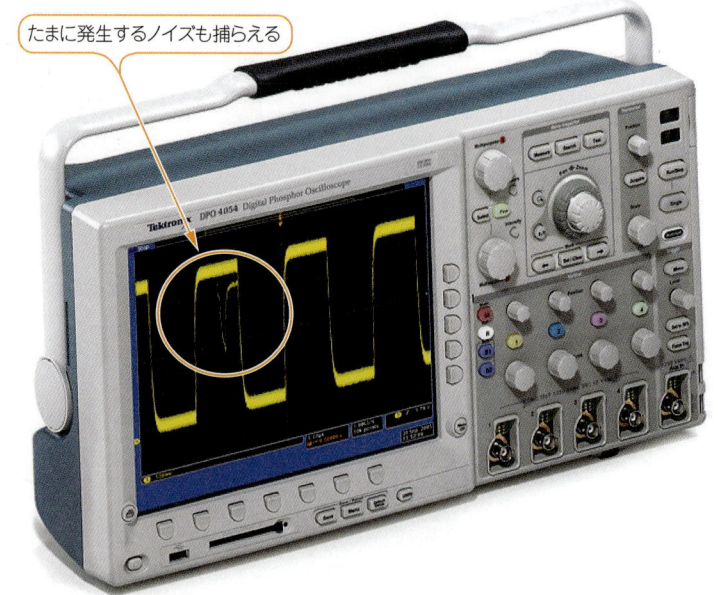

写真13 頻度の低い信号を見逃す従来の欠点を改善したディジタル・オシロスコープその①(DPO4054，テクトロニクス)

（たまに発生するノイズも捕らえる）

写真14 頻度の低い信号を見逃す従来の欠点を改善したディジタル・オシロスコープその②(DSO5054，アジレント・テクノロジー)

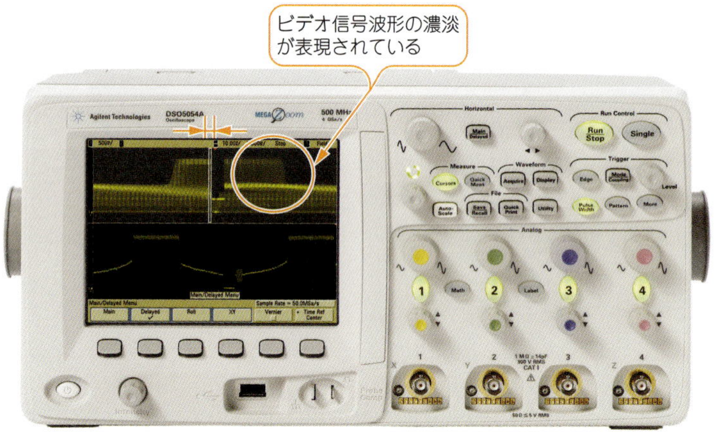

（ビデオ信号波形の濃淡が表現されている）

- カメラからのビデオ信号出力の監視
- 自動車電装機器で不規則に発生するノイズの観測

● **ビデオ信号の観測例**

　写真13 と 写真14 に示すのは，輝度階調表現が可能なディジタル・オシロスコープです．

　写真13 に示すのは，ディジタル・フォスファ・オシロスコープ(DPO：Digital Phosphor Oscilloscope)と呼ばれる機種です．輝度階調表現が可能なディスプレイをもち，信号の取り込みレートを高速化してレスポンスを向上させています．

　写真15 にDPOで観測したビデオ信号の波形を示します．これはスプリット・カラー・バーと呼ばれるもので，次のいく

図5 輝度諧調を実現したディジタル・オシロスコープの内部ブロック図

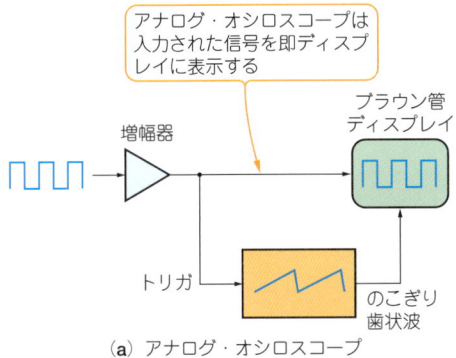

(a) アナログ・オシロスコープ

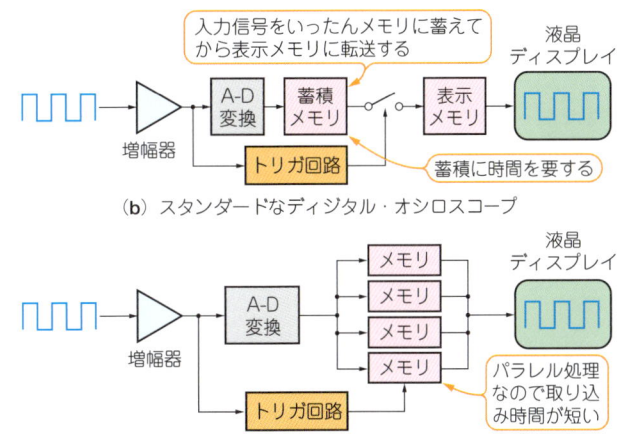

(b) スタンダードなディジタル・オシロスコープ

(c) 輝度階調表現が可能なディジタル・オシロスコープ

つかの信号で構成されています．
- 水平バースト信号と水平同期信号
- 画面の半分のラインに現れる信号（カラー・バー）
- 数ラインだけ現れる等価パルス

毎周期発生する信号は明るく，たまにしか出ない信号は暗く表示されています．

● しくみ

図5に，アナログ・オシロスコープ，スタンダードなディジタル・オシロスコープ，そして輝度階調型ディジタル・オシロスコープの内部ブロック図を示します．

アナログ・オシロスコープは，入力された信号を即ブラウン管に送ってその波形を表示させます．

スタンダードなディジタル・オシロスコープは，入力信号をA-D変換したあといったんメモリに書き込みます．メモリがデータで一杯になったら，表示させたい部分を表示用のメモリに転送します．したがって，信号を取り込んでから表示するまでに時間を要します．

輝度階調型ディジタル・オシロスコープは，複数のメモリを内蔵して，取り込み処理を並列に行い，メモリへの取り込み時間を短縮しています．図6に示すように，たまに発生するノ

写真15 ディジタル・フォスファ・オシロスコープで観測したコンポジット・ビデオ信号

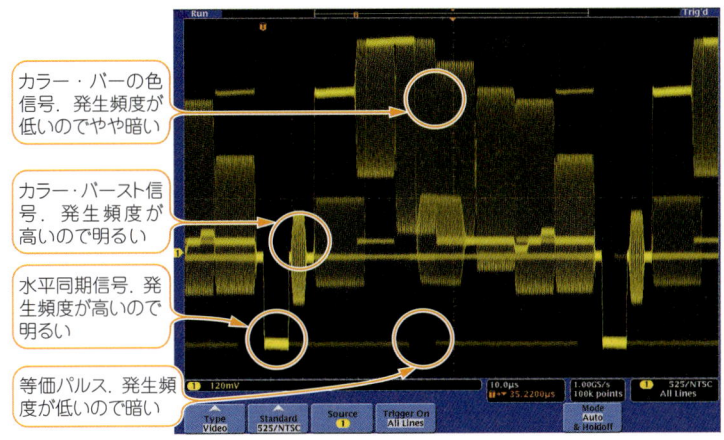

図6 アナログ/ディジタル/DSOのトリガのかかりかたの違い

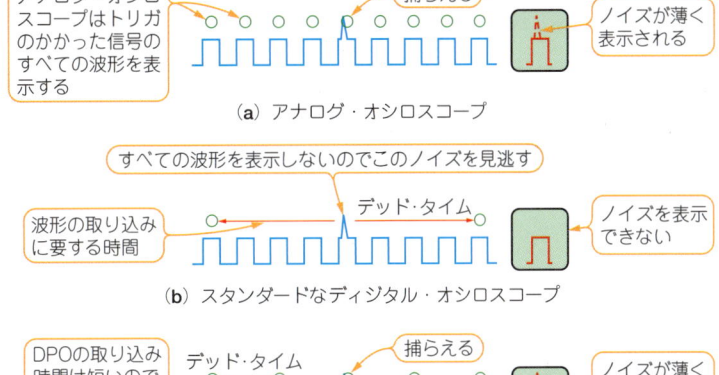

(a) アナログ・オシロスコープ

(b) スタンダードなディジタル・オシロスコープ

(c) ディジタル・フォスファ・オシロスコープ（DPO）

注▶○は画面に表示される波形

イズも取り込み，表示することができます．

2-5 輝度階調表現が可能なディジタル・オシロスコープ

2-6 USBインターフェースの小型ディジタル・オシロスコープ
パソコンの液晶モニタ・ディスプレイに表示

写真16 USBインターフェースのペン型パソコン・スコープ(PicoScope, Pico Technology, 秋月電子通商扱い)

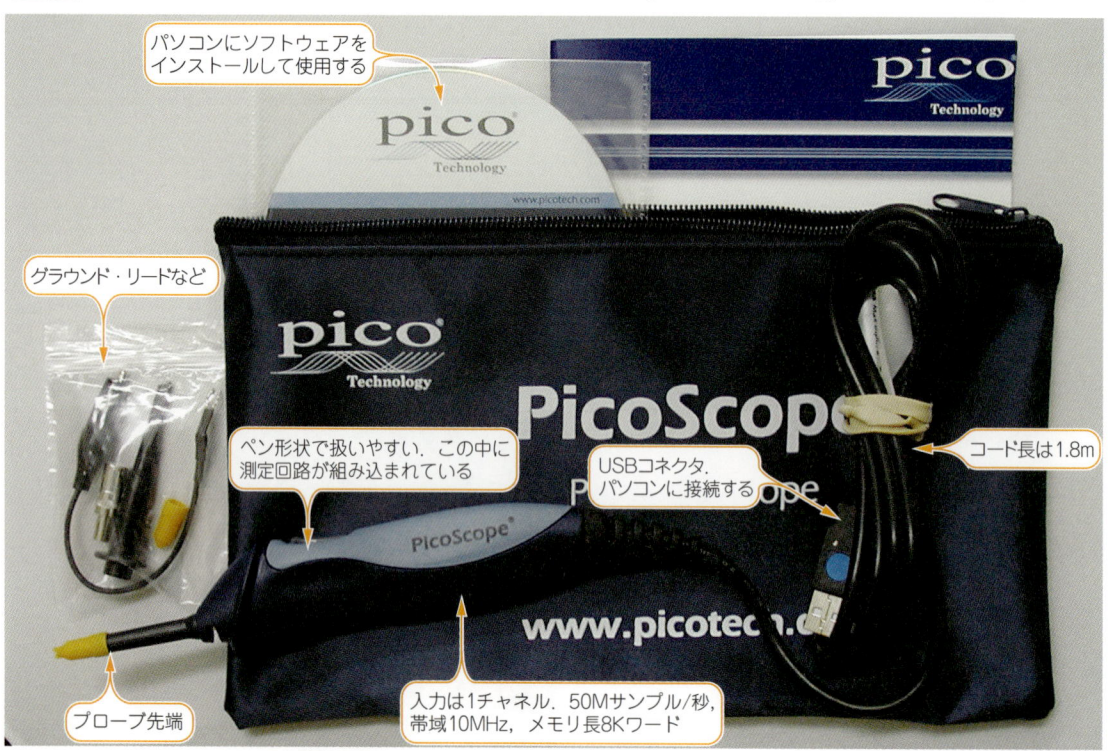

- パソコンにソフトウェアをインストールして使用する
- グラウンド・リードなど
- ペン形状で扱いやすい．この中に測定回路が組み込まれている
- USBコネクタ．パソコンに接続する
- コード長は1.8m
- プローブ先端
- 入力は1チャネル，50Mサンプル/秒，帯域10MHz，メモリ長8Kワード

図7 パソコン・スコープPicoScopeのパソコン側のディスプレイ表示

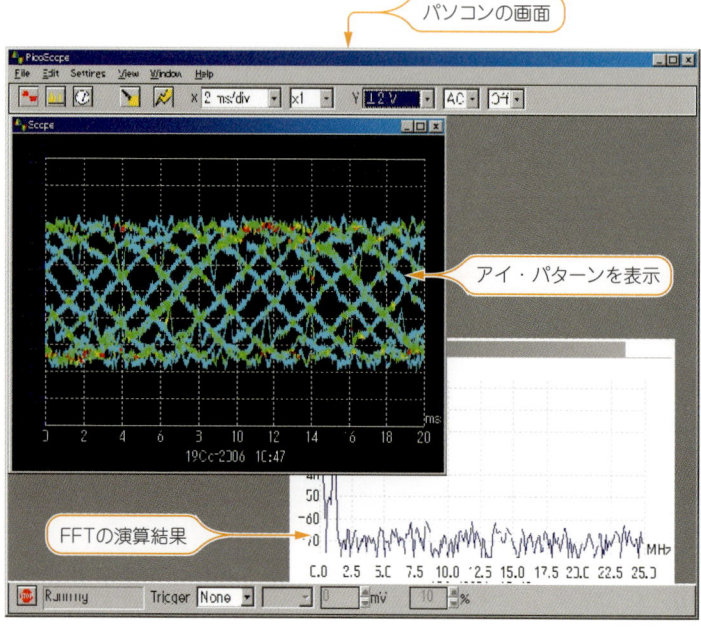

- パソコンの画面
- アイ・パターンを表示
- FFTの演算結果

● ノート・パソコンと一緒に持ち歩きたいPicoScope

パソコンに接続して，モニタ・ディスプレイ上に波形を表示し，操作はマウスで行うディジタル・オシロスコープがあります．パソコン・スコープなどと呼ばれます．本体側にはモニタや操作ボタンは付いていません．

写真16 は，秋月電子通商が取り扱っているパソコン・スコープで，PicoScope(ピコスコープと呼ぶ)です．

図7 に波形の表示例を示します．A-DコンバータやUSBブリッジが内蔵されたプローブ本体をUSB経由でパソコンに接続して使います．電源は

写真17 999時間分の波形を記録できるパソコン・スコープ EZ5840（NF回路設計ブロック）

図8 パソコン・スコープ EZ5840 のパソコンのディスプレイ表示

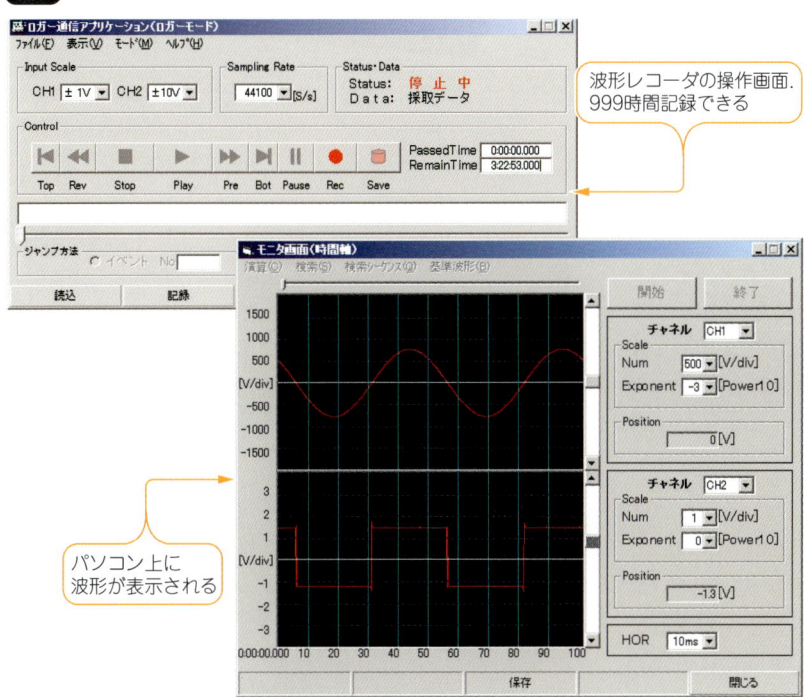

USBから供給を受けます．

帯域は10MHzで入力も1チャネルですが，低価格です．帯域200MHz，2チャネル入力のタイプもあります．ノート・パソコンといっしょに持ち歩けば現場で活用できます．

● 999時間の記録が可能な EZ5840

写真17 に示すのは，2チャネルで最大999時間の波形記録が可能なパソコン・スコープ EZ5840（イージーギア・シリーズ，NF回路設計ブロック社）です．長時間のデータ収集（データ・ロガー）に特化しています．

図8 に波形表示のようすを示します．

2-7 Gbps超の差動伝送線路を評価できるディジタル・オシロスコープ
専用のプローブで高速信号の姿を確実に捕らえる

● Gbpsを超える高速伝送を少ない配線で

パソコンやディジタル映像配信システムなどは，複雑な機能の短時間処理や高精細な表現を実現するためには，ディジタル・データの伝送速度を上げていかなければなりません．伝送速度を上げる手段として，複数の配線にデータを分割して伝送する方法がありますが，小型化の要求から，たった2本の配線で伝送することが常識化しています．いかに少ない配線で大量のディジタル・データを伝送するかは，大きな課題です．

最近では，数百Mbps以上のデータ伝送は当たり前になりました．このクラスの高速伝送を実現するには，グラウンド用の配線と信号用の配線を組み合わせる従来の伝送方法（シングルエンド伝送）では間に合いません．信号の振幅をできるだけ小さくして，LレベルからHレベルへの遷移時間を短縮する必要があります．

図9 に示すように，最近の高速シリアル伝送ラインは，互い違いにL/Hを変化させて1ビットを表現する方法が取られています．これを差動伝送と呼びます．

液晶テレビなどに利用されて一般的となった差動の高速シリアル伝送規格 LVDS（Low Voltage Differential Signaling）は，数百mVという小さい振幅の信号を使って，1Gbpsを超える転送速度を実現します．

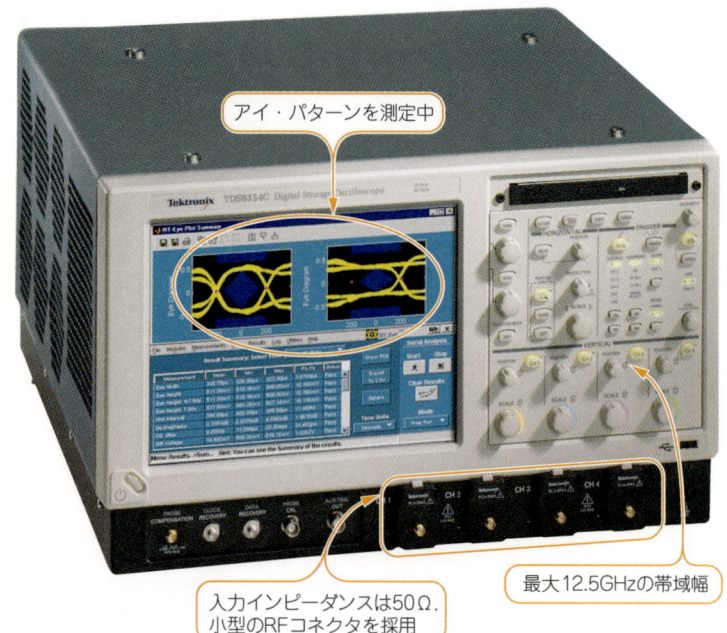

写真18 Gbps超の高速シリアル伝送波形を観測できるディジタル・オシロスコープ①（TDS6000シリーズ，テクトロニクス）

アイ・パターンを測定中
入力インピーダンスは50Ω．小型のRFコネクタを採用
最大12.5GHzの帯域幅

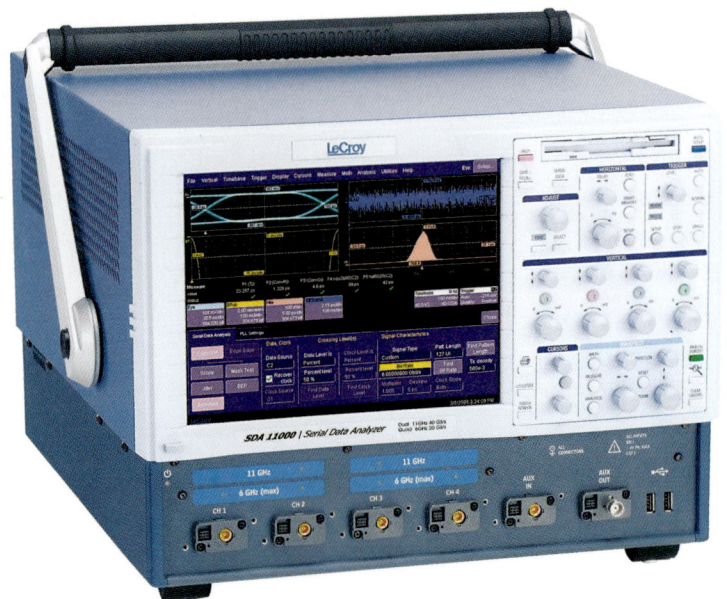

写真19 Gbps超の高速シリアル伝送波形を観測できるディジタル・オシロスコープ②（SDA DBIシリーズ，レクロイ）

● 高速差動伝送ラインの評価に特化したオシロスコープ

写真18 に示すのは，テクトロニクス社のTDS6000シリーズです．帯域幅15GHz，12GHz，8GHz，6GHzの4機種のラインナップがあります．観測可能な立ち上がり時間の最小値は，なんと28ps（10～90％）です．サンプリング・レートは，40GS/s（2チ

図9 USBやイーサネットなど最近の高速伝送ラインは差動伝送

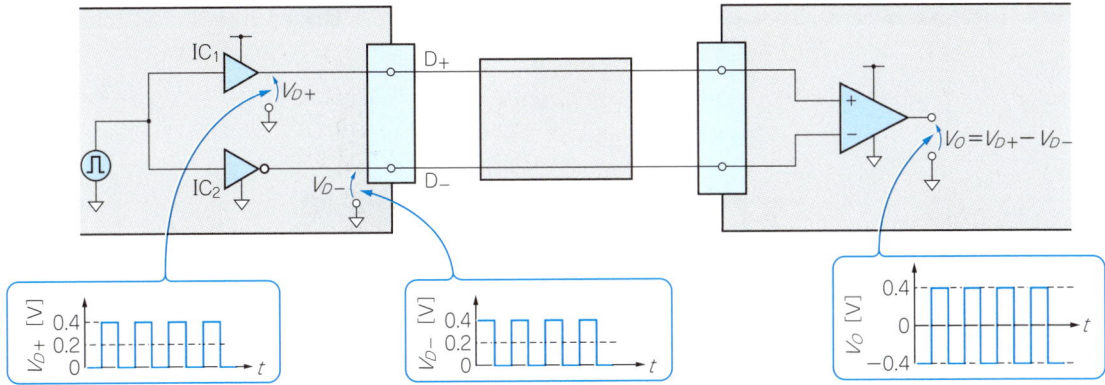

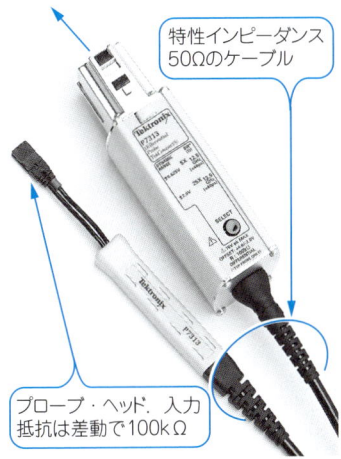

写真20 差動信号ライン観測専用のプローブ（P7313，テクトロニクス）

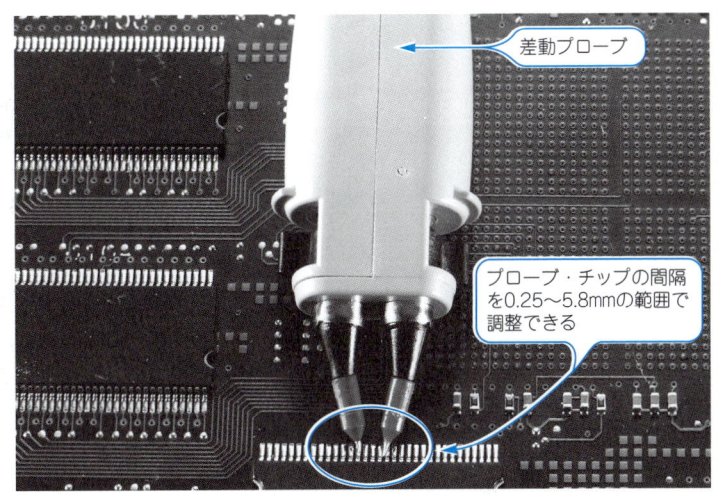

写真21 ICの端子に直接当てるタイプの差動プローブ（1134A，アジレント・テクノロジー）

ャネル同時）です．レコード長も最大64Mポイントあります．

写真19は，レクロイ社のSDA DBIシリーズです．

これらのオシロスコープの応用例には次のようなものがあります．

- 6.25Gbps以上のシリアル・データ解析
- 高速ネットワーク機器の設計
- イーサネット，DVI，USB2.0などのジッタ解析
- 5GHzクロックの3次高調波の測定
- PCI Expressの高速信号波形測定
- 各種シリアル規格の認定をパスするための試験

● **プローブとオシロスコープは50Ωで整合**

このクラスの高速信号を捕らえるプローブは取り扱いに注意が必要です．

まず，オシロスコープまで信号を伝えるケーブルの特性インピーダンスは50Ωで設計されています（オシロスコープの入力インピーダンスも50Ω）．インピーダンスが低い理由は，ケーブルに寄生する容量の影響を極力小さくして，信号を減衰させないようにするためです．最大入力電圧は数Vと小さいので

取り扱いに気をつけなければなりません．

写真20に示すのは，差動の高速伝送ライン測定専用のプローブ（P7313，テクトロニクス）です．このプローブの入力抵抗（DC）は100kΩです．回路との接続は，プリント基板に直接はんだ付けしたり，専用のアームを使って行います．プローブの立ち上がり時間は40ps程度です．

写真21は，別メーカの差動プローブ（1134A，InfiniiMaxシリーズ，アジレント・テクノロジー）です．スプリングの入ったプローブ・チップを面実装ICの足に直接当てるタイプです．

徹底図解★ディジタル・オシロスコープ活用ノート

第**3**章
信号を捕らえてオシロスコープに伝える聴診器

プローブの基礎知識

3-1 ターゲットの動作に影響を与えることなく確実に信号を伝える
プローブが必要な理由とそのしくみ

1 電子回路の聴診器「プローブ」の働き

写真1 プローブと単線を使ったときの観測波形の違い

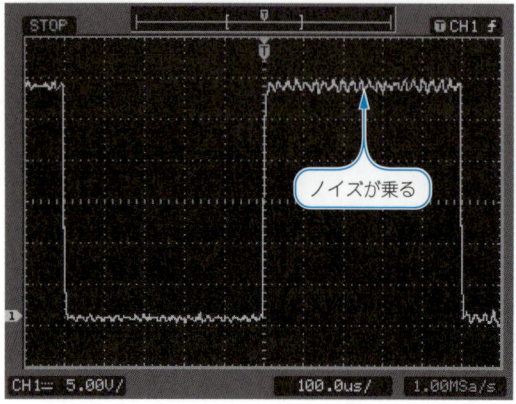

(a) プローブを使わず単線を使用

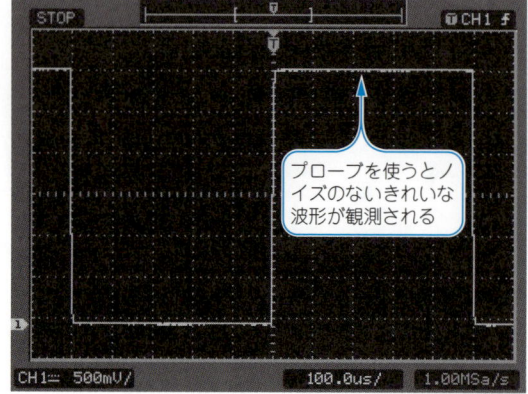

(b) プローブを使う

　オシロスコープはディスプレイに電気信号の波形を映し出してくれる便利な測定器です．しかしこのオシロスコープも，プローブと呼ばれる触診を組み合わせて，上手に使いこなさなければ役に立たない箱になってしまいます．

　プローブには，次のような機能が求められます．
（1）微小な信号であってもオシロスコープまで確実に運ぶ
（2）ターゲットに接触させつつも被測定回路の動作に影響を与えない
（3）外部で発生しているノイズの流入を防ぐ

　特に（2）は，プローブが果たさなければならない重要な役割です．

　当然，電子回路はプローブが接触していない状態で動作するわけですから，ターゲットにプローブが接触されている状態は，回路にとっては異常です．プローブの接触は，少なからず回路の動作に影響を与えており，オシロスコープで観測しているのは，この影響を受けた電子回路の動作波形です．このことは，オシロスコープを使うときに限らず，どんな測定を行うときも常に頭に入れておく必要

があります．

　また，プローブのケーブルやヘッド部分には外来ノイズが入ってきます．これはプローブを使わずに普通の単線を使って測定してみるとわかります．

　写真1に示すのは，オシロスコープのキャリブレーション信号を使って観測した波形です．単線を使うと，波形にノイズが乗ってしまいます．プローブは，手でつかんでもノイズが混入しないように，ケーブルにシールド被覆線を使い，さらにプローブ・ヘッドが完全にシールドされています．

2 プローブを構成するパーツの外観と呼称

写真2 プローブの外観

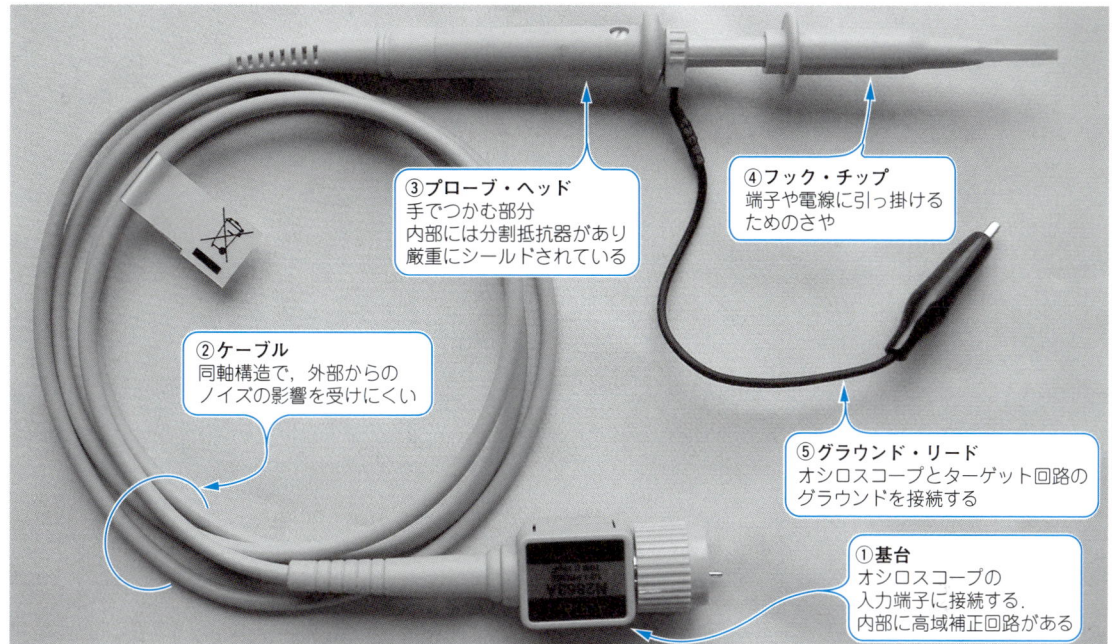

③ プローブ・ヘッド
手でつかむ部分
内部には分割抵抗器があり
厳重にシールドされている

④ フック・チップ
端子や電線に引っ掛ける
ためのさや

② ケーブル
同軸構造で，外部からの
ノイズの影響を受けにくい

⑤ グラウンド・リード
オシロスコープとターゲット回路の
グラウンドを接続する

① 基台
オシロスコープの
入力端子に接続する．
内部に高域補正回路がある

　写真2に示すのは，パッシブと呼ばれるタイプのプローブの外観です．

● 基台（①）
　オシロスコープの入力端子に接続するためのコネクタの付いた基台（ベース）です．
　オシロスコープの入力端子は，伝統的に75ΩのBNC端子（メス）が使われているので，プローブ側はBNCオスとなっています．BNCコネクタと一体になった基台内には，高域補償回路が入っています．

● ケーブル（②）
　外被がグラウンド側でシールドされた同軸ケーブルです．
　長さは1m程度が普通で，インピーダンスは75Ωです．同軸ケーブルはシールド効果があり，外部からの雑音の混入を防止してくれます．普通のBNCケーブルと異なり，1mあたりの容量が20p〜30pFと小さい特殊なものです．抵抗は，逆に200〜300Ω/mと大きくなっています．これは信号の共振を防止するためです．

● プローブ・ヘッド（③）
　写真3に内部構造を示します．
　手でつかむ部分です．ノイズは，人体を経由して簡単に電子回路に混入します．この混入を防ぐために，先端で拾った信号の経路がすべて厳重にシールドされています．
　チップ先端部には，減衰比に対応した分割抵抗器が入っています．

● フック・チップ（④）
　フック（鍵型電極）の付いたスリーブ（さや）です．

● グラウンド・リード（⑤）
　このリード線を介して，オシロスコープのグラウンドと対象回路のグラウンドを接続します．先端にわに口クリップが付いています．これは取り外しできます．

写真3 プローブ・ヘッドの構造

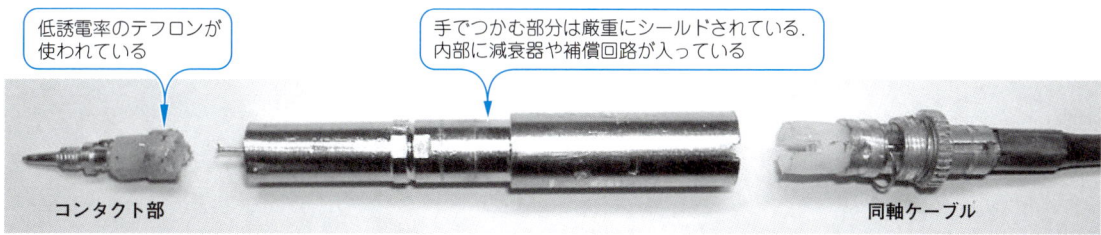

低誘電率のテフロンが
使われている

手でつかむ部分は厳重にシールドされている．
内部に減衰器や補償回路が入っている

コンタクト部　　　　　　　　　　　　　　　　　　　同軸ケーブル

3 プローブに付属しているアクセサリ・キット

写真4 確実なプロービングを手助けしてくれるアクセサリ

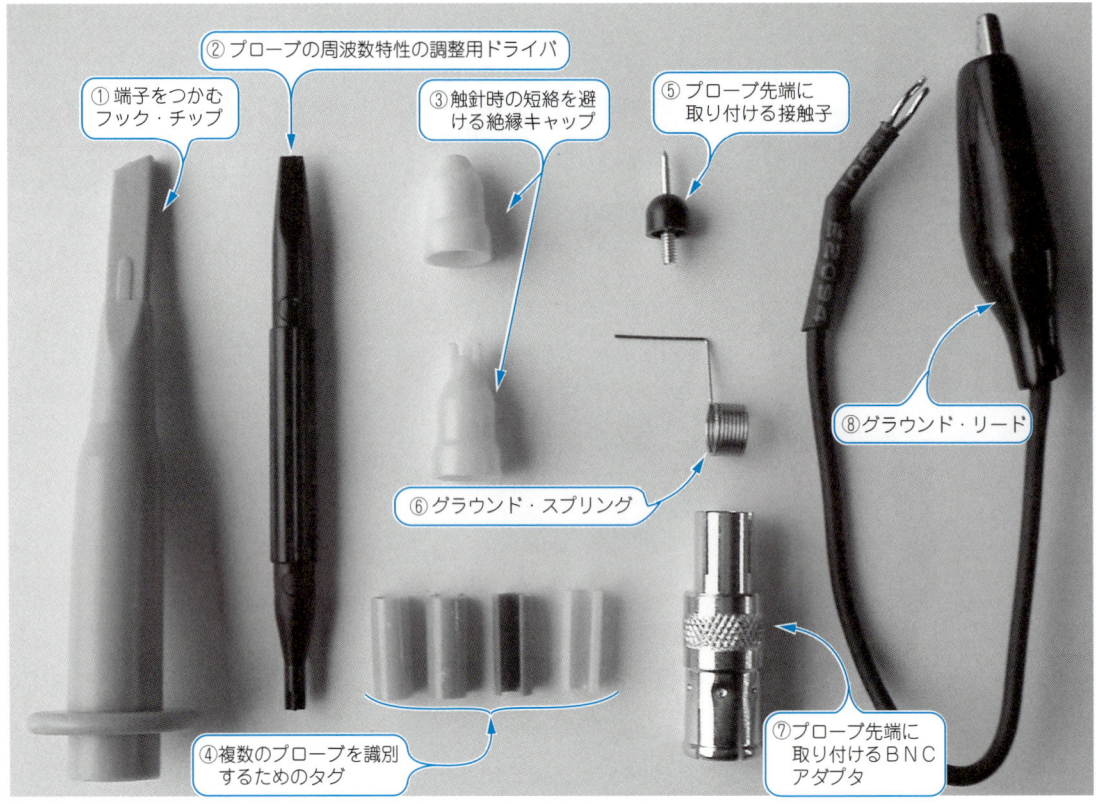

① 端子をつかむフック・チップ
② プローブの周波数特性の調整用ドライバ
③ 触針時の短絡を避ける絶縁キャップ
⑤ プローブ先端に取り付ける接触子
⑥ グラウンド・スプリング
⑧ グラウンド・リード
④ 複数のプローブを識別するためのタグ
⑦ プローブ先端に取り付けるBNCアダプタ

写真4に示すのは，オシロスコープを購入すると付いてくるプローブのアクセサリ・キットです．

①のフック・チップ（retractable hook）と，⑧のグラウンド・リードは，通常プローブに付けっぱなしになります．②は，補正量調整用のねじを回すためのプラスチック製ドライバです．

③は，チップ先端のグラウンド部分が測定対象物に触れて短絡するのを防ぐための絶縁キャップです．

④は，プローブのチャネルをわかりやすくするための識別用タグです．

⑤はプローブ・チップ，つまりプローブ先端の接触子です．

⑥は，グラウンド・スプリングです．

⑦はBNCアダプタで，ともにプローブ先端に取り付けます．

アクセサリ・キットは，とても大切なものばかりです．紛失しないようにしましょう．またプローブは物理的に壊れやすいので，壊れた部分だけを交換できるタイプのプローブを購入すれば，高価なプローブを再度買い求める必要はありません．

オシロスコープもプローブも適材適所　　column

　プローブと言えばふつう，これまで紹介してきたパッシブ・プローブを指します．しかし，パッシブ・プローブでは測定できない場合もあります．

　例えば，測定対象のグラウンドがオシロスコープのグラウンドに対して相対的に高電位である場合に，パッシブ・プローブのグラウンド・リードを接続すると，測定対象が故障したり，感電の危険があります．また，測定対象の各点がグラウンドに接続されていない場合もあります．プローブの入力容量が測定対象に影響を与える場合もあるでしょう．

　このようなケースのすべてに対応するプローブを開発することは不可能ではないでしょうが，実際にはオシロスコープのユーザはある特定の分野の技術者です．したがって，特定の用途に適合したプローブのほうがコスト面でも構造面でも有利です．このような背景から，プローブの種類はとても多くなっています．

3-2 プローブの種類と適材適所

信号のタイプに合わせて選ぶ

1 最もよく使うパッシブ・プローブ

写真5 50mV以下の微小信号観測に向く1：1パッシブ・プローブ（1162A，アジレント・テクノロジー）

帯域は25MHz

1：1プローブ
わに口 グラウンド・リード
バレル絶縁体
プローブ・チップ
ブラウザ
フック・チップ
デュアル・リード・アダプタ
SMDクリップ
グラウンド・スプリング
ドライバ
ソケット付き グラウンド・リード

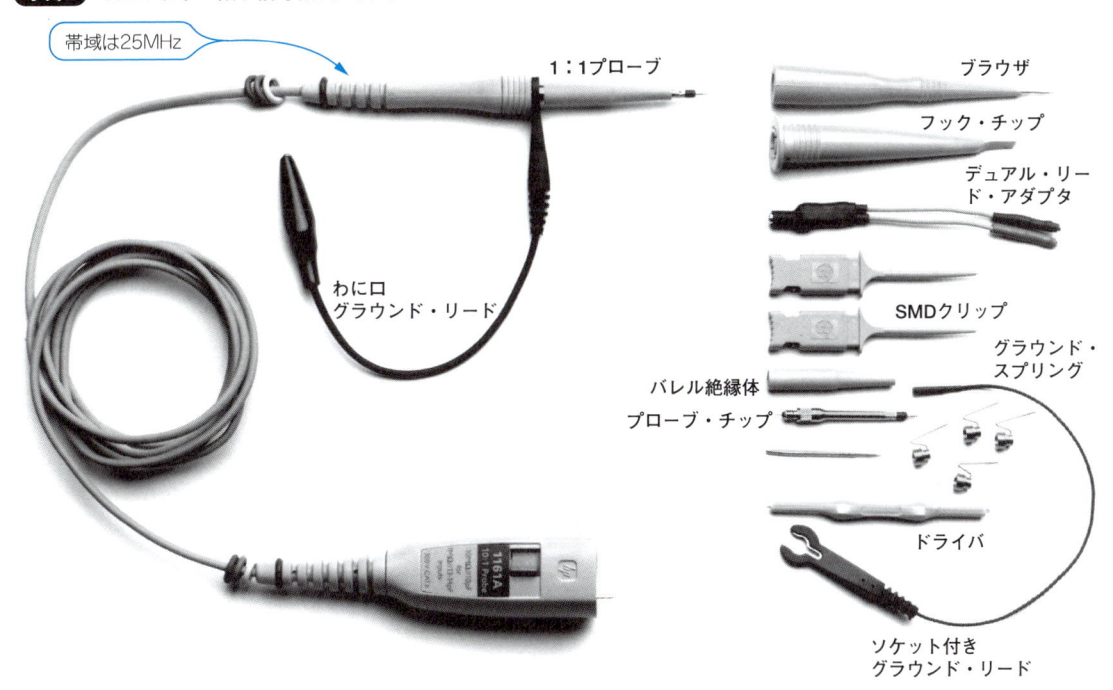

写真5 〜 写真9 に示すのは，パッシブ・プローブです．内部回路は，トランジスタのような能動素子を使わず，抵抗，コンデンサ，コイルなどの受動部品だけを組み合わせて作られています．

● 1：1プローブ

写真5 に示すのは，1：1プローブ 1162A（アジレント・テクノロジー製）です．

50mV以下の微小レベルの測定に適しています．

1：1プローブは，低容量ケーブルの片側にBNCコネクタ，反対側にプローブ・チップが付いたものです．プローブの入力信号レベルと出力信号レベルの比が等しい（1：1）ので，入力信号は減衰しません．

プローブの入力抵抗は，オシロスコープの入力抵抗（1MΩ）に等しくなります．出力インピーダンスが高い回路にこのプローブを接続すると，入力抵抗（1MΩ）が回路の動作に影響を与えて，正しい波形を観測できません．また，オシロスコープの入力容量の影響を受けて，高周波でプローブの入力インピーダンスが低下するため，高周波での測定には向きません．

● 50Ω，1：1プローブ

写真6 に示すのは，50Ωの1：1プローブ P6150（テクトロニクス）です．

1：1プローブの一種です．違いは，ケーブルが低容量ケーブルではなく，50Ωの同軸ケーブルを使っている点です．測定回路の出力インピーダンスが数Ω程度と低く，数mV程度の高周波の測定に適しています．

● 10：1パッシブ・プローブ

写真7 に示すのは，10：1パッシブ・プローブです．

オシロスコープに標準部品として付属しているプローブです．

プローブ先端に信号減衰回路，コネクタ側に補正回路が組み込まれています．これは，オシロスコープとプローブの入力容量の違いによる周波数特性の乱れを減らすためのものです．1：1のプローブに比べて測定回路に与える影響が小さく広帯域

写真6 数mV程度の高周波信号の観測に向く50Ω，1：1プローブ（P6150，テクトロニクス）

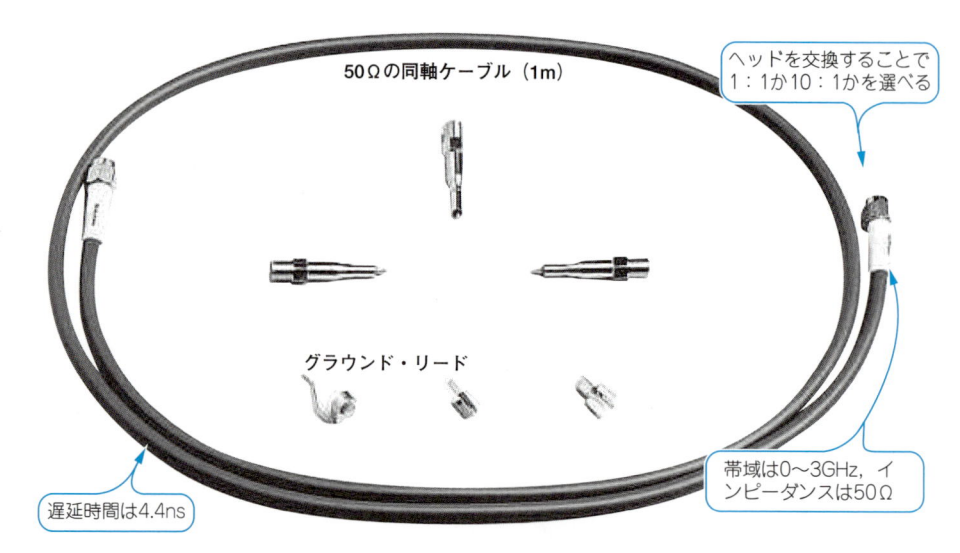

- 50Ωの同軸ケーブル（1m）
- ヘッドを交換することで1：1か10：1かを選べる
- グラウンド・リード
- 遅延時間は4.4ns
- 帯域は0～3GHz，インピーダンスは50Ω

なので，精度良く測定できます．

● 100：1パッシブ・プローブ

写真8 に示すのは，100：1プローブ P5100（テクトロニクス）です．

波高値の高いパルスの測定に使います．入力容量が2p～3pFととても小さく，10：1のプローブよりも測定回路に与える影響がさらに少ないタイプです．

● 抵抗ディバイダ・パッシブ・プローブ

写真9 に示すのは，低インピーダンス・プローブ P6158（テクトロニクス）です．

測定帯域を3GHz以上に広げることができるタイプです．低インピーダンス・プローブ，またはZ_0プローブと呼びます．

図1 に示すように，50Ωの

写真7 オシロスコープに付属している10：1プローブ

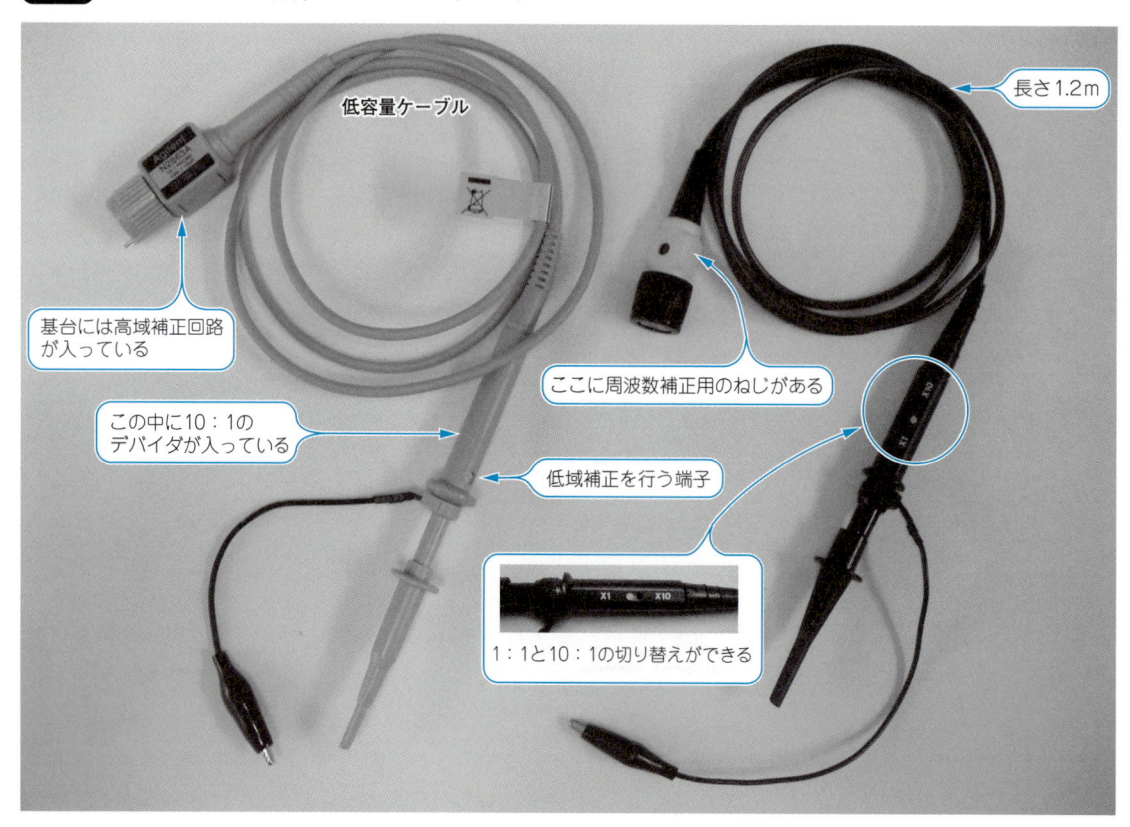

- 低容量ケーブル
- 長さ1.2m
- 基台には高域補正回路が入っている
- この中に10：1のデバイダが入っている
- ここに周波数補正用のねじがある
- 低域補正を行う端子
- 1：1と10：1の切り替えができる

同軸ケーブルを使用し，BNCコネクタ部でグラウンドとの間に50Ωを挿入し終端しています．この終端によって，プローブの入力抵抗は50Ω以下になりますが，ケーブルの容量の影響はなくなります．プローブの入力容量は，チップ先端がもつ容量(1pF程度)だけになります．

入力抵抗が低いので，高電圧を加えるとプローブ内部の抵抗が容易に焼損します．入力できる最大電圧は，数V～数十V程度です．

写真8 電圧波高値の高い100：1パッシブ・プローブ(P5100，テクトロニクス)

- 2.5kV(DC＋AC)まで測定可能．帯域は250MHzと広い．10MΩ，2.7pF
- リトラクタブル・フックチップ
- ケーブル・マーカ
- わにロクリップ
- グラウンド・リード
- ケーブルは3mと長い

図1 低インピーダンス・プローブのしくみ

- チップ先端の容量
- 抵抗ディバイダを構成する
- オシロスコープの内部にある場合もある
- BNCコネクタ
- 分割抵抗 450Ω
- 50Ω同軸ケーブル
- C_{tip} =1p
- 入力抵抗は500Ω(＝450＋50)
- インピーダンスが低いのでケーブル容量が影響しない
- 終端抵抗 50Ω

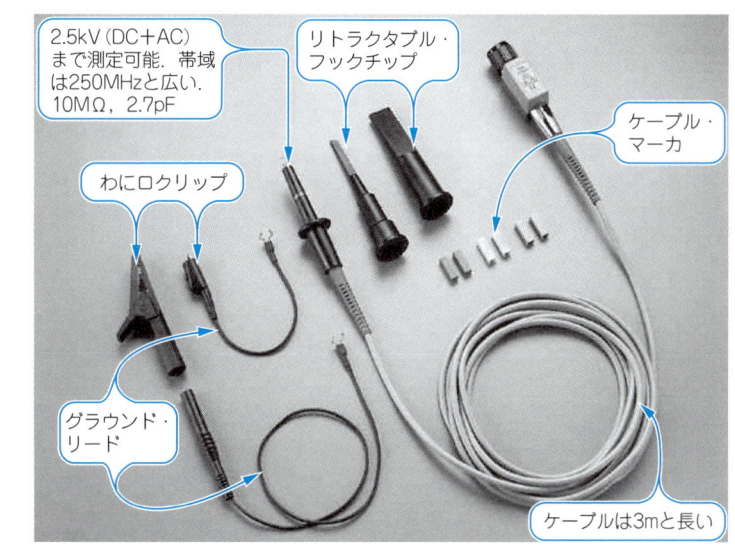

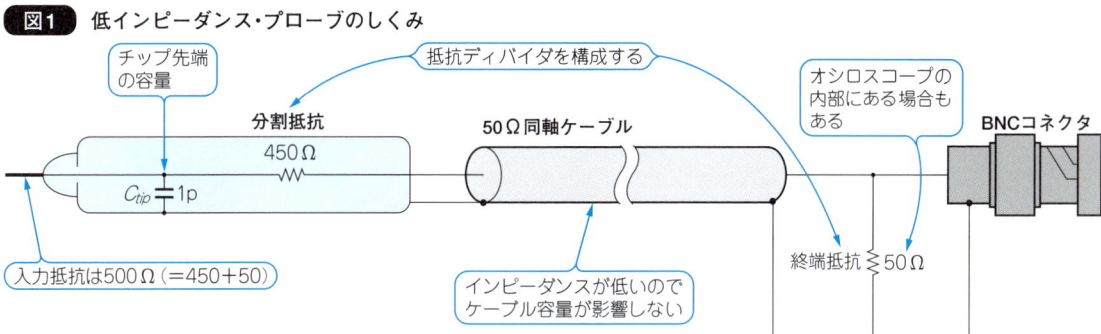

写真9 帯域3GHzの低インピーダンス・プローブ(P6158，テクトロニクス)

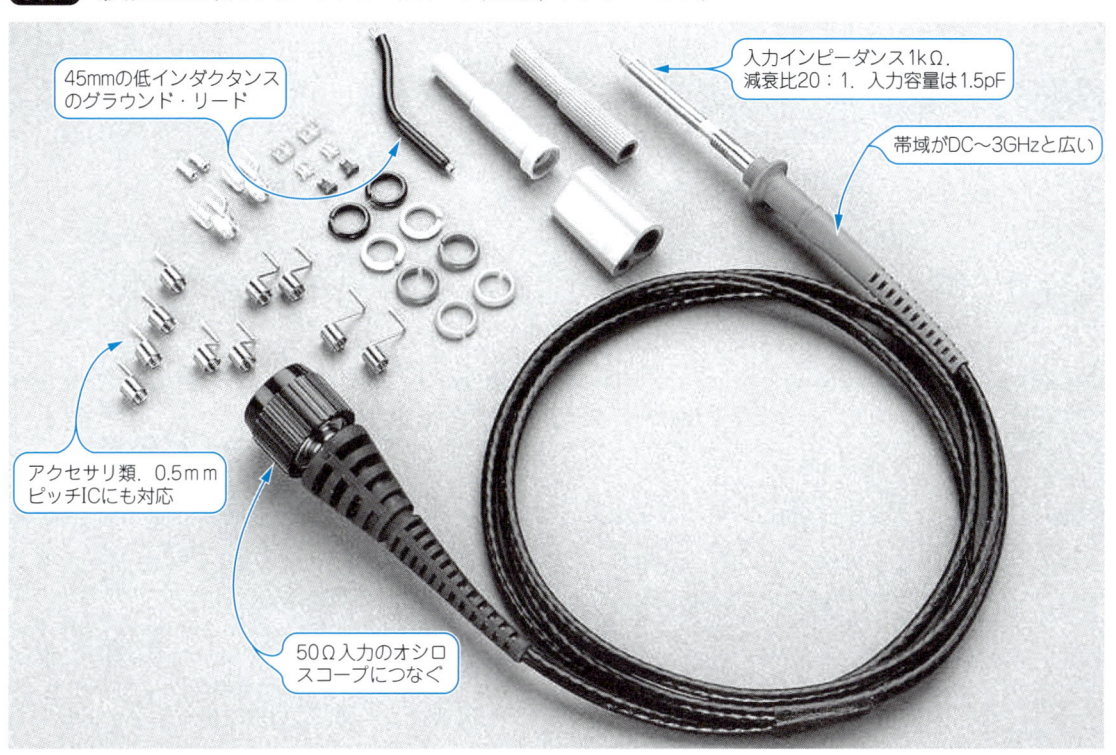

- 45mmの低インダクタンスのグラウンド・リード
- 入力インピーダンス1kΩ．減衰比20：1．入力容量は1.5pF
- 帯域がDC～3GHzと広い
- アクセサリ類．0.5mmピッチICにも対応
- 50Ω入力のオシロスコープにつなぐ

2 ターゲットへの影響がとても小さいアクティブ・プローブ

写真10 入力容量が1〜2pFと小さいアクティブ・プローブ（HFP3500，レクロイ）

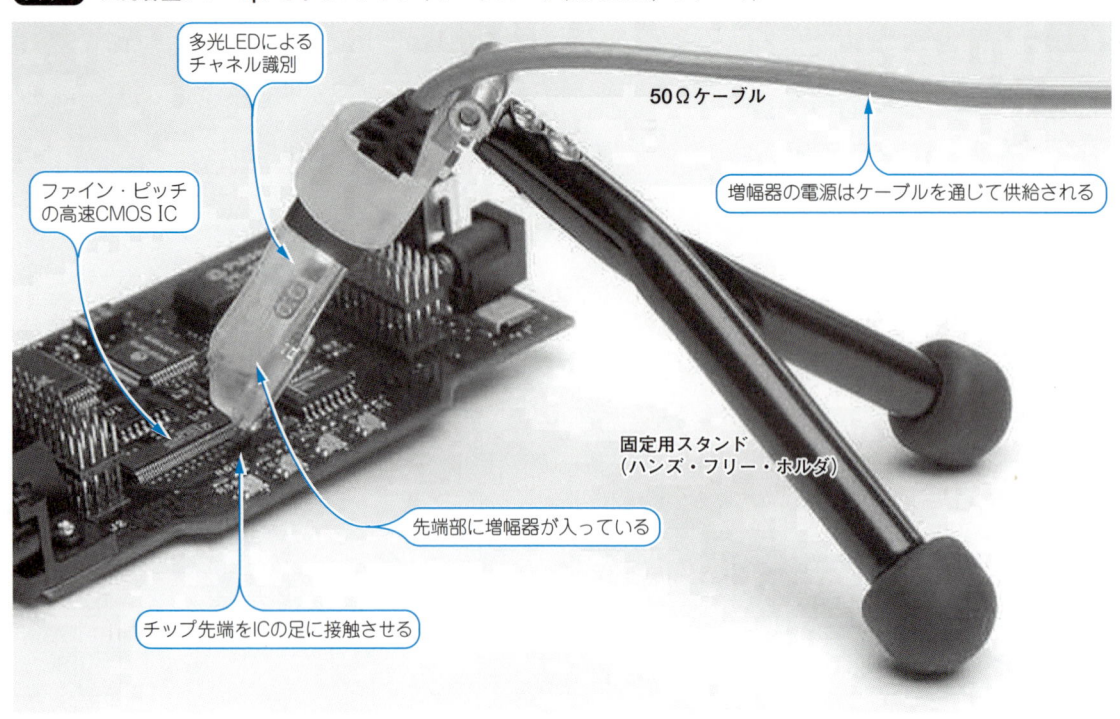

- 多光LEDによるチャネル識別
- ファイン・ピッチの高速CMOS IC
- 50Ωケーブル
- 増幅器の電源はケーブルを通じて供給される
- 固定用スタンド（ハンズ・フリー・ホルダ）
- 先端部に増幅器が入っている
- チップ先端をICの足に接触させる

図2 アクティブ・プローブのしくみ

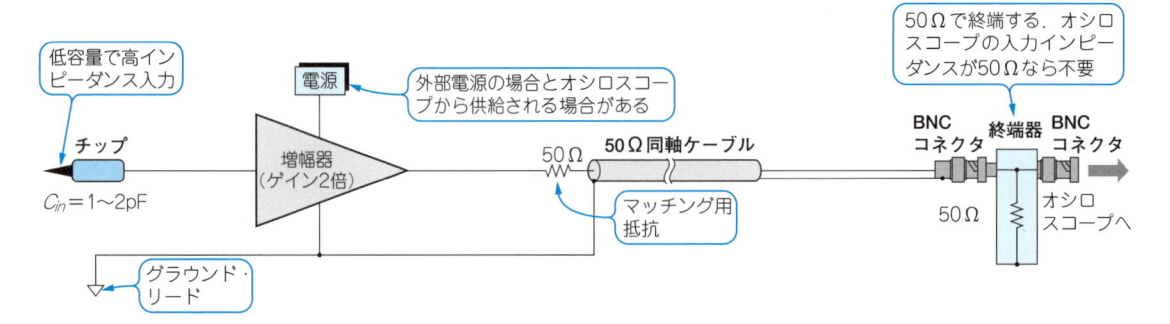

- 低容量で高インピーダンス入力
- チップ $C_{in}=1〜2pF$
- 電源
- 増幅器（ゲイン2倍）
- 外部電源の場合とオシロスコープから供給される場合がある
- 50Ω マッチング用抵抗
- 50Ω同軸ケーブル
- BNCコネクタ
- 終端器
- BNCコネクタ
- 50Ωで終端する．オシロスコープの入力インピーダンスが50Ωなら不要
- 50Ω
- オシロスコープへ
- グラウンド・リード

写真10 に示すのは，アクティブ・プローブ HFP3500（レクロイ）です．

アクティブ・プローブは，FETなどを使った増幅回路を内蔵しています．FETプローブとも呼びます．

一番の特徴は，入力容量が小さいことです．例えば同調回路の共振周波数への影響を小さく抑えることができます．また，プローブのアース・リードが短くできなくても共振現象があまり現れません．

アクティブ・プローブは，図2 のように先端部に増幅器をもち，インピーダンスを50Ωに変換し，50Ωの同軸ケーブルでオシロスコープまで信号を導きます．出力部には，50Ωのフィード・スルー終端器が挿入されており終端しています．この終端によって，信号電圧が1/2に減少するため，先端の増幅器部で入力電圧を2倍にしています．

50Ωの同軸ケーブルを使うことで，信号劣化を少なくしています．また，入力インピーダンスが高いので測定回路に与える影響も小さくできます．

入力電圧が直接増幅器に入るので，過大な電圧の信号を入力しないように注意が必要です．

3 任意の2点間の電圧差を観測できる差動プローブ

写真11 フローティング測定が可能な差動プローブ（700924，横河電機）

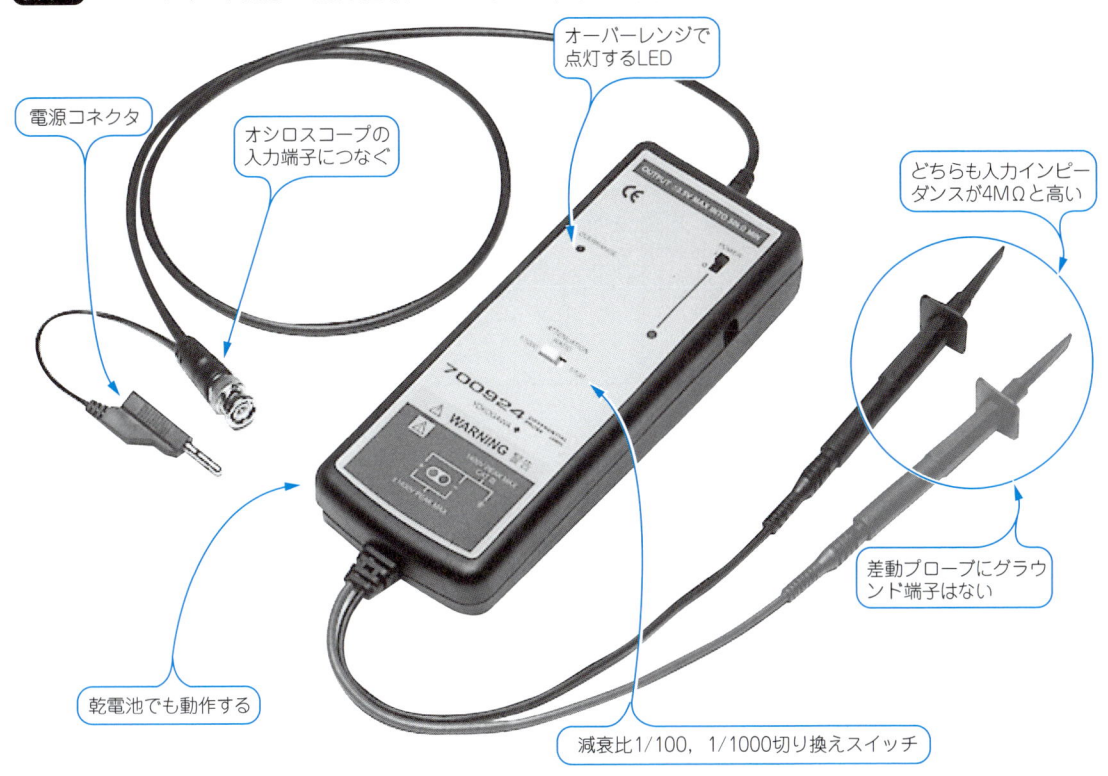

- 電源コネクタ
- オシロスコープの入力端子につなぐ
- オーバーレンジで点灯するLED
- どちらも入力インピーダンスが4MΩと高い
- 差動プローブにグラウンド端子はない
- 乾電池でも動作する
- 減衰比1/100，1/1000切り換えスイッチ

写真12 差動プローブ700924の操作キー

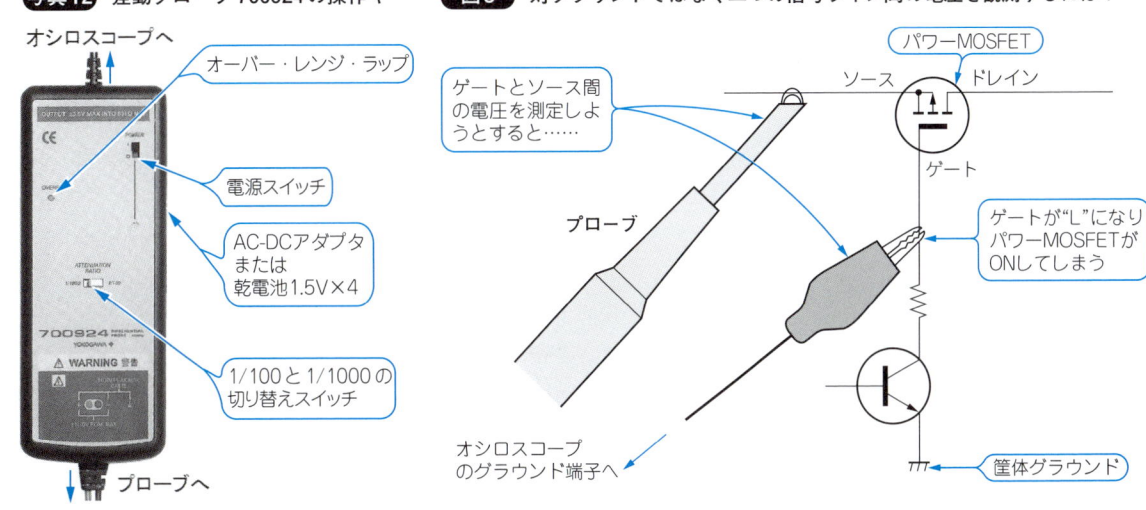

- オシロスコープへ
- オーバー・レンジ・ラップ
- 電源スイッチ
- AC-DCアダプタまたは乾電池1.5V×4
- 1/100と1/1000の切り替えスイッチ
- プローブへ

図3 対グラウンドではなく二つの信号ライン間の電圧を観測するには？

- ゲートとソース間の電圧を測定しようとすると……
- プローブ
- オシロスコープのグラウンド端子へ
- パワーMOSFET
- ソース
- ドレイン
- ゲート
- ゲートが"L"になりパワーMOSFETがONしてしまう
- 筐体グラウンド

　オシロスコープの入力は，片側がオシロスコープの筐体（シャーシ），つまりグラウンドに接続されています．このような入力形式をシングルエンド，または不平衡入力と言います．

　しかし観測したい信号は，必ずしもグラウンドとの間で変化するものばかりではありません．例えば，**図3**のようにパワーMOSFETのゲートとソースの間の電圧を測定したい場合は，どうしたらよいでしょうか？

　プローブの片側のクリップをゲートに接続すると，オシロスコープの筐体を通じて，機器の筐体グラウンドに電流が漏洩してパワーMOSFETが破損することがあります（**図4**）．逆に，回路からオシロスコープの筐体に向かって電流が流れ込むため

3-2 プローブの種類と適材適所

図4 プローブのグラウンドを信号ラインに接続したときの電流の流れ

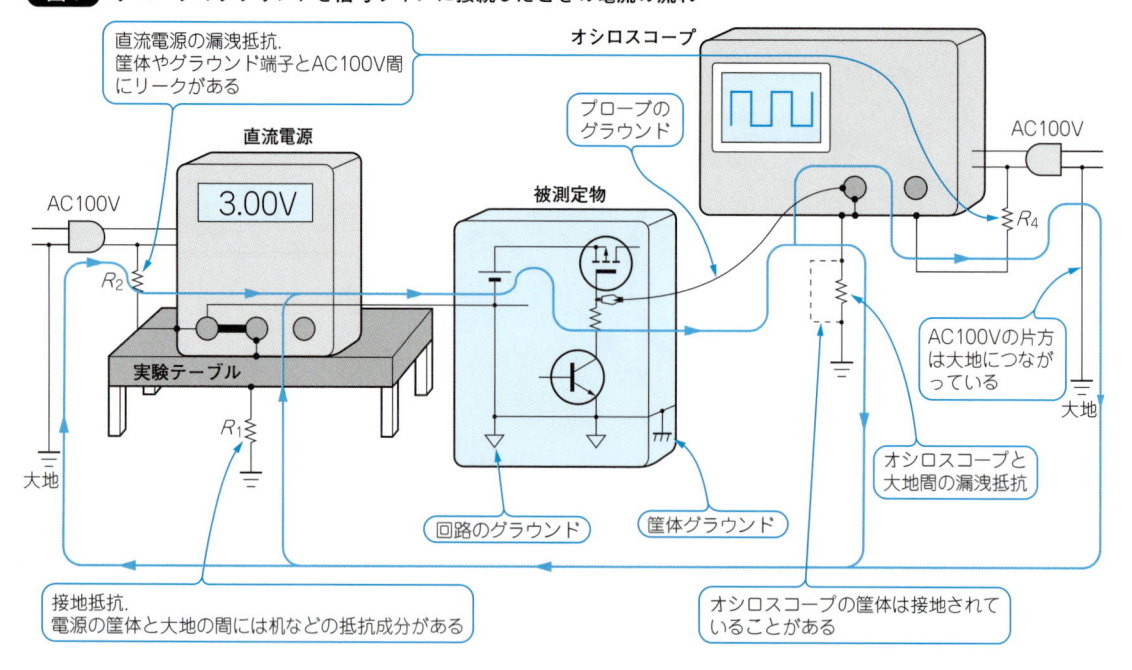

- 直流電源の漏洩抵抗．筐体やグラウンド端子とAC100V間にリークがある
- オシロスコープ
- プローブのグラウンド
- 直流電源　3.00V
- AC100V
- R_2
- 被測定物
- AC100V
- R_4
- 実験テーブル
- AC100Vの片方は大地につながっている
- 大地
- R_1
- 大地
- 回路のグラウンド
- 筐体グラウンド
- オシロスコープと大地間の漏洩抵抗
- 大地
- 接地抵抗．電源の筐体と大地の間には机などの抵抗成分がある
- オシロスコープの筐体は接地されていることがある

に正しく測定できないことがあります．そればかりか，機器の焼損，感電などの事故を起こしかねません．

写真11に示すのは，差動プローブ 700924（横河電機）です．

差動プローブは，オシロスコープの筐体グラウンドとターゲットのグラウンドの電位差に関係なく波形を観測することができます．

図5に，差動プローブの内部ブロック図とオシロスコープの接続図を示します．

このような測定方法をフローティング測定と言います．フローティングとは，グラウンドから浮いている（floating）と言う意味です．

差動プローブの片側は黒色で極性があります．黒色プローブを電位の低い方に接続すれば，オシロスコープの垂直軸の上側（＋）が電位の高い方となるので，極性が一致します．

差動プローブの内部には増幅回路が入っているので，電源が必要です．ACアダプタか内蔵の乾電池を使います．

写真12は，差動プローブの操作部分です．

差動プローブの帯域は100MHz程度が普通ですが，数GHzの広帯域タイプもあります．広帯域の増幅器は，一般に消費電流が大きく，乾電池では2時間程度しか使えません．長時間測定する場合は外部電源を使います．

入力電圧の最大値は，1/1000減衰の差動入力（プローブ間）で± $1400V_{P-P}$（$1000V_{RMS}$）程度です．このほか二つのプローブに共通に加わる電圧（コモン・モード電圧）にも制限があります．

図5 差動プローブの内部ブロック図とオシロスコープとの接続

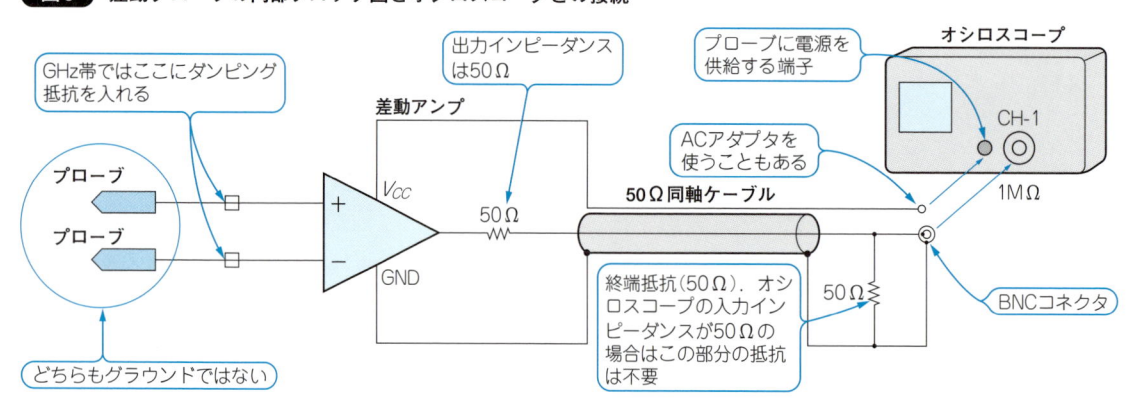

- GHz帯ではここにダンピング抵抗を入れる
- 出力インピーダンスは50Ω
- プローブに電源を供給する端子
- オシロスコープ
- 差動アンプ
- ACアダプタを使うこともある
- CH-1
- プローブ
- プローブ
- V_{CC}
- 50Ω
- 50Ω同軸ケーブル
- 1MΩ
- GND
- 終端抵抗（50Ω）．オシロスコープの入力インピーダンスが50Ωの場合はこの部分の抵抗は不要
- 50Ω
- BNCコネクタ
- どちらもグラウンドではない

4　1kV以上の電圧信号を観測できる高圧プローブ

写真13　1kV以上の高電圧信号を観測できる高圧プローブ（1000：1，P6015，テクトロニクス）

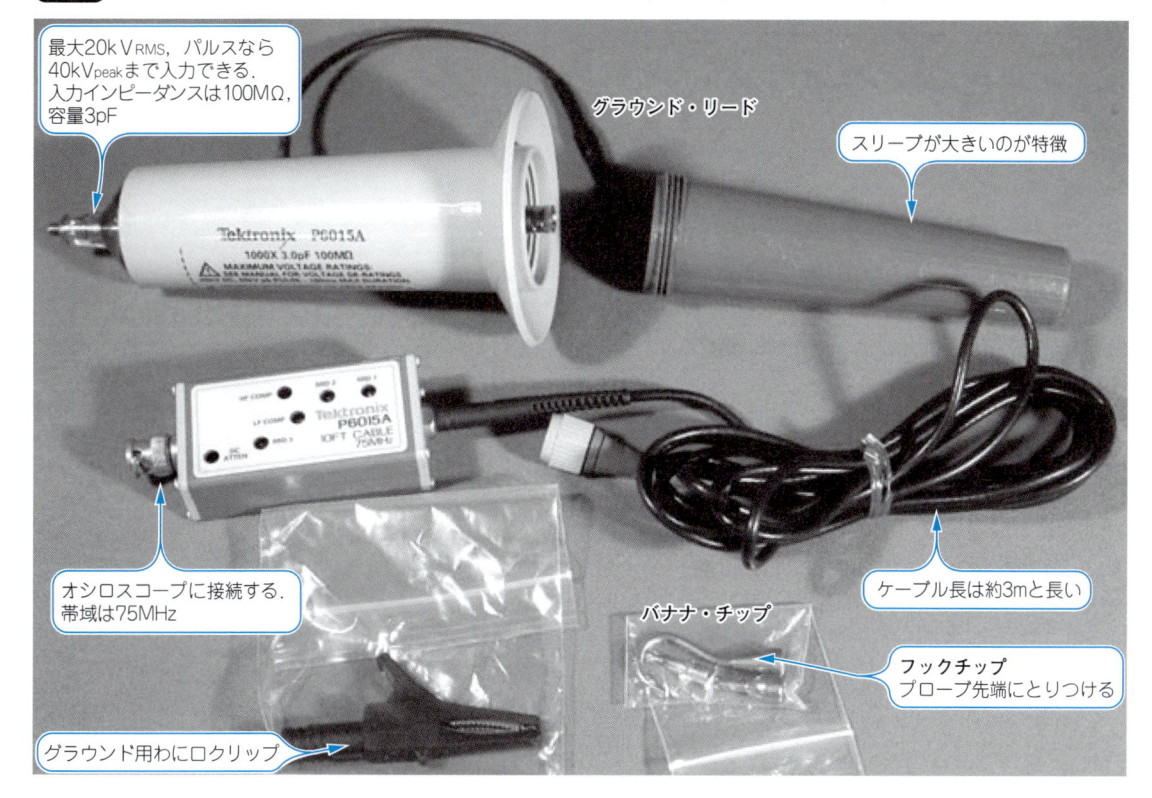

- 最大20kV_{RMS}，パルスなら40kV_{peak}まで入力できる．入力インピーダンスは100MΩ，容量3pF
- グラウンド・リード
- スリーブが大きいのが特徴
- オシロスコープに接続する．帯域は75MHz
- ケーブル長は約3mと長い
- バナナ・チップ
- フックチップ　プローブ先端にとりつける
- グラウンド用わに口クリップ

　高電圧（高耐圧）プローブは，1kVを超えるような高圧信号を抵抗で分圧して，オシロスコープの入力電圧範囲まで減衰させることができます．

　高圧プローブは絶縁を保つため，形状が大きくなっています．

　写真13は，1000：1プローブ P6015A（テクトロニクス）です．20kV_{RMS}程度の高圧が測定できます．

　最大入力電圧は，次の三つの表し方があります．
　　①直流電圧
　　②交流電圧
　　③ピーク電圧
となっています．③は，直流成分を含めたパルスの波高値です．

　高圧回路は一般的に出力インピーダンスが高く，パルス幅が狭い（周波数も高い）場合が多いので，入力容量が小さいことがとても重要です．

　高圧の測定手順は次のようになります．

（1）プローブのBNCコネクタをオシロスコープのCH端子（入力抵抗1MΩ）に接続する．

（2）オシロスコープの減衰比を1000：1に設定する．垂直ゲインと水平時間軸を所望の範囲に設定する．

（3）プローブの端子を接続する前に，測定対象の高圧を（可能であれば）OFFにしておく．

（4）プローブのグラウンド・リードのワニ口クリップをしっかりしたグラウンド点やシャーシ・グラウンドに接続する．

（5）高圧をONする前に，プローブをもつ手以外の部分が被測定物のいかなる部分にも触れていないことを確認して，高圧をONする．

（6）プローブが1000：1であることを念頭に置いて，電圧と波形を測定する．

（7）高圧をOFFする．

（8）プローブを被測定物から離す．次にグラウンド・リードを外す．

　グラウンド・リードを対象物に接続せずに，プローブを高圧部分に当てるのはとても危険です．プローブの安全は測定対象物にグラウンドが接続されていることが条件です．また，高圧プローブによるフローティング測定は絶対にしてはいけません．

3-2　プローブの種類と適材適所

5 配線をつかむだけで電流値がわかる電流プローブ

写真14 電流の波形を非接触で捕らえる電流プローブ TCP202i(テクトロニクス)

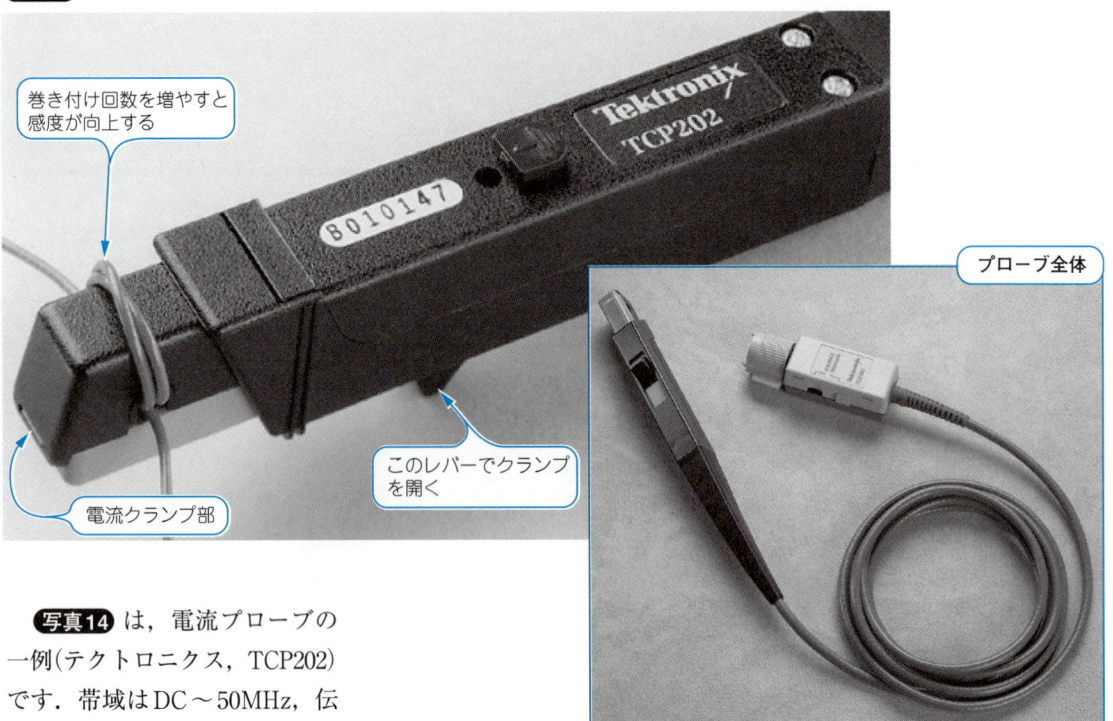

- 巻き付け回数を増やすと感度が向上する
- このレバーでクランプを開く
- 電流クランプ部
- プローブ全体

写真14 は，電流プローブの一例(テクトロニクス，TCP202)です．帯域はDC〜50MHz，伝播遅延は17nsです．感度は0.1V/Aです．

スイッチング電源の設計や評価など高速なパルス電流でも正確に測定できます．測定確度は±1%ですが，オシロスコープでの誤差などが加わり，実際にはこれより大きくなります．

電流を測定する方法には，
① 電流により発生する磁界を利用する
② 直列に抵抗を入れて電圧降下で測定する

の二つあります．電流プローブは①の方法を利用したものです．

図6 において，電線に10V，1Aの電流が流れているとします．

電流プローブは，電線を切断することなく電流を測定するため，電圧は10Vのままです．しかし，直列に1Ωの抵抗を入れてその両端の電圧降下を測定する②の方法では，10Vの電圧が9Vになってしまいます．これは図の右側に接続される回路に影響を与えるばかりか，電流の値が1Aより下がる可能性があり，正確な測定は望めません．

図6 電流プローブは回路の動作に影響を与えることなく電流を観測できる

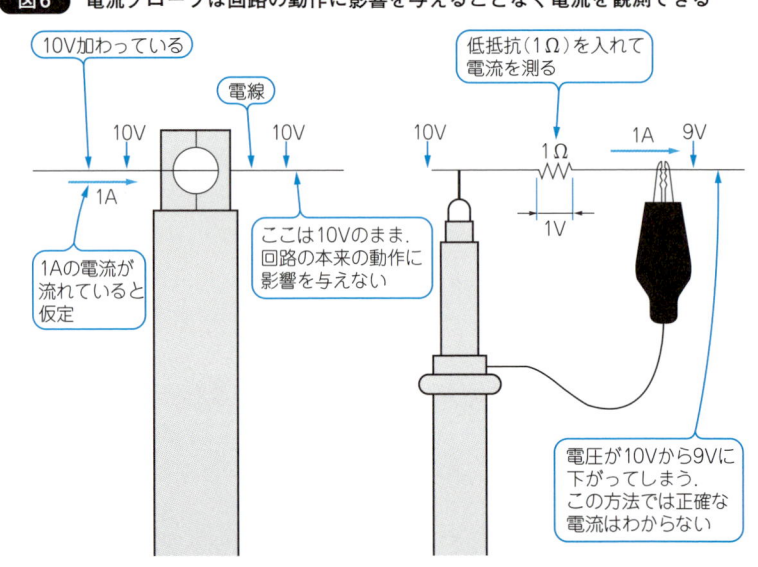

- 10V加わっている
- 電線
- 1Aの電流が流れていると仮定
- ここは10Vのまま．回路の本来の動作に影響を与えない
- 低抵抗(1Ω)を入れて電流を測る
- 電圧が10Vから9Vに下がってしまう．この方法では正確な電流はわからない

(a) 電流プローブなら電圧を降下させずに(回路動作に影響を与えずに)電流を測ることができる

(b) 通常のプローブは回路の動作に影響を与えずに電流を測定することができない

6 ファイン・ピッチにコンタクトできる照明ルーペ付きプローブ

写真15 先端が細くルーペの付いたプローブ SDE-10 と SDE-20

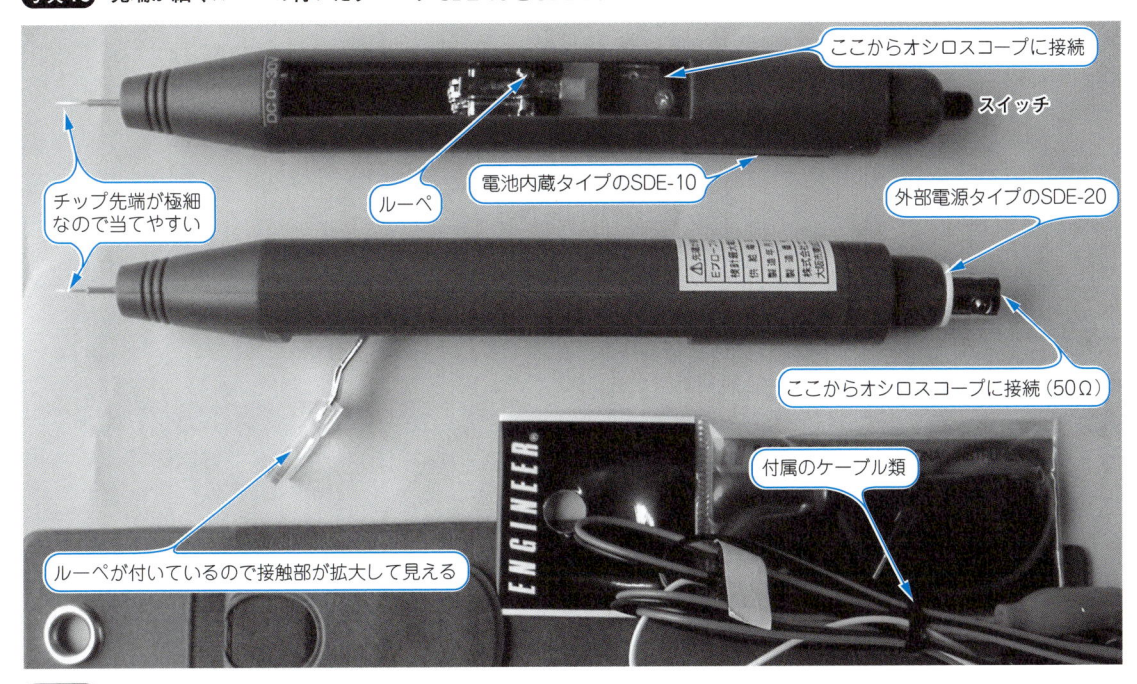

- ここからオシロスコープに接続
- スイッチ
- チップ先端が極細なので当てやすい
- ルーペ
- 電池内蔵タイプのSDE-10
- 外部電源タイプのSDE-20
- ここからオシロスコープに接続(50Ω)
- 付属のケーブル類
- ルーペが付いているので接触部が拡大して見える

写真16 ルーペつきプローブの使用例

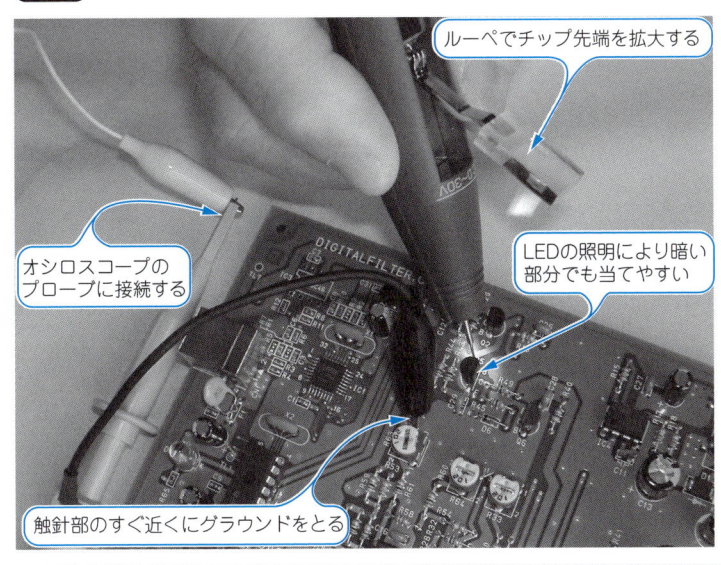

- ルーペでチップ先端を拡大する
- オシロスコープのプローブに接続する
- LEDの照明により暗い部分でも当てやすい
- 触針部のすぐ近くにグラウンドをとる

写真15 に示すのは，簡易シグナル・チェッカ Eプローブルーペ［㈱エンジニア］です．チップの先が極細で，ファイン・ピッチICの足に容易に接触させることができます．

上が検電器，導通チェッカの付いたSDE-10，下が外部電源タイプでBNC出力(50Ω)でオシロスコープに接続できます．

白色LEDによる照明とルーペの組み合わせにより，**写真16** のように片手で照明と拡大を含めたすべてのプロービング操作ができます．

Q：ディジタル・オシロスコープに波形が表示されません   FAQ!

A1：信号に，直流電圧が含まれていませんか？この場合は入力カップリングをACにします．垂直位置調整が不適切な場合もあります．

A2：観測したいチャネル(CH-1，CH-2など)が正しく選択されているでしょうか？カップリングがGNDモードになっていないかどうかも調べてください．

A3：トリガ条件(第5章参照)が成立していない可能性もあります．ノーマル・トリガ(NORM)の場合は，入力信号が設定したトリガ条件を満たさない限り，波形は表示されません．この場合は，オート・トリガ(AUTO)に設定してみます．

A4：トリガ・レベルが不適当な場合もあります．フロント・パネルの[50％]ボタンを押してみてください．

3-3 信号の波形を正しく評価するために　プロービングの作法

1　作法その1　テスト端子や電線のつかみ方

プローブでテスト・ポイントや電線をつかむときは，フック・チップをプローブ先端に取り付けて，写真17 のように接続します．実際にはテスト・ポイントがない場合が多いので，写真18 のように，リード線をはんだ付けしてフック・チップでつかみます．

写真17　プローブを回路に当てる方法その①
- 基板に備わっているテスト・ポイント
- プローブ先端のフック・チップでひっかける

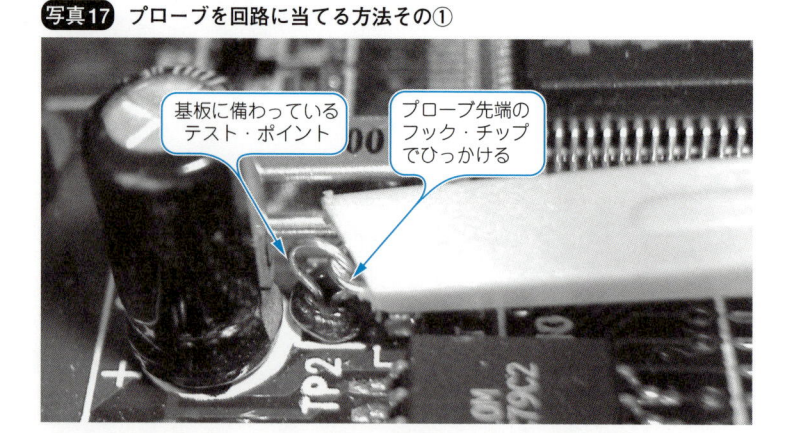

写真18　プローブを回路に当てる方法その②
- 抵抗のリード線の切れ端でよい
- オシロスコープのプローブ
- フックする
- ランドにリード線をはんだ付けする

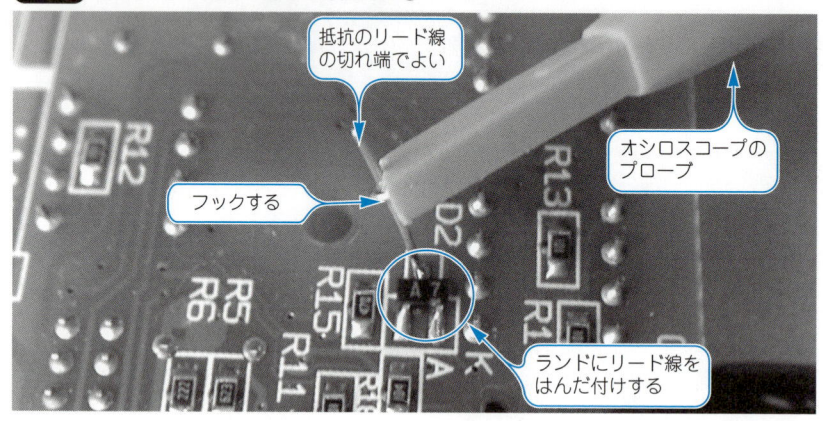

グラウンド・リファレンス付きプローブ　column

オシロスコープのディスプレイにおいて，グラウンド・レベルがどこにあるかを確認したくなることがあります．

オシロスコープのフロント・パネルから，メニューで各チャネルのカップリング設定をグラウンドに切り替えればよいのですが，手元で操作できれば便利です．

写真A は，プローブ側面に設けられたグラウンド・リファレンス・ボタンです．このボタンを押すと，プローブ先端とターゲットとの接続が断たれて，オシロスコープの入力がグラウンドにショートされます．

複数のチャネルで測定しているときにこのボタンを押すと，プローブのチャネルを識別できます．

写真A　プローブ・ヘッドにあるグラウンド・リファレンスをON/OFFするボタン
- グラウンド・リファレンス・ボタン
- ボタンを押すとオシロスコープの入力がグラウンド・レベルに固定される．チップ先端はショートされないので回路への影響はない

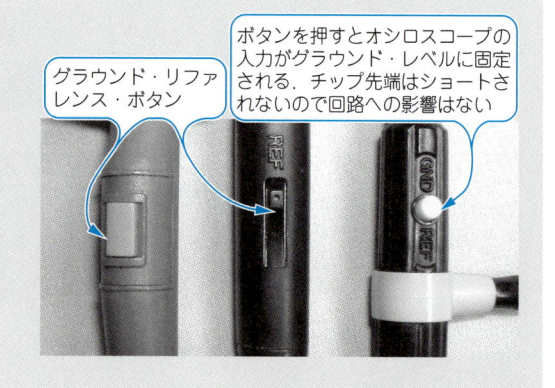

2 作法その2 はんだ部やICの端子に直接当てる方法

写真19 混み入った箇所でプロービングする方法

- プローブは鉛筆をもつようにつかむ
- グラウンドは測定回路の近くに取る
- フックを外して絶縁キャップをかぶせる
- 接触面は清浄にしておく．強く押し当てるとチップ先端が壊れるので注意

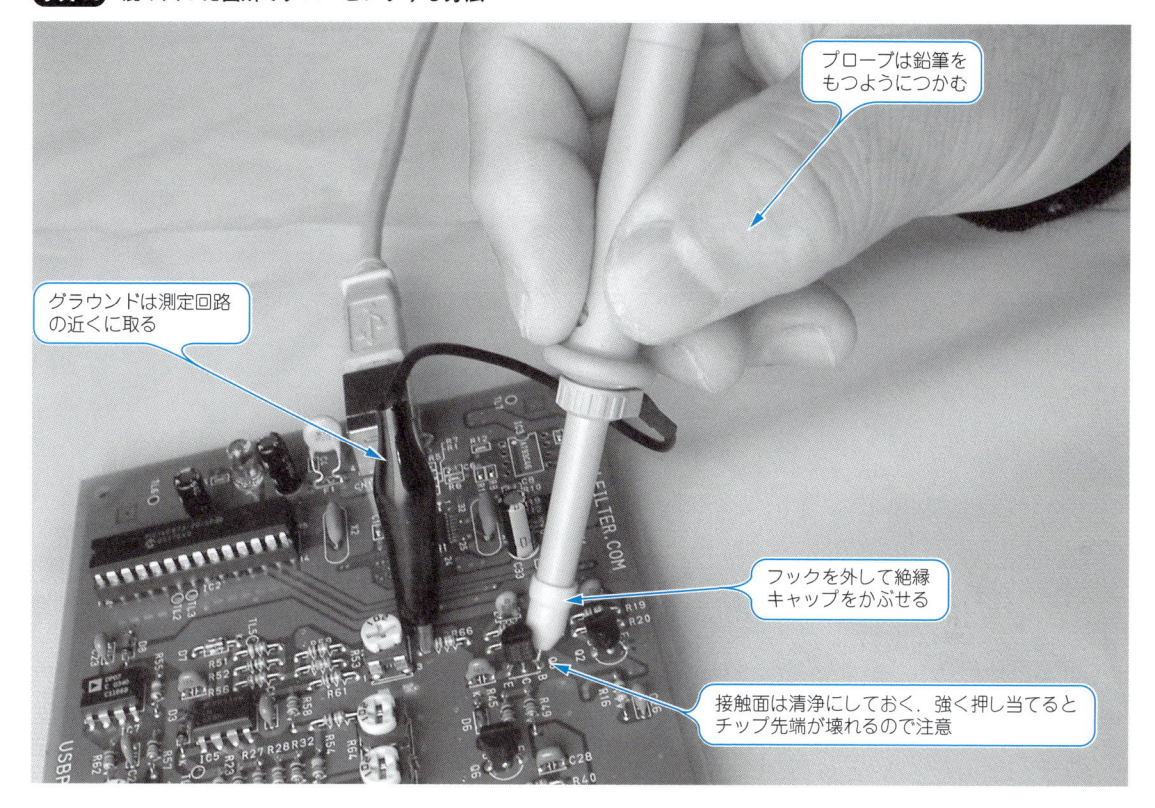

　回路のはんだ付け部分やICなどの端子の波形を観測したい場合は，フックをはずして，プローブの先端の接触子を押し当てます．

　周辺回路との短絡事故を防ぐため，**写真19**のように絶縁キャップをかぶせるのがよいでしょう．

　はんだ面やICの端子面の状態が悪いと，接触不良を起こして，押しつける圧力によって波形が変わることがあります．このような状態になっていると，つい接触子を強く押し当てたり，こすったりしてしまいます．しかし接触子は脆弱にできているため，簡単に曲がったり折れたりします．

　このような場合は，面倒でもアルコールなどで端子表面を洗浄したり，再はんだして，接触状態を改善しましょう．

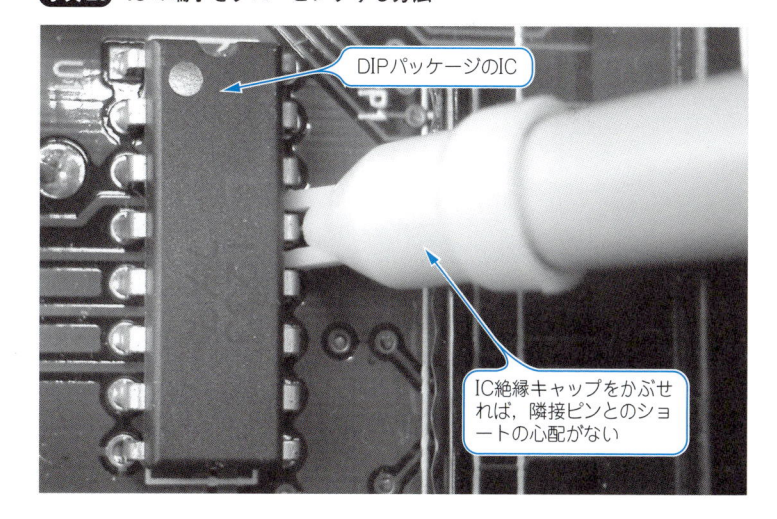

　ICの端子と端子の間は距離が短いので，接触子を当てると，

写真20 ICの端子をプロービングする方法

- DIPパッケージのIC
- IC絶縁キャップをかぶせれば，隣接ピンとのショートの心配がない

端子同士を短絡させてしまうことがあります．このような事故が起きないように，**写真20**のようにチップ先端にIC絶縁キャップをかぶせます．

3-3 プロービングの作法　47

3 グラウンド・リードの接続のしかた

● **グラウンド・リードは本来の波形をひずませる**

プローブのグラウンド・リードを長くすると，外来雑音を拾いやすくなるだけでなく，パルス信号の観測波形にリンギングが発生することがあります．リンギングが見える原因は，プローブの先端側から見たプローブの入力容量とグラウンド・リードのインダクタンス成分が引き起こす共振です．

オシロスコープに付属するグラウンド・リードの長さは12cmです．信号レベルが低い場合や高周波数では，これでもノイズが乗ったり，波形にリンギングを生じます．

グラウンド・リードは，できるだけ短くする必要があります．

● **接続するグラウンド・ポイントは信号源のできるだけ近くを選ぶ**

グラウンド・リードを短くするだけでなく，適切な接続場所を選ぶことが大切です．

筐体やグラウンド端子など，接続しやすい場所が最適なケースはあまりありません．

写真21 に示すように，多少固定しにくくても，信号源に近いポイントを選ぶほうが，良い結果が得られます．

写真22 に示すのは，プローブのアクセサリ・キットの一つ「グラウンド・スプリング」を利用したグラウンドの接続方法です．信号源からの距離が最短になり，ノイズのないきれいな波形が得られます．

写真21 グラウンド・リードはターゲットの近くに接続する

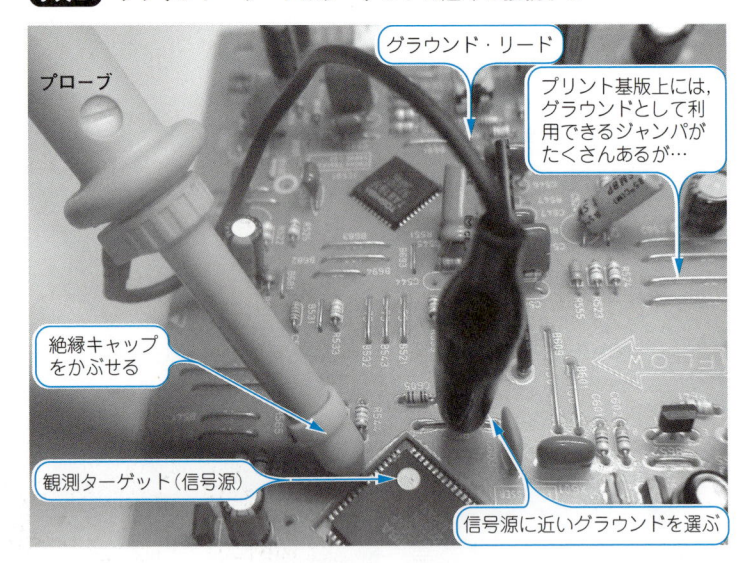

- プローブ
- グラウンド・リード
- プリント基版上には，グラウンドとして利用できるジャンパがたくさんあるが…
- 絶縁キャップをかぶせる
- 観測ターゲット（信号源）
- 信号源に近いグラウンドを選ぶ

写真22 グラウンド・スプリングを利用するとより正確な観測が可能になる

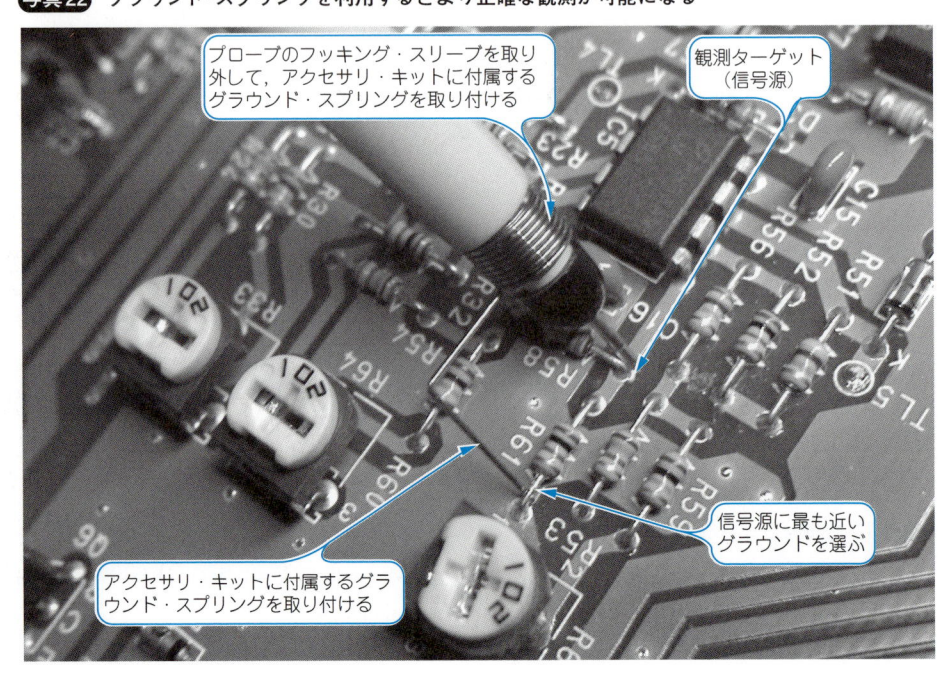

- プローブのフッキング・スリーブを取り外して，アクセサリ・キットに付属するグラウンド・スプリングを取り付ける
- 観測ターゲット（信号源）
- アクセサリ・キットに付属するグラウンド・スプリングを取り付ける
- 信号源に最も近いグラウンドを選ぶ

4 プロービングを手助けしてくれるアクセサリのいろいろ

測定対象は，自動車の電装部品から高密度実装基板まで，大小さまざまです．多種多様なターゲットに応じたチップやアクセサリが準備されています．

ICの端子をつかんで固定したい場合は，**写真23**のようなICクリップが便利です．洗濯ばさみを使うような感覚でICの端子を挟み，上方に出ている端子にプローブのフックを固定します．このタイプはDIP ICに適しています．

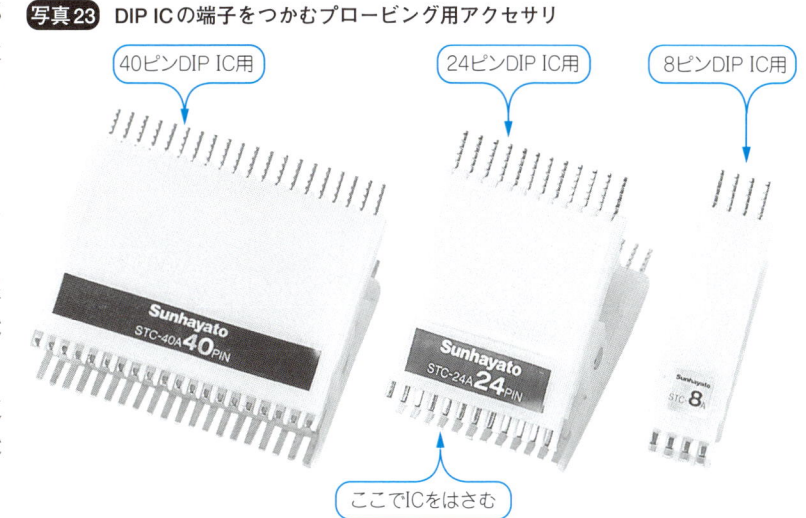

写真23 DIP ICの端子をつかむプロービング用アクセサリ

- 40ピンDIP IC用
- 24ピンDIP IC用
- 8ピンDIP IC用
- ここでICをはさむ

写真24 ファイン・ピッチICの端子をつかむICテスト・クリップ

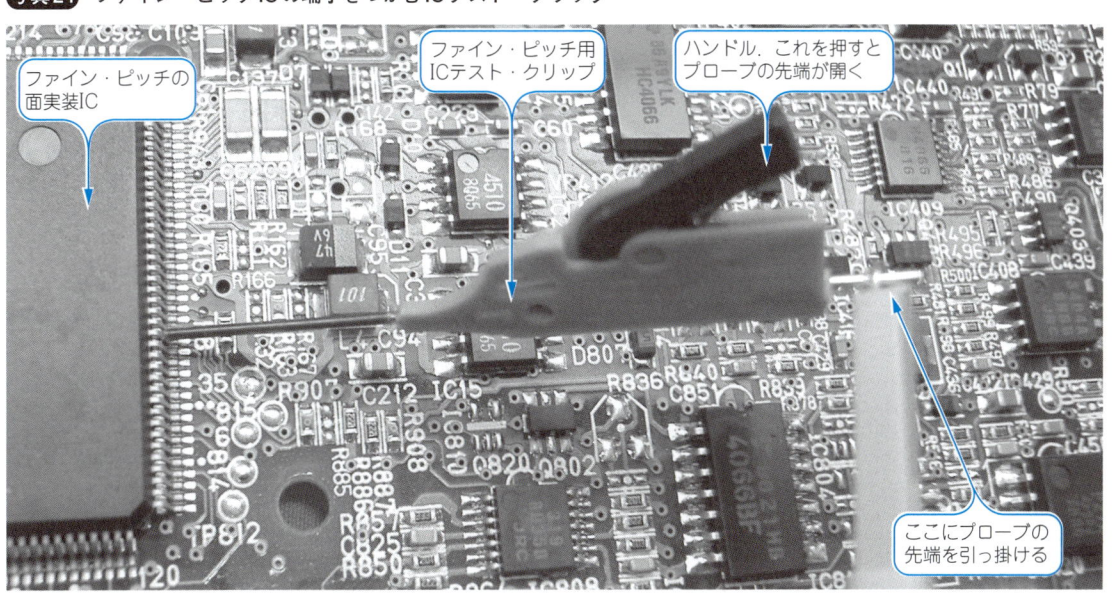

- ファイン・ピッチの面実装IC
- ファイン・ピッチ用ICテスト・クリップ
- ハンドル．これを押すとプローブの先端が開く
- ここにプローブの先端を引っ掛ける

ワンポイント用語解説   column

- **GND（ground）**

  グラウンドと読みます．回路や機器の基準電位のことです．

  オシロスコープのグラウンドは筐体に接続されています．グラウンドは必ずしも接地されているとは限りません．オシロスコープと被測定回路をつなぐプローブのグラウンドは，オシロスコープの筐体と測定回路の基準電位に繋がります．

- **シールド（shield）**

  雑音の混入を防止するために，金属で回路や部品，電線などを覆うことをいいます．

- **入力インピーダンス**

  機器や回路の外側から入力端子を見たときのインピーダンスのことです．オシロスコープの入力部にある垂直軸増幅器の入力インピーダンスは，測定対象物と並列に接続されるため，測定電圧を低下させます．プローブはこの現象を防止したり低減する作用があります．

- **ノイズ**

  信号成分に重畳する不要な成分のことです．信号の伝送経路に外部から混入するノイズと，信号源自体から発生するノイズがあります．

写真25 ICのウェハ用プローブ

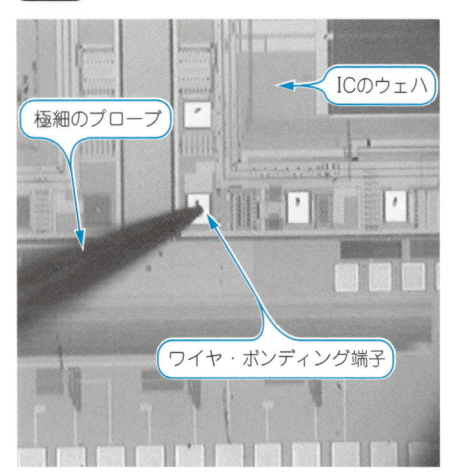

- ICのウェハ
- 極細のプローブ
- ワイヤ・ボンディング端子

写真26 BNC端子とプローブを直結するアダプタ

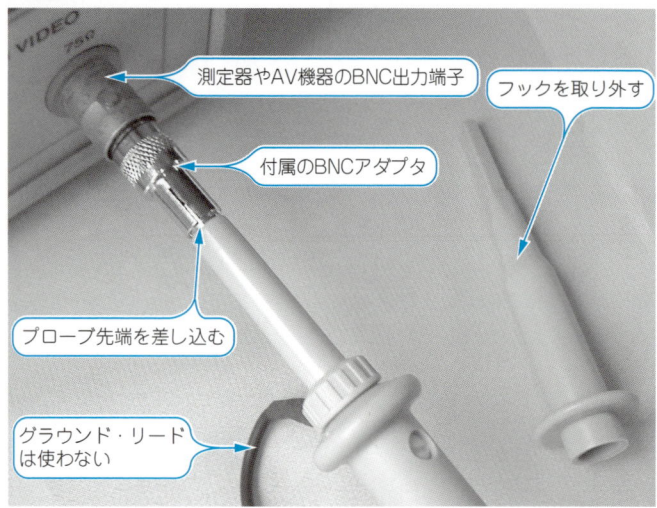

- 測定器やAV機器のBNC出力端子
- フックを取り外す
- 付属のBNCアダプタ
- プローブ先端を差し込む
- グラウンド・リードは使わない

写真27 GHz帯の高速信号ラインのプロービング

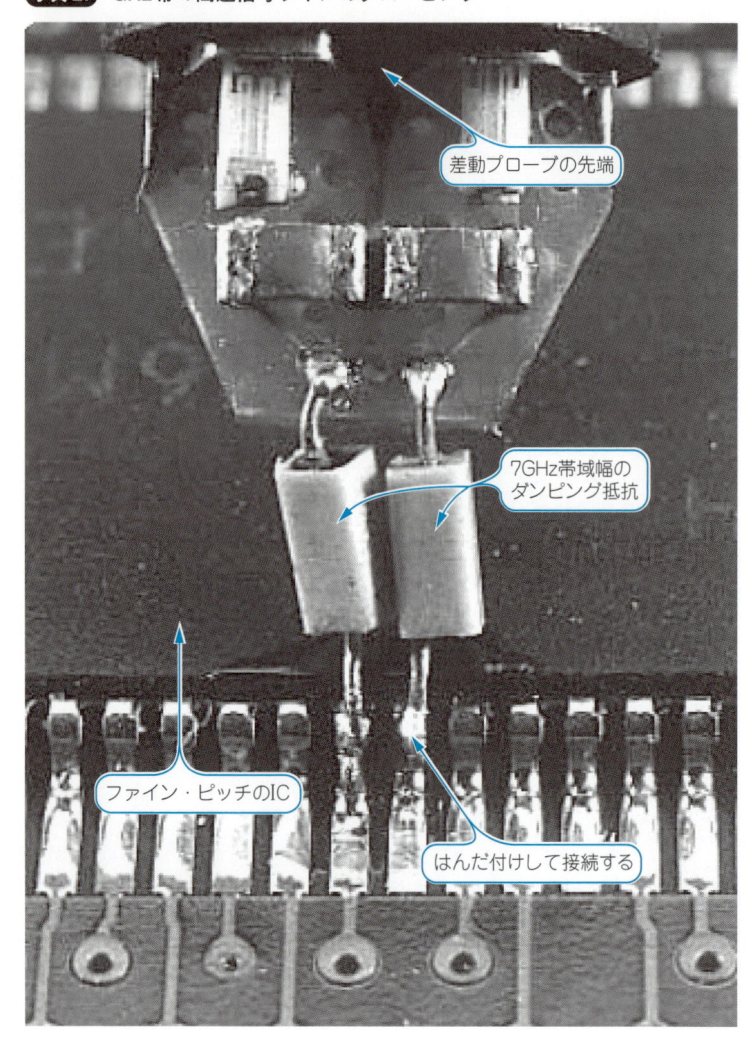

- 差動プローブの先端
- 7GHz帯域幅のダンピング抵抗
- ファイン・ピッチのIC
- はんだ付けして接続する

　面実装ICの端子に接触させたい場合は，写真24のようなファイン・ピッチ対応のICテスト・クリップを使います．

　これ以上微細なパターンと確実に接触させたい場合は，手でプロービングするには限界がありますから，何らかのジグが必要です．このような場合には，カスケード・マイクロテック社のプローブ・ステーションが役に立ちます．

　写真25は，ICのウェハをプロービングしているところです．

　プローブの先端とBNCコネクタを直結したい場合は，プローブに付属しているBNCアダプタを使います．写真26は，シグナル・ジェネレータの出力端子に接続しているところです．

　GHz帯の信号ラインをプロービングするときは，写真27のようにはんだ付けすると信頼性の高い観測が可能になります．この方法をソルダ・インと呼びます．

5 ケーブルを延長する方法

写真28 プローブ・ケーブルの延長方法

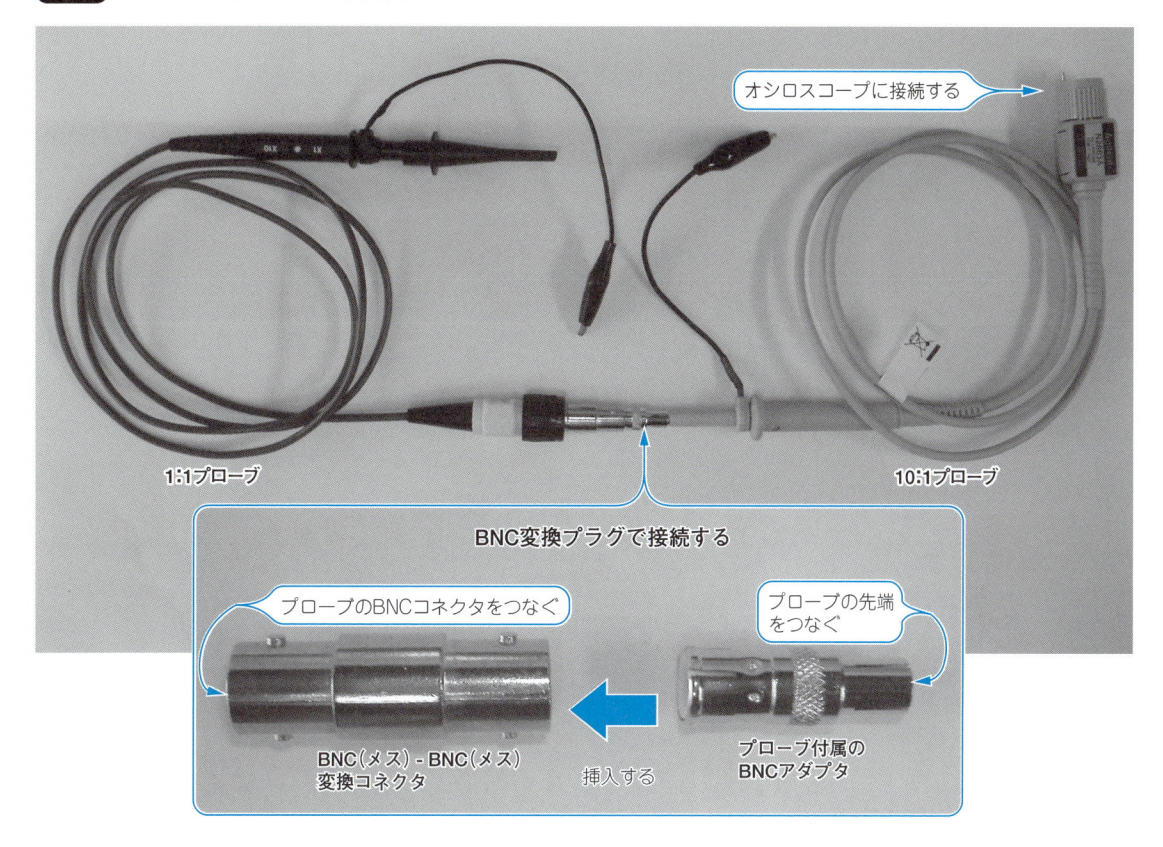

- オシロスコープに接続する
- 1:1プローブ
- 10:1プローブ
- BNC変換プラグで接続する
- プローブのBNCコネクタをつなぐ
- プローブの先端をつなぐ
- BNC(メス)-BNC(メス)変換コネクタ
- 挿入する
- プローブ付属のBNCアダプタ

　プローブのケーブル長は1m程度しかないため，被測定物との距離が不足することがあります．オシロスコープのケーブルは特殊なので，汎用のBNCケーブルを挿入して延長することはできません．

　プローブのケーブルを延長したいときは，**写真28**のように2本のプローブを接続する方法があります．おのおののプローブの帯域を100MHzとすると，全体で70MHz（＝100MHz/$\sqrt{2}$）と狭くなります．

　20GHzといった広帯域プローブのケーブルを延長したい場合は，**写真29**のようにインピーダンスが50Ωのプローブを使用して，高周波特性の良い50Ωのケーブルで延長します．

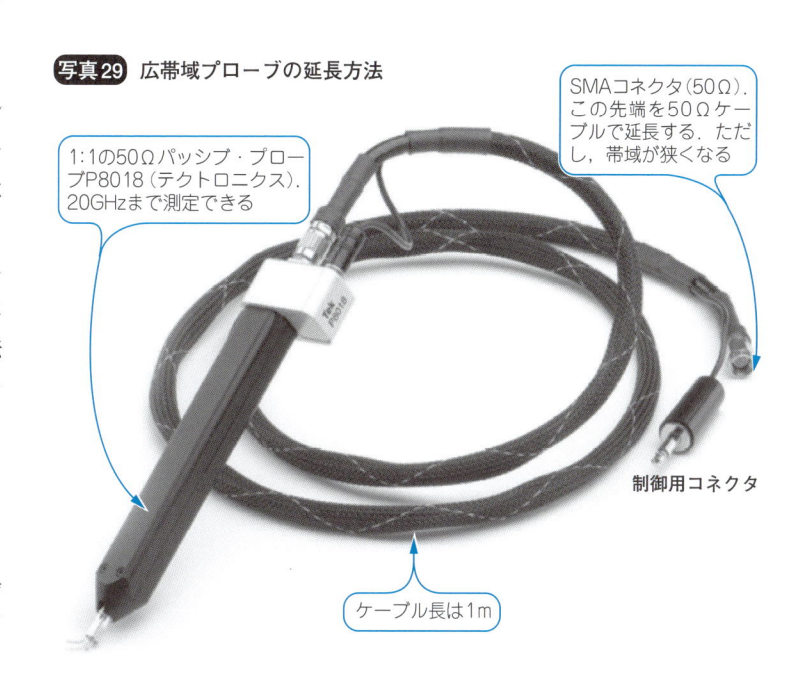

写真29 広帯域プローブの延長方法

- 1:1の50Ωパッシブ・プローブP8018（テクトロニクス）．20GHzまで測定できる
- SMAコネクタ（50Ω）．この先端を50Ωケーブルで延長する．ただし，帯域が狭くなる
- 制御用コネクタ
- ケーブル長は1m

3-3　プロービングの作法　51

3-4 大切な校正作業

調整されていないプローブを使った観測には意味がない

1 　調整その1　低周波補正

　購入したばかりのプローブや調整後時間の経過したプローブは，調整が万全ではなく，正しい波形を表示してはくれません．補正には，低周波補正と高周波補正があります．

　補正とは，オシロスコープの入力チャネルの入力インピーダンス（特に入力容量）と，プローブのインピーダンスを整合させることを言います．

● 方法

　1kHz，数V_{P-P}の方形波をオシロスコープに入力して，方形波の形状が正しく表示されるようにプローブに内蔵されたトリマ・コンデンサの容量値を調整する作業です．

　低周波補正用のねじは，写真30のようにプローブ・ヘッドにあるタイプと，写真31のように基台にあるタイプがあります．

　調整の方法は，オシロスコープのCAL端子にプローブを接続して波形を大きく表示させ，図7のように波形が平たんになるように，調整ねじを回します．

　回転方向に柔軟性のある非金属製（プラスチック製など）の調整ドライバを使用することが重要です．金属製のドライバは，先端部の容量成分の影響で，正しく調整することができません．

　ゆっくりと回して，固く感じられたらそこが回転の限界です．限界がなくいくらでも回るプローブもあります．

● 演習…CH-1とCH-2に接続された2本のプローブの低周波特性を補正する

［手順1］フロント・パネルの1ボタンを押して［CH-1］メニューを表示させます．

［手順2］［Probe］メニューを×10（10：1）に設定します．

［手順3］プローブの先端（フック）をCAL端子に，グラウンド・リードをCAL端子のグラウンド側に接続します．これはしっかりと接触させます．

［手順4］フロント・パネルの［AutoScale］ボタンを押します．

［手順5］プラスチック製のド

写真30　プローブ・ヘッド部に低周波補正用端子があるタイプ

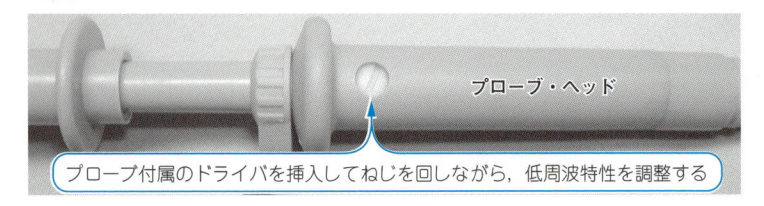

プローブ付属のドライバを挿入してねじを回しながら，低周波特性を調整する

写真31　基台に低周波補正用端子があるタイプ

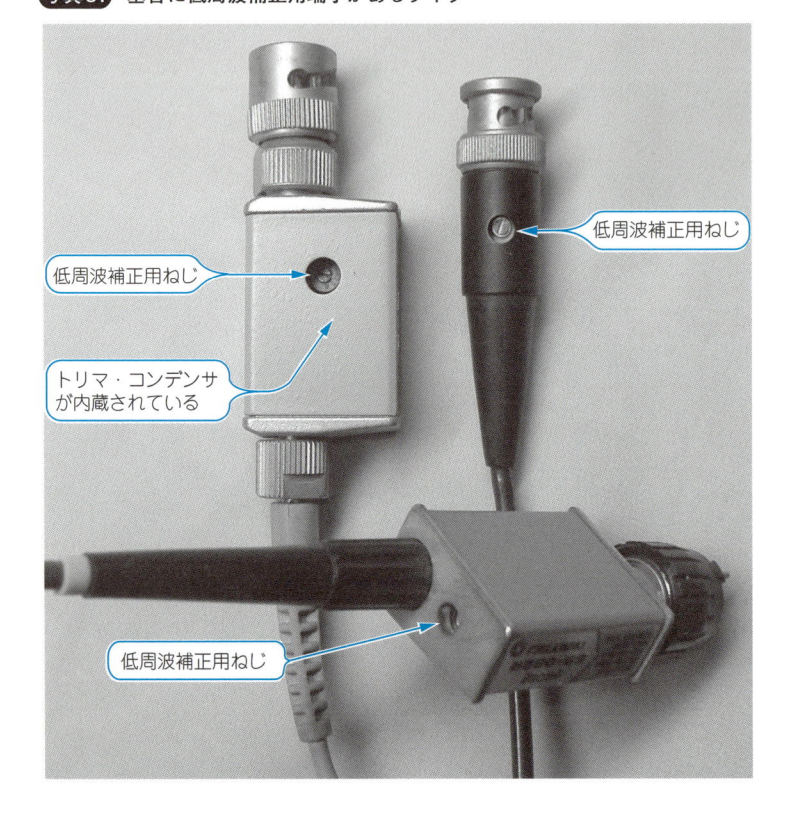

低周波補正用ねじ

トリマ・コンデンサが内蔵されている

低周波補正用ねじ

低周波補正用ねじ

図7 補正量とディスプレイに表示される波形のようす

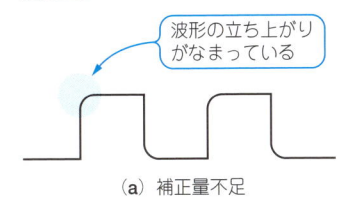

- 波形の立ち上がりがなまっている — (a) 補正量不足
- 直角になっているのが良い — (b) 補正量が適正
- 波形の立ち上がりに跳ね上がりがある — (c) 補正量過多

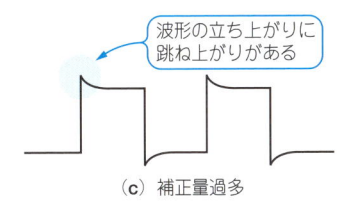

写真32 低周波特性を補正する① （補償量が適切）
直角なので，補正量は適正である

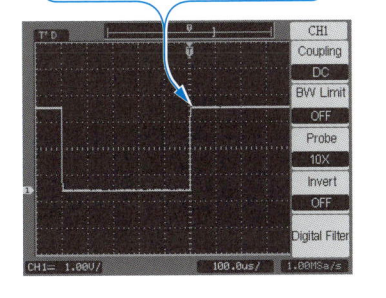

写真33 低周波特性を補正する② （補償量が不適切）
波形がなまっているので補償量不足の状態

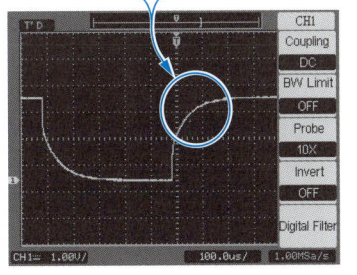

写真34 低周波特性を補正する③ （補償量が不適切）
シュート（突出部）がある．補償量過多の状態

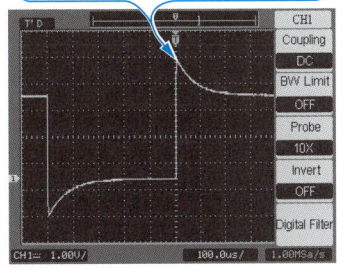

ライバを使って，写真32のように，できるだけフラットな方形波になるようにします．

写真33は補償不足，写真34は補償過多の状態です．

［手順6］CH-2についても同様に調整します．

プローブの重要な特性   column

● 周波数帯域

電圧確度5%以下で測定したい場合は，測定周波数帯域を測定信号の帯域の3倍以上にする必要があります．

測定周波数帯域は，オシロスコープの帯域とプローブの帯域を合わせたものになります．例えば，500MHz帯域のプローブを500MHz帯域のオシロスコープにつなぐと，測定帯域は500MHzの$1/\sqrt{2}$（350MHz）になります．

プローブの帯域は，オシロスコープの帯域の3倍以上に選んでください．

● 減衰比とS/Nおよび測定帯域の関係

測定したい信号の電圧が高い場合は，オシロスコープの最大入力電圧範囲内に入るような減衰比がとれるプローブを選んで使用します．

逆に，50mV以下の微小電圧を測定するときに10：1プローブを使うと，S/Nが劣化して波形が見づらくなりますから，1：1のプローブを使います．

減衰率を10：1，100：1と増やしていくと，その分測定回路への影響が小さくなり，オシロスコープとプローブを含む総合的な帯域も広がります．1：1のプローブは，どれも数十MHzの帯域しかありませんが，10：1のプローブでは数百MHzの帯域が実現できています．

プローブの特性には，これ以外にもいくつかの項目があります．**表A**に仕様の一例を示します．

表A プローブの性能を表す特性パラメータ

項　目	特　性
動作・保存温度	0～50℃
ケーブル長	1.2m
帯域幅	DC～300MHz
立ち上がり時間	1.16ns
減衰比	10：1
入力抵抗	10MΩ
入力容量	12pF
最大入力	300V$_{RMS}$
補正範囲	5～30pF
安全規格	IEC-1000

- 高速パルスを測定するときは必ず確認する
- これ以上の電圧を加えないこと．DCを含んだ値である
- 低域補正回路のトリマ・コンデンサの値

2 調整その2 高周波補正

写真35 基台にある高周波特性を調整するための端子

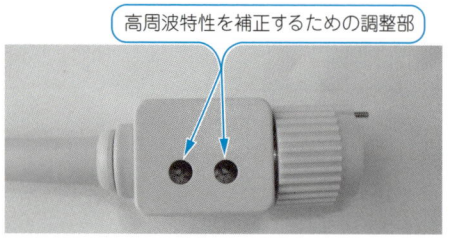

高周波特性を補正するための調整部

写真36 調整用の信号源に利用するパルス・ジェネレータ（81100，アジレント・テクノロジー）

デューティ比50%の短形波を選ぶ

周波数を1MHzに設定する

オシロスコープのプローブを接続する

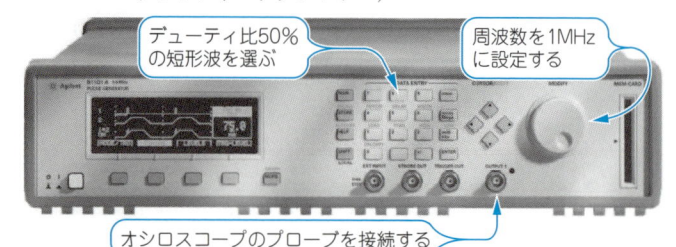

● 方法

1MHz，数V_{P-P}の方形波をオシロスコープに入力して，表示波形が，きれいな方形波になるように，プローブに内蔵された抵抗やコンデンサの値を調整する作業です．

高周波補正調整は，**写真35** のようにプローブ・ヘッド部にあります．高周波補正の機能がないプローブもあります．この場合は，調整の必要はありません．

1MHzの方形波は，**写真36** に示すパルス・ジェネレータ（81100，アジレント・テクノロジー）を使って発生させるのがベストです．なければDVDプレーヤのディジタル（PCM）音声出力波形出力が周波数としては手頃です．

これらの信号源とプローブを接続する場合は，接触が確実に

写真37 CD/DVDプレーヤを利用する場合はRCA端子とBNC端子を変換するコネクタが必要

RCA-BNC変換コネクタ　　BNCアダプタ　　プローブの接触子

なるように，プローブの先端にBNCアダプタを取り付けます．DVDプレーヤからはRCA端子で出力されていますから，**写真37** に示すRCA/BNC変換コネクタを介して接続します．

なお，DVDプレーヤは測定器ではありませんから，あくまで目安として使用してください．

写真38 ～ **写真40** のように，方形波の立ち上がり部分のなまりやシュートがなくなり，方形波の角がきれいに表示されれば調整完了です．

● 補正範囲には限度がある

プローブの補正範囲には限度

がありますから，組み合わせるオシロスコープによっては，補正しきれない場合があります．補正範囲は，プローブの特性表に明記されていますが，プローブ本体に表記があることはまれです．付属のユーザーズ・ガイドなどに記載されていることが多いでしょう．

例えば，補正範囲が1MΩ，6p～9pFのプローブを使っている場合，組み合わせるオシロスコープの入力容量が7pFなら調整可能ですが，入力容量が16pFのオシロスコープの場合は補正できません．

写真38 高周波の補償量が不適切な状態その①

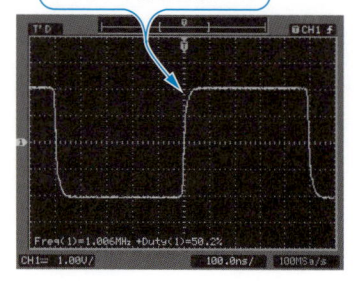

これは補償量不足．高周波でのなまりは目立ちにくい

写真39 高周波の補償量が適切な状態

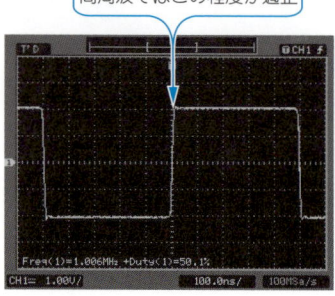

高周波ではこの程度が適正

写真40 高周波の補償量が不適切な状態その②

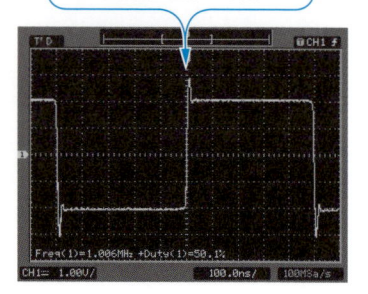

幅の狭いシュートが出ている．これは補償量過多の状態

3-5 ターゲットの動作に影響を与える プローブの入力インピーダンス

図8 オシロスコープと測定ターゲットを直結したときに生じる電流の経路

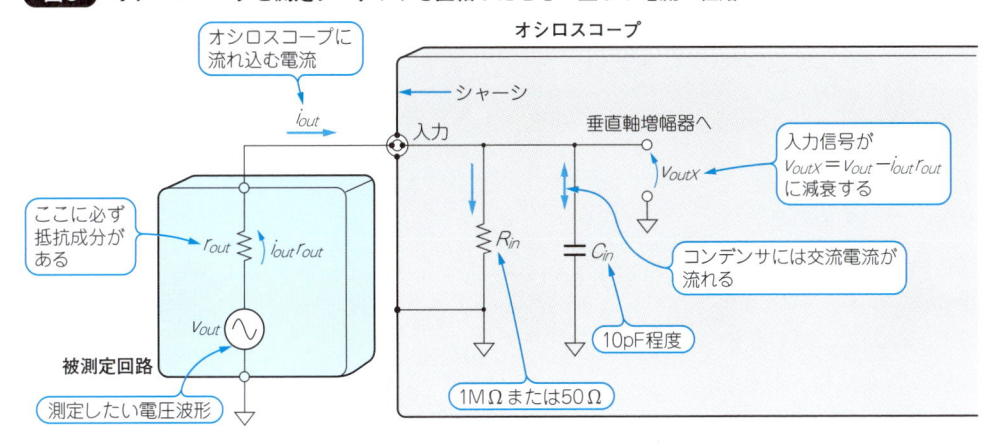

（図：オシロスコープに流れ込む電流 i_{out}、シャーシ、入力、垂直軸増幅器へ、v_{outX}、入力信号が $v_{outX} = v_{out} - i_{out}r_{out}$ に減衰する、R_{in}、C_{in}、コンデンサには交流電流が流れる、10pF程度、1MΩまたは50Ω、ここに必ず抵抗成分がある、r_{out}、$i_{out}r_{out}$、v_{out}、被測定回路、測定したい電圧波形）

● 測定精度を上げるためにはオシロスコープに流れ込む電流を小さくする必要がある

オシロスコープの入力部は，**図8**のような抵抗と容量の並列回路になっています．一方，被測定回路は，信号源（v_{out}）と出力インピーダンス（r_{out}）で表すことができます．

図からわかるように，被測定回路が接続されると，信号源（v_{out}）から流れ出る電流（i_{out}）がオシロスコープに流れ込みます．

i_{out}は，オシロスコープの入力抵抗（R_{in}）と入力容量（C_{in}）に流れ込む電流の合計です．このi_{out}がr_{out}を流れるので，垂直軸増幅器の入力電圧v_{outX}は，

$$v_{outX} = v_{out} - i_{out}r_{out}$$

となり，観測される電圧は，観測したい信号源電圧（v_{out}）より$i_{out}r_{out}$だけ低くなります．

この影響を小さくするには，**図9**に示すように，被測定回路に直列に抵抗（R_X）を挿入して，i_{out}を減らします．

i_{out}は減少しますが，オシロ

図9 プローブを使うとオシロスコープに流れ込む電流が小さくなり測定精度が増す

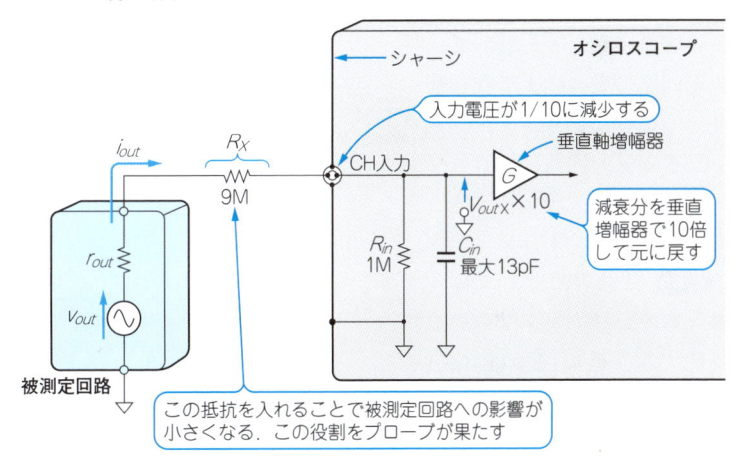

（図：シャーシ、i_{out}、R_X 9M、CH入力、入力電圧が1/10に減少する、垂直軸増幅器 G、$v_{outX} \times 10$、減衰分を垂直増幅器で10倍して元に戻す、R_{in} 1M、C_{in} 最大13pF、r_{out}、v_{out}、被測定回路、この抵抗を入れることで被測定回路への影響が小さくなる．この役割をプローブが果たす）

スコープの入力コネクタでの電圧も減少してしまいます．例えば，$R_{in} = 1\mathrm{M}\Omega$のとき，$R_X = 9\mathrm{M}\Omega$を入れると，信号レベルは1/10に減衰します．この減衰分は，垂直軸増幅器で10倍に増幅します．

このようにすることで，オシロスコープに電流が流れ込むことによる測定誤差は小さくなります．

減衰率10：1のプローブを使うと，オシロスコープに入力される電圧は1/10に減衰し，入力電流も1/10になりますが，測定精度は10倍向上します．

オシロスコープの垂直軸感度を10倍にすると，ディスプレイの垂直軸の電圧感度表示も10倍になります．例えば，$v_{out} = 1\mathrm{V_{P\text{-}P}}$の場合は画面上では$0.1\mathrm{V_{P\text{-}P}}$と表示されます．

オシロスコープによっては，プローブの減衰比を自動的に認識して，垂直ゲインを変更し正しく表示するタイプもありま

す．

● プローブの入力インピーダンスを頭に入れておくこと

写真41 のように，多くのプローブは，基台のラベルに，その入力インピーダンスが示されています．

抵抗はいずれも10MΩですが，容量は10p～15pFもあり，オシロスコープの入力容量とほぼ同等で，決して小さいわけではありません．プローブをつなぐと，被測定回路にこの容量が並列に接続されるため，本来の回路動作を変化させてしまいます．

観測する信号の周波数が高くなり，数MHzを越えてくると，この容量が大きく影響して，被測定回路の動作に大きな影響を及ぼすようになります．高速ロジックの入力回路にプローブを当てただけで，誤動作することもあります．

図10 に示すのは，プローブの入力インピーダンスの周波数特性です．低周波では1MΩありますが，10MHzでは数kΩ，100MHzで数百Ω，1GHzでは数十Ωにまで低下します．

この入力容量が無視できない場合は，FETプローブなど，入力容量の小さいアクティブ・プローブを使います．ただし，桁違いに容量が小さくなるわけではありませんから，むしろ相手側の被測定回路のインピーダンスを下げる工夫が重要です．

プローブの入力容量は，チップ先端の容量ですから，GHz帯ではここに抵抗（ダンピング抵抗）を入れて，容量の影響を低減させています．

写真41 プローブの入力インピーダンスなどの仕様は基台に示されている

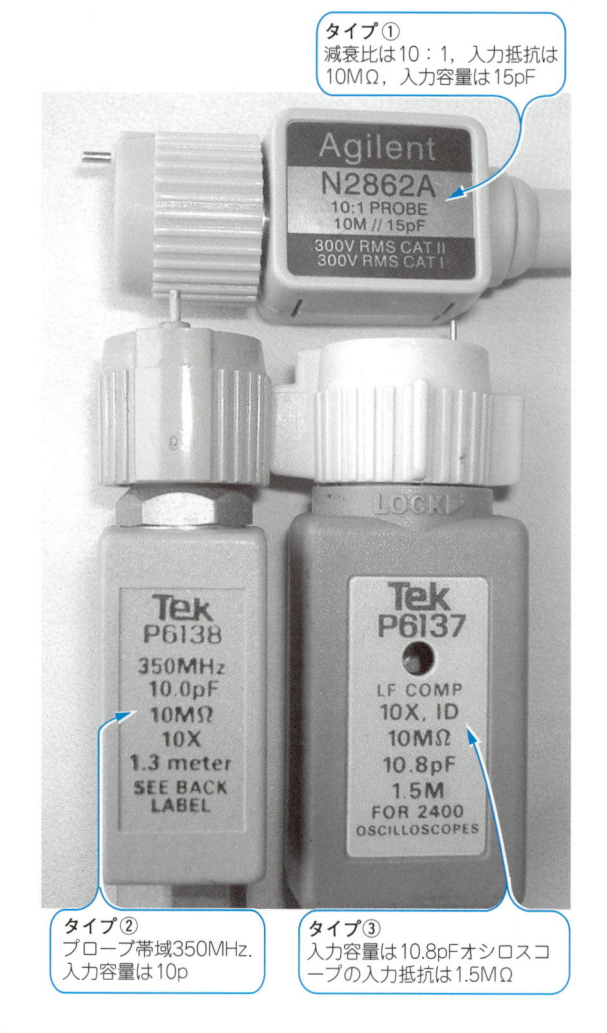

タイプ①
減衰比は10：1，入力抵抗は10MΩ，入力容量は15pF

タイプ②
プローブ帯域350MHz．入力容量は10p

タイプ③
入力容量は10.8pFオシロスコープの入力抵抗は1.5MΩ

図10 プローブの入力インピーダンスの周波数特性

直流では1MΩ

入力容量が2pFと小さくてもこんなにゲインが低下する

1MΩ，2pF

1MΩ，6.5pF

1GHzでは数十Ωになるまで低下する

56　第3章　プローブの基礎知識

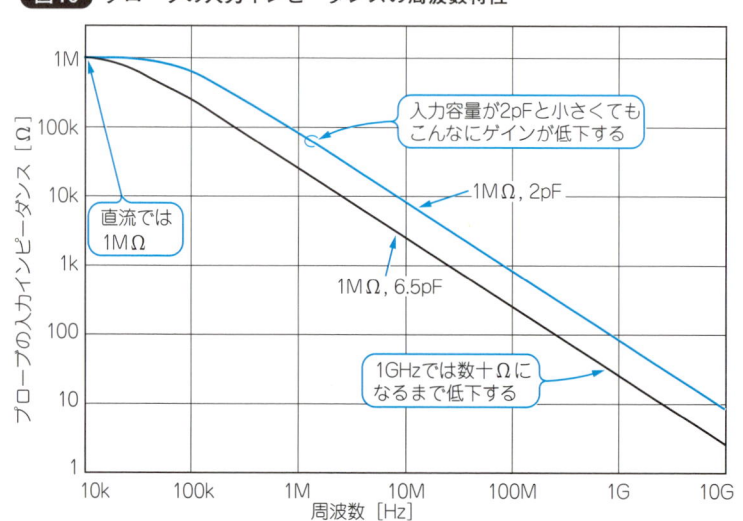

徹底図解★ディジタル・オシロスコープ活用ノート

第4章
表示波形の拡大/縮小から振幅値の読み取り方まで

ディジタル・オシロスコープの基本操作

4-1 ディスプレイの見方
オシロスコープの動作状態や波形が表示される情報窓

写真1 波形を観測するときはディスプレイ上の記号や表示を必ず読む

写真2 波形操作メニューの表示/非表示をON/OFFするボタン

- データ捕捉状態を示している．"T'D"はTriggerdの意．正常にトリガがかかったことを示す
- 信号はいったん波形蓄積メモリに取り込まれる．取り込んだ波形のうち[　]の範囲が画面に表示されている
- メニューON/OFFボタン．押すと，操作メニューが消える
- トリガ位置を示すマーク
- 波形ウィンドウ内のトリガ位置
- CH-1のグラウンド・レベルを示すマーク
- 操作メニュー
- CH-1はAC結合（〜）で，垂直軸方向の感度が500mV/div.であることを示している
- サンプリング・レート
- 水平スケール（タイムベース，水平掃引時間とも言う）．横軸は1div.当たりが500μsであることを示す

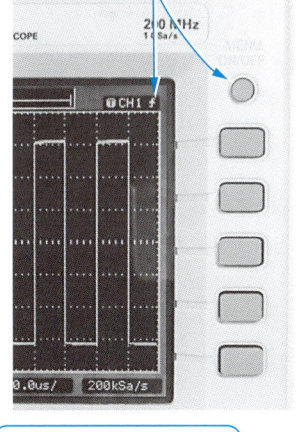

ディスプレイに表示されている記号類の意味を説明します．**写真1**に示すのは，ディジタル・オシロスコープDSO3202Aの波形表示部です．波形が表示されるX-Y面の周辺には，

(1) トリガ位置を示すマーク
(2) データ捕捉状態
(3) CH-1のグラウンド・レベルを示す矢印
(4) 垂直軸感度やオフセット
(5) 水平掃引時間（タイムベース）の値
(6) サンプリング・レート（A-D変換器の標本化周波数）

などが表示されています．

波形表示部に映し出されるのは，メモリに取り込まれた波形の一部です．

ディスプレイの右端に表示される操作メニューは，**写真2**で示す［MENU ON/OFF］ボタンで，消去することができます．

4-2 表示波形の伸縮とポジショニング
波形のディテールを観測するための基本

1 X軸とY軸のゲインと位置のコントロール

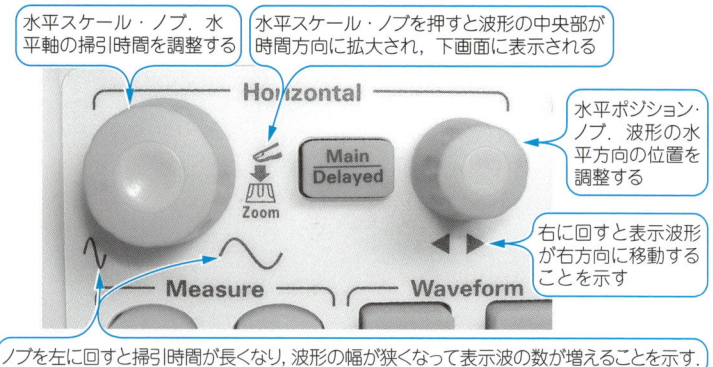

● **波形をY軸方向に伸縮させる垂直軸コントロール**

写真3 に示すのは，垂直軸のコントロール部です．

垂直軸とは，ディスプレイの波形表示部の縦軸のことです．縦軸には入力電圧が表示されます．

X-Y面の垂直軸（Y軸）方向の波形調整は，入力チャネルごとに独立して行うことができます．

垂直軸の設定を変えるときは，写真3 に示す［1］ボタン（CH-1選択），または［2］ボタン（CH-2選択）を押して，コントロール・メニューを表示させます．選択を解除するには，［1］ボタンまたは［2］ボタンをもう一度押します．

● **波形をX軸方向に伸縮させる水平軸コントロール**

写真4 に示す水平軸コントロール部では，波形の水平方向の大きさ（水平スケール，水平掃引時間）と位置を設定できます．水平軸とは，波形表示部のX軸のことで時間軸とも呼びます．多くのディジタル・オシロスコープの時間軸の設定範囲は，2n～50s/div.程度です．

波形の時間基準は，波形表示部の水平方向の中央です．

X-Y表示部の下側にあるステータス・バーには，つねに水平掃引時間（/div.）が表示されています．すべての入力チャネルは同じ時間基準（タイムベース）を共用するので，どの波形も同じ水平スケールで表示されます．

タイム・ベースとは，水平時間軸の基準クロックを発生する回路です．ディジタル・オシロスコープは，これをもとにA-D変換やメモリ取り込み，波形を表示します．

掃引とは，波形表示部上の輝点を左側から右側（X軸方向）へ移動させる操作のことです．輝点を掃引しつつ，入力信号の電圧の大きさに比例させて，輝点を上下（Y軸方向）に動かすと，波形が表示されます．左右方向を水平掃引，上下方向を垂直掃引と呼びますが，一般に「掃引」といえば，水平掃引のことです．スイープとも呼びます．

位置ノブは，表示波形の水平位置を調整するためのものです．位置設定の分解能は，タイムベースの値によって異なります．

写真3 表示波形を垂直方向（Y軸方向）に拡大縮小したり移動させるときに利用するボタン類

- CH-1の垂直感度調整ノブ（スケール・ノブ）
- CH-2の垂直感度調整ノブ（スケール・ノブ）
- 垂直軸コントロール部
- CH-1選択ボタン
- CH-2選択ボタン
- 輝線の垂直位置を設定するノブ（垂直ポジション・ノブ）
- CH-1入力端子
- CH-2入力端子

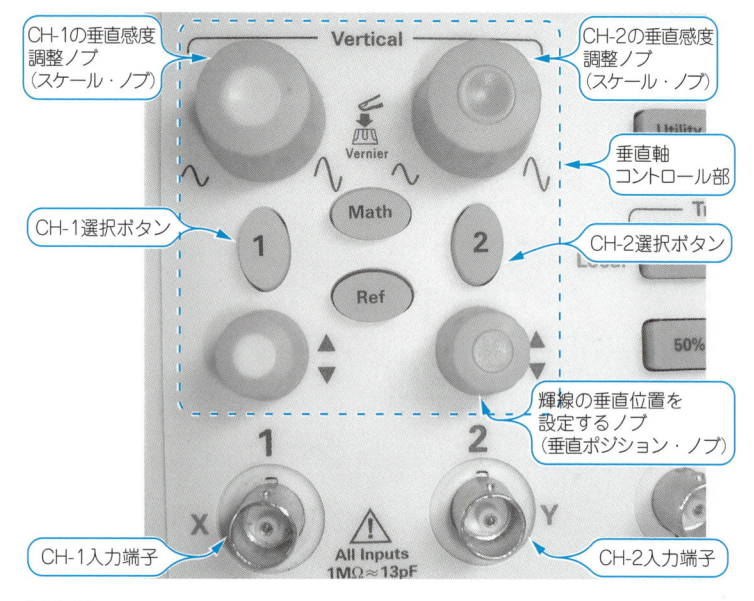

写真4 表示波形を水平方向（X軸方向）に拡大縮小したり移動させるときに利用するボタン類

- 水平スケール・ノブ．水平軸の掃引時間を調整する
- 水平スケール・ノブを押すと波形の中央部が時間方向に拡大され，下画面に表示される
- 水平ポジション・ノブ．波形の水平方向の位置を調整する
- 右に回すと表示波形が右方向に移動することを示す
- ノブを左に回すと掃引時間が長くなり，波形の幅が狭くなって表示波の数が増えることを示す．

2　波形操作を体感する

写真5　水平軸コントロールと垂直軸コントロールの操作方法をマスタするための準備

① 電源スイッチを押す
② CH-1にプローブのケーブルをつなぐ
③ CAL端子の上側にプローブのフックをつなぐ
④ CAL端子の下側にプローブのグラウンドをつなぐ
⑤ [Auto-Scale]を押す
⑥ 波形が表示されたら垂直スケール・ノブを回して1V/div.に設定する
⑦ 垂直スケールを1V/div.に設定した後このポジション・ノブを回してみる

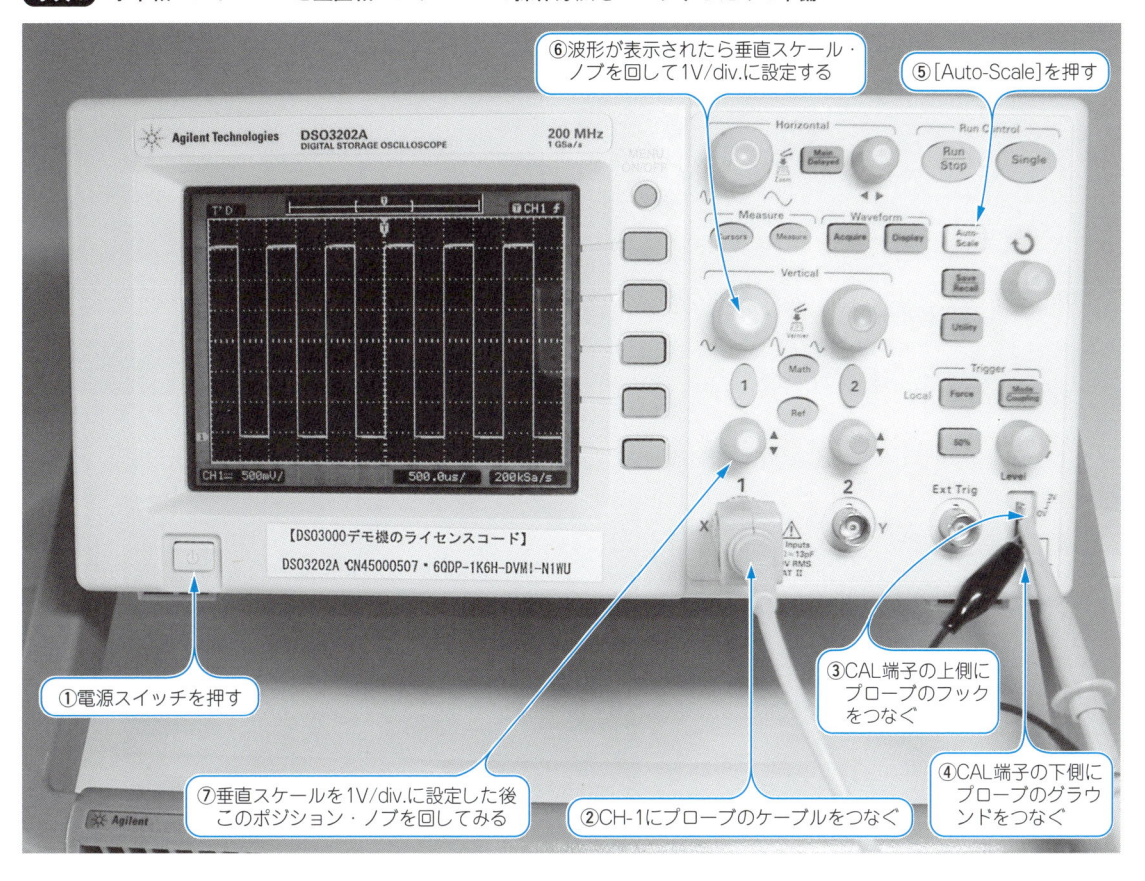

写真6　CH-1にCAL端子の出力信号を入力し[Auto-Scale]ボタンを押したときの表示

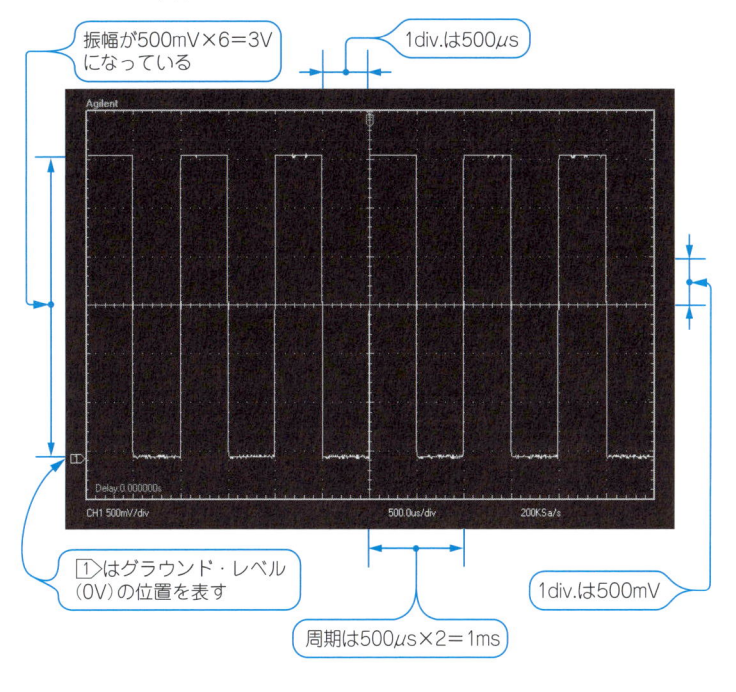

- 振幅が500mV×6=3Vになっている
- 1div.は500μs
- 1div.は500mV
- ①はグラウンド・レベル(0V)の位置を表す
- 周期は500μs×2=1ms

● 基本操作

　オシロスコープのCAL端子からは，方形波信号が常に出力されています．この端子をプローブでつかむと，ディスプレイにその方形波が表示されます．

　では，**写真5**のように接続してください．CH-1にプローブを接続し，校正信号の出力端子(CAL端子)に，プローブの先端を接続します．

　[Auto-Scale]ボタンを押すと，水平スケールや垂直スケールが自動的にセットされて，**写真6**に示すような波形が表示されます．

　垂直軸コントロール部のスケール・ノブを回すと，垂直軸感度(V/div.)が変化して，表示さ

写真7 垂直ポジション・ノブを回してCAL信号のボトムを波形表示部中央に移動させる

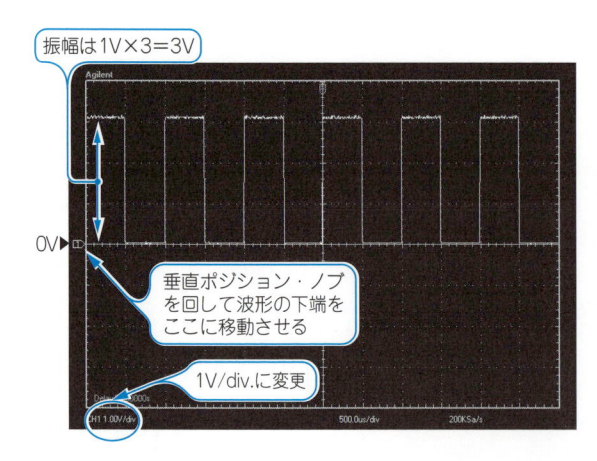

- 振幅は1V×3=3V
- 垂直ポジション・ノブを回して波形の下端をここに移動させる
- 1V/div.に変更

写真8 波形は水平方向に引き伸ばすことができる

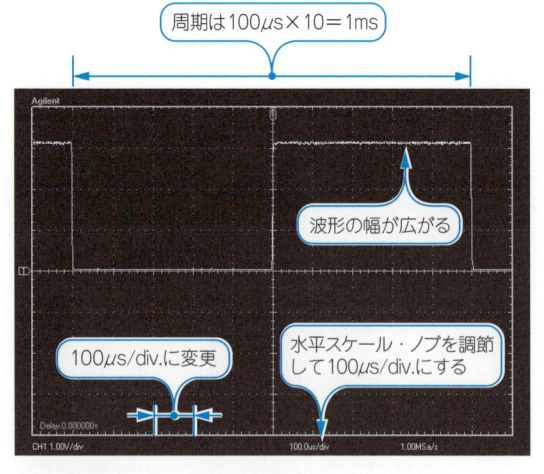

- 周期は100μs×10=1ms
- 波形の幅が広がる
- 100μs/div.に変更
- 水平スケール・ノブを調節して100μs/div.にする

れている波形の大きさ(振幅)が変わります．ここでは，1V/div.に設定します．スケール・ノブを押し込むと，1.02V/div.→1.04V/div.→というふうに細かい調整が可能になります．

写真7のようにポジション・ノブを回して，波形の下端を0Vの位置に移動してください．

水平軸コントロール部のスケール・ノブを回して，水平掃引時間軸(タイムベース)を変えてみましょう．**写真8**は，水平掃引時間軸を100μs/div.に設定したときの表示です．

水平軸コントロール部のポジション・ノブを回してみましょう．**写真9**のように波形が水平方向に移動します．

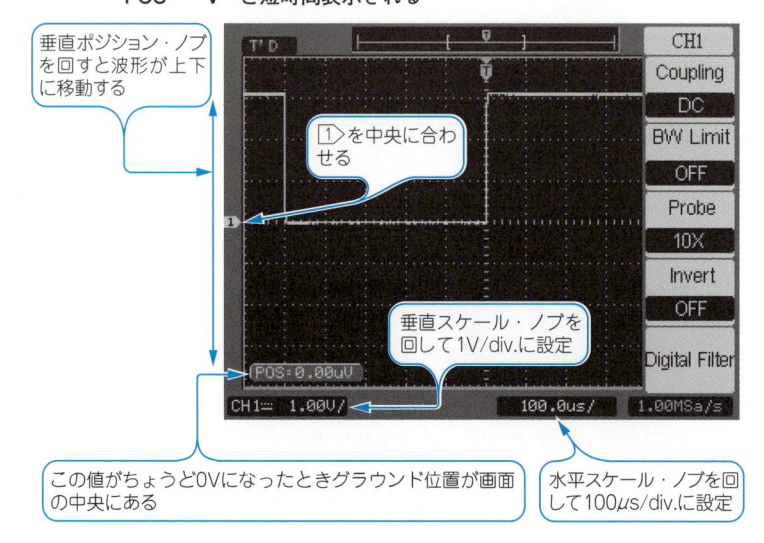

● Y軸方向の中央部ピッタリにグラウンド・レベルを合わせるには

オシロスコープの電源をONしたら，プローブでCAL端子をつかんで，[Auto-Scale]ボタンを押して波形を表示させます．垂直ポジション・ノブを回すと波形が上下に移動します．波形の下端が画面中央(グラウンド・マークのあるライン)にく

写真9 波形は水平方向に移動させることができる

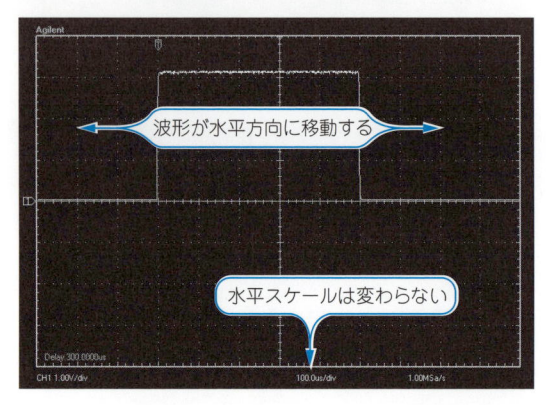

- 波形が水平方向に移動する
- 水平スケールは変わらない

写真10 グラウンド・ポジション(①)のマークと波形表示部中央との差分が"POS＝**V"と短時間表示される

- 垂直ポジション・ノブを回すと波形が上下に移動する
- ①を中央に合わせる
- 垂直スケール・ノブを回して1V/div.に設定
- この値がちょうど0Vになったときグラウンド位置が画面の中央にある
- 水平スケール・ノブを回して100μs/div.に設定

るまでノブを回します．

写真10に示すように，ポジション・ノブを回すとグラウンド基準と画面中央との差に相当する電圧値が，"POS＝320mV"というふうに短時間表示されます．この値が0mVになれば，画面中央に揃ったことになります．

3 水平掃引時間と水平位置を設定する

写真11 水平軸のコントロール①…CAL信号を表示する

CAL信号

水平スケール・ノブを回して200μs/div.に設定

写真12 水平軸のコントロール②…水平掃引時間を変更

幅が狭くなる（周期が短くなる）

水平スケール・ノブを回して1ms/div.に変更

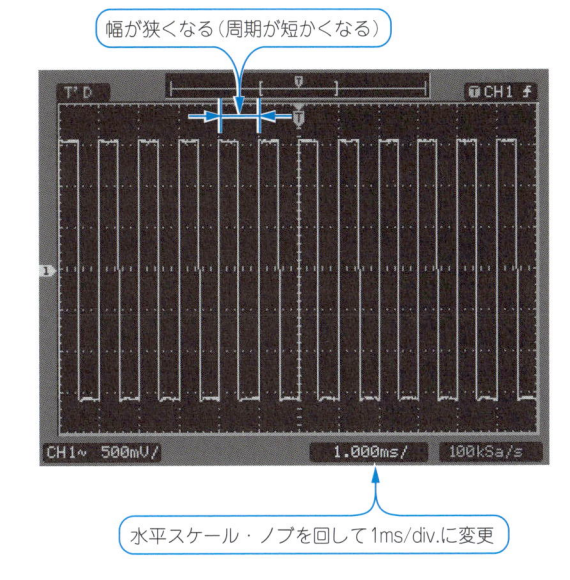

写真11のように，CH-1にCAL信号を表示させます．

写真12のように，水平スケール・ノブを回して，波形が変化することを確かめます．

水平位置ノブを回すと，波形が左右に移動します．波形表示部の上部に，トリガ位置表示（Tマーク）があり，ノブの回転に連動して移動します．

操作パネルの[Main/Delayed]ボタンを押すと，写真13のように，水平軸のコントロール・メニューが表示されます．このメニューでは，

- 遅延掃引モードのON/OFF（p.63）
- Y軸-時間軸（T軸）表示フォーマットの設定
- X軸-Y軸表示フォーマットの設定
- [Trig-Offset]と[Holdoff]値の変更

などを行うことができます．遅延掃引モードは，水平スケール・ノブを押すことでもON/OFFできます．

写真13 水平軸のコントロール③…水平方向の操作メニュー

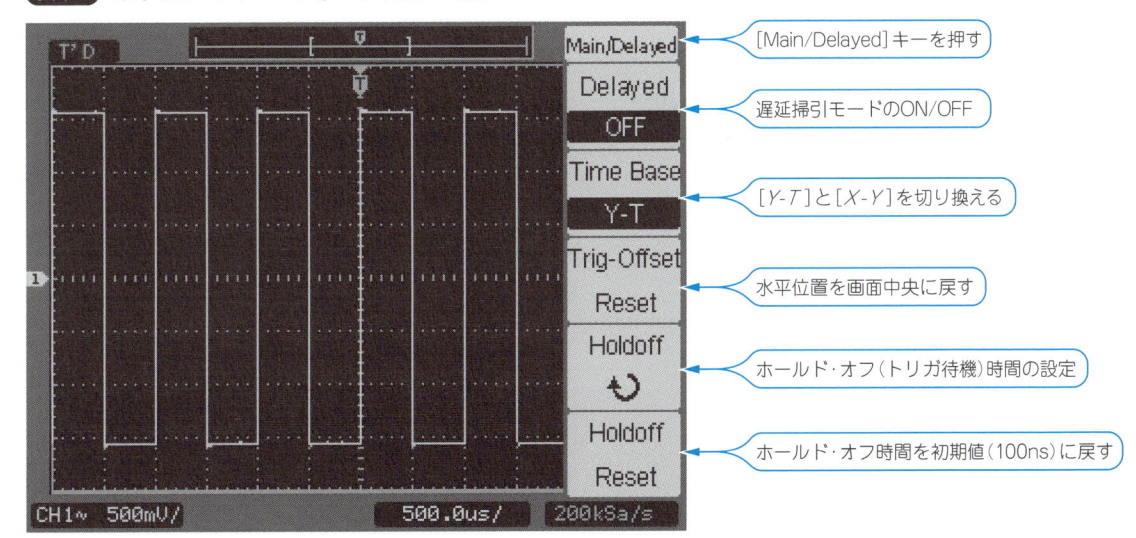

- Main/Delayed ← [Main/Delayed]キーを押す
- Delayed OFF ← 遅延掃引モードのON/OFF
- Time Base Y-T ← [Y-T]と[X-Y]を切り換える
- Trig-Offset Reset ← 水平位置を画面中央に戻す
- Holdoff ↻ ← ホールド・オフ（トリガ待機）時間の設定
- Holdoff Reset ← ホールド・オフ時間を初期値（100ns）に戻す

4-2 表示波形の伸縮とポジショニング

4-3 波形の一部を詳しく見る

限られた波形表示部をめいっぱい使って観測

1 直流成分を除いて交流分だけを拡大する

写真14 直流成分を含んだ交流信号の交流成分だけを拡大表示したい場合

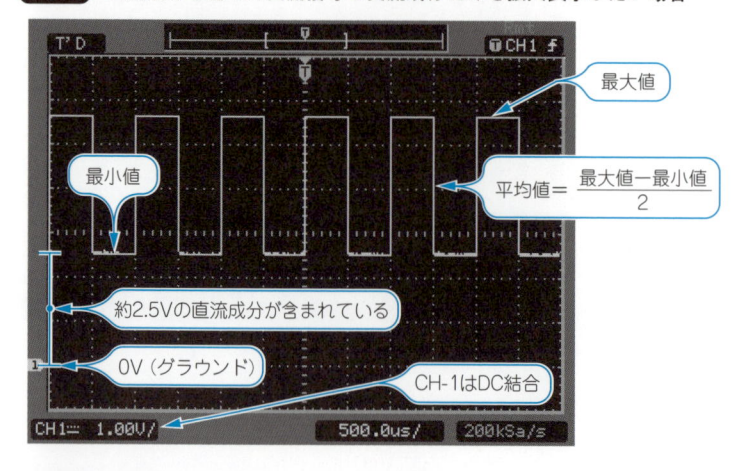

- 最大値
- 最小値
- 平均値 = $\dfrac{最大値 - 最小値}{2}$
- 約2.5Vの直流成分が含まれている
- 0V（グラウンド）
- CH-1はDC結合

写真15 垂直軸コントロール・メニューを呼び出してカップリングを[AC]に変更

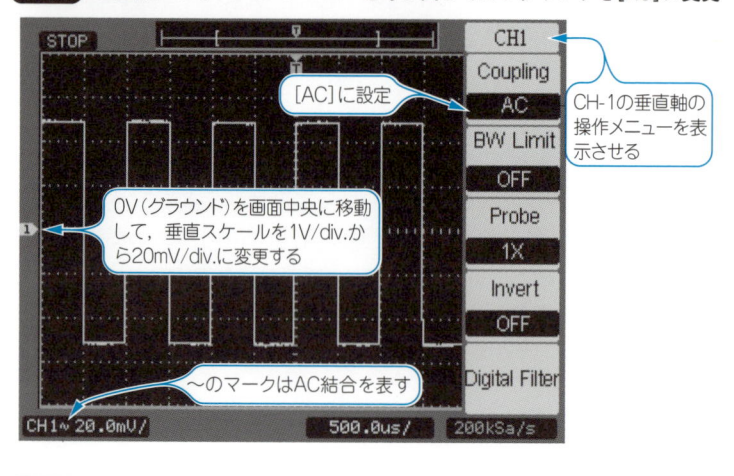

- [AC]に設定
- CH-1の垂直軸の操作メニューを表示させる
- 0V（グラウンド）を画面中央に移動して，垂直スケールを1V/div.から20mV/div.に変更する
- 〜のマークはAC結合を表す

写真16 カップリングを（結合）[GND]に設定したときの表示

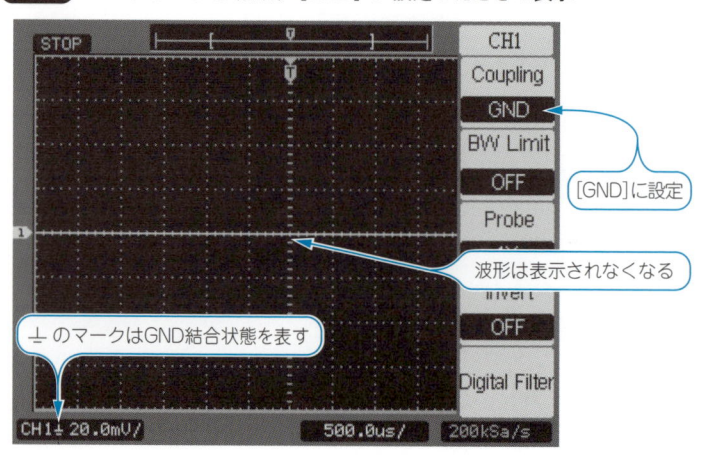

- [GND]に設定
- 波形は表示されなくなる
- ⊥のマークはGND結合状態を表す

● AC/DC結合の切り替え

写真14のように，直流成分が含まれている信号や，高周波信号の交流信号は，オシロスコープの入力結合を[AC]に設定することで波形を表示部いっぱいに拡大することができます．

入力結合を[AC]に設定すると，直流成分が除去されて波形の中心値（平均値）が画面の中央に位置し，波形を画面全体に大きく広げることができます．

まずフロント・パネルの[1]キー（CH-1選択）を押します．

写真15のように画面右側に垂直軸コントロール・メニューが表示されます．[Coupling]メニュー・キーを押して[AC]を表示させます．波形表示部の左下にあるステータス・バーに，CH-1の垂直軸感度が表示されます．"〜"の記号は，オシロスコープがAC結合モードになったことを示しています．

[DC]を選択すると，入力波形の交流と直流の両方の成分が表示されます．

一般にDC結合のほうが低域の周波数特性が良いので，通常は[DC]で測定します．

結合の種類には，[AC]と[DC]のほかに[GND]があります．

写真16のように，[Coupling]メニュー・キーで[GND]を選択すると，オシロスコープの入力端子と内部回路の接続が断たれて，波形が表示されなくなります．

2 波形の一部をクローズアップする遅延掃引

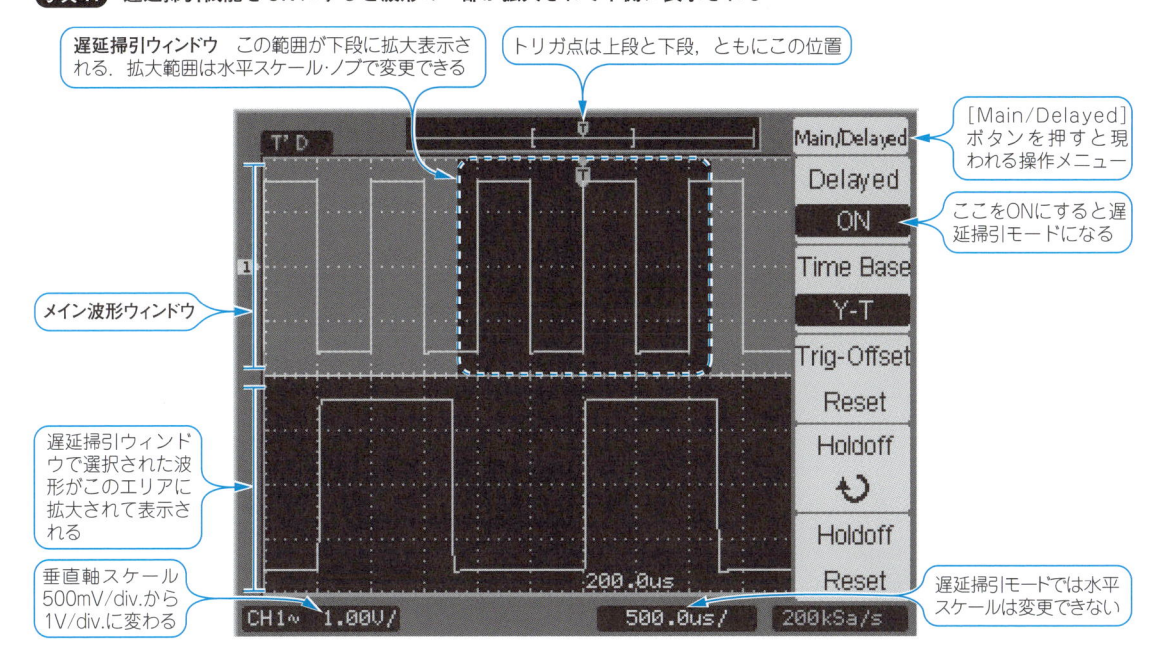

写真17 遅延掃引機能をONにすると波形の一部が拡大されて下側に表示される

- 遅延掃引ウィンドウ　この範囲が下段に拡大表示される．拡大範囲は水平スケール・ノブで変更できる
- トリガ点は上段と下段，ともにこの位置
- [Main/Delayed]ボタンを押すと現われる操作メニュー
- ここをONにすると遅延掃引モードになる
- メイン波形ウィンドウ
- 遅延掃引ウィンドウで選択された波形がこのエリアに拡大されて表示される
- 垂直軸スケール 500mV/div.から1V/div.に変わる
- 遅延掃引モードでは水平スケールは変更できない

遅延掃引機能(ズーム機能)は，波形の一部を拡大して詳細に見たいときに便利です．

● **遅延掃引ウィンドウを起動する**

CH-1にCAL波形を表示させます．[Main/Delayed]ボタンを押して，[Delayed]をONにするか，水平スケール・ノブを押して遅延掃引機能をONにします．すると，写真17に示すような表示になります．

画面の上半分をメイン波形ウィンドウと呼びます．これは取り込んだ元の波形です．

画面の下半分には，メイン・ウィンドウの一部が拡大された波形が表示されます．この拡大した部分のことを遅延掃引ウィンドウと呼びます．

上半分には，陰影が付いた二つのブロックがありますが，陰影のない部分が下半分に拡大されています．

遅延掃引モードでは，水平位置ノブとスケール・ノブは遅延掃引波形のサイズと位置を変更するノブとして機能します．メイン・ウィンドウの水平スケールを変えたい場合は，遅延掃引モードをいったんOFFにしなければなりません．

遅延掃引モードでは，二つの波形を同時に表示する関係で，垂直軸のスケールが自動的に2倍になります．

● **演習…CAL信号の立ち下がり部を拡大表示する**

水平ポジション・ノブにより，遅延掃引ウィンドウをCAL信号の立ち下がり部に移動します．次に水平スケール・ノブを回してください．写真18のように立ち下がり部分が拡大されます．

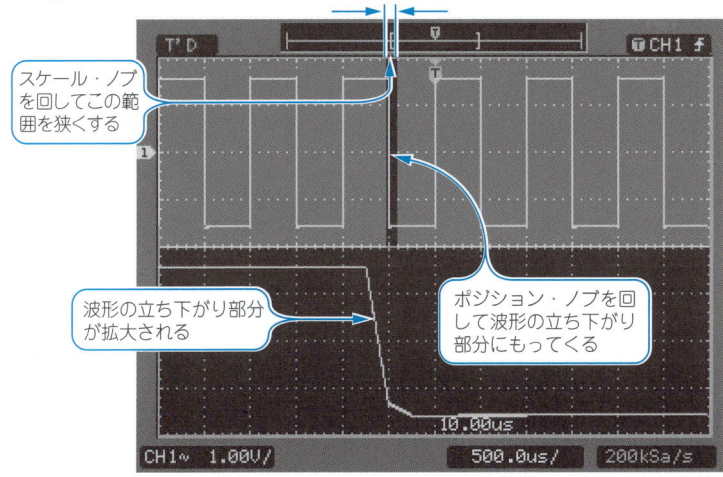

写真18 遅延掃引機能を使ってCAL信号の立ち下がり部を拡大表示させたところ

- スケール・ノブを回してこの範囲を狭くする
- 波形の立ち下がり部分が拡大される
- ポジション・ノブを回して波形の立ち下がり部分にもってくる

4-3 波形の一部を詳しく見る　63

4-4 大切な波形データを内部メモリに保存する
データの比較や資料作成に役立つ

1 操作方法

どんなディジタル・オシロスコープも，メモリに波形を保存したり，呼び出す機能をもっています．

いったん取り込んだ波形は，メモリに保存されるので，電源をOFFにした後でも呼び出せそうですが，そうではありません．ディジタル・オシロスコープには，波形取り込み用の揮発性メモリと保存用の不揮発性メモリがあります．波形が取り込まれるメモリは揮発性なので，電源を落とすとデータは消えてしまいます．容量もあまり大きくはなく，多くのデータを保存することはできません．次の波形データが取り込まれると，過去のデータは上書きされて消えてしまいます．

消したくない大切な波形データは，不揮発性メモリに保存しなければなりません．

波形を保存する機能を呼び出したいときは，**写真19**に示す［Save/Recall］ボタンを押します．**表1**に，［Save/Recall］関係のメニューの内容を示します．このボタンには，フロント・パネルの設定状態（セットアップ）や，工場出荷時の設定（デフォルト設定，初期設定）に戻す機能もあります．

写真19 大切な波形を保存しておきたいときに利用する［Save/Recall］ボタン

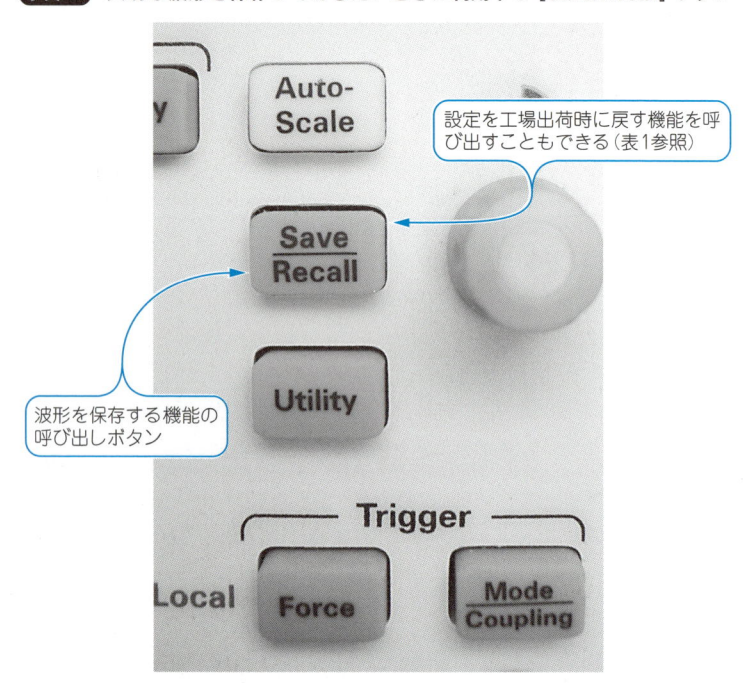

- 設定を工場出荷時に戻す機能を呼び出すこともできる（表1参照）
- 波形を保存する機能の呼び出しボタン

表1 ［Save/Recall］ボタンを押すと現れる機能一覧

メニュー	アイコン	意味	詳細
保存対象 (Storage)	Storage Waveforms	波形 (Waveforms)	波形の保存または呼び出し
	Storage Setups	設定状態 (Setups)	オシロスコープの設定状態（セットアップ）の保存または呼び出し
標準設定状態 (Default Setup)	Default Setup	標準設定 (Default)	工場設定の呼び出し（ロード）
波形 (Waveform)	Waveform No.1	波形保存場所（番号）	波形の保存場所を指定 (No.1～No.10)
セットアップ (Setup)	Setup No.1	設定保存場所（番号）	セットアップの保存場所を指定 (No.1～No.10)
ロード (Load)	Load	呼び出し (Load)	波形またはセットアップの呼び出し
セーブ (Save)	Save	保存 (Save)	波形またはセットアップの保存

- 波形と設定の両方を保存する
- 波形の保存と呼び出しを行う．不揮発性メモリに保存されるので電源をOFFしても消えない
- 購入時の初期設定に戻したいとき
- 10個の波形を保存できる

2 演習…CAL波形の保存と呼び出し

写真20 CAL信号をCH-1に入力し保存する…CAL端子にプローブをつないで［Save/Recall］ボタンを押す

- ［Save/Recall］ボタンを押すと現れる操作メニュー
- ［Waveforms］を選択する
- 波形を保存する場所の番号．No.1～No.10の10個ある
- 保存ボタン．これを押すと波形がNo.1メモリに保存される

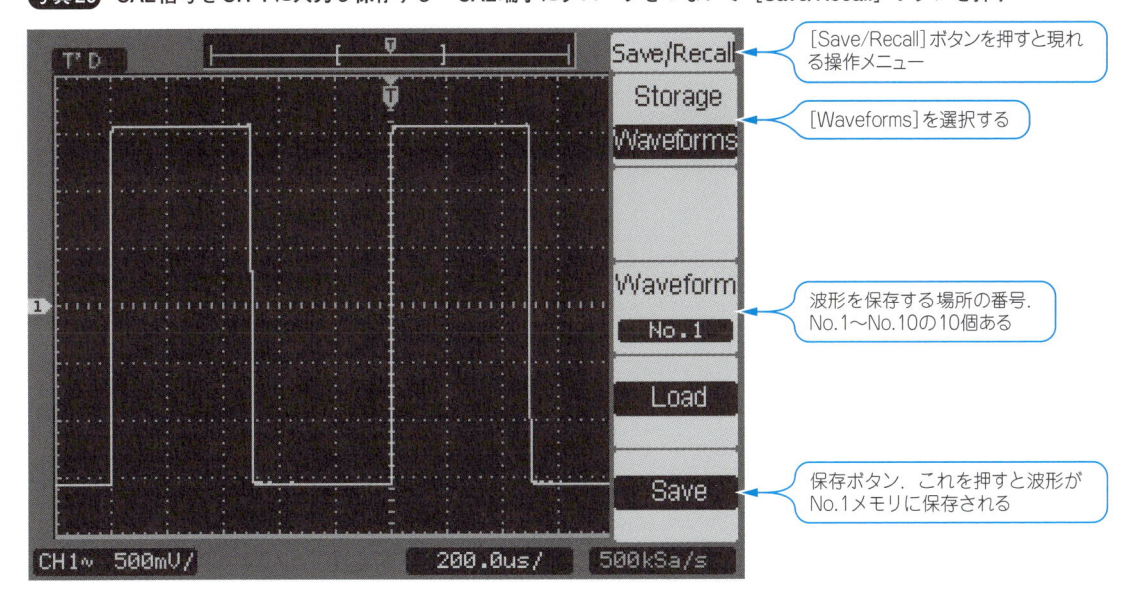

写真21 CH-1への入力を止める

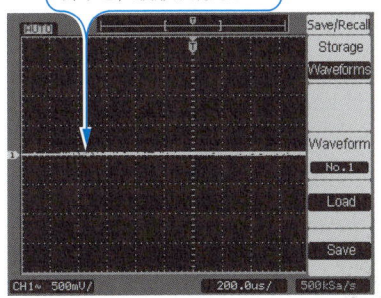

- プローブをCAL端子から外すと，波形が消える

写真22 保存したCAL信号を呼び出す

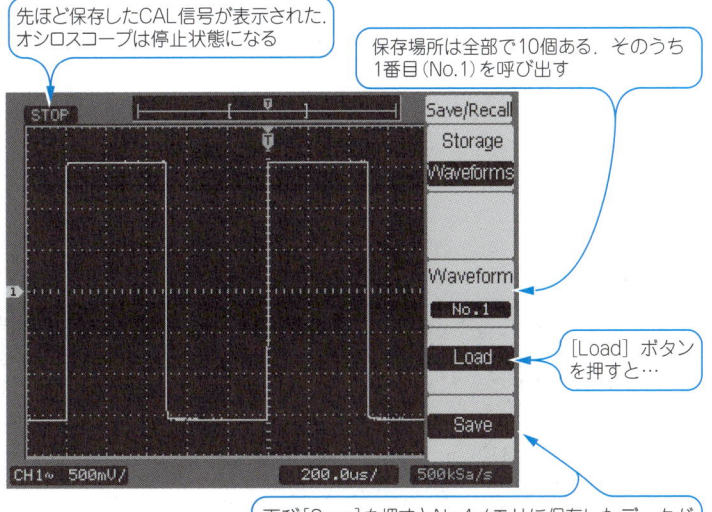

- 先ほど保存したCAL信号が表示された．オシロスコープは停止状態になる
- 保存場所は全部で10個ある．そのうち1番目(No.1)を呼び出す
- ［Load］ボタンを押すと…
- 再び［Save］を押すとNo.1メモリに保存したデータが上書きされてしまう．No.1メモリに保存した波形を残しておきたい場合はNo.2メモリに保存する

　CH-1にCAL信号を入力して波形を表示させます．

　写真20のように［Save/Recall］ボタンを押して，メニューから［Storage/Waveforms］を選び，［Save］を押します．

　CH-1のプローブをCAL信号端子から外します．入力がなくなるので，**写真21**のように画面から波形が消えます．

　写真22に示すように，［Load］を押すと先ほど保存した波形が呼び出されます．この状態で，オシロスコープは停止状態になります．

　波形を保存する場所は，No.1～No.10の10個あります．

　写真22では，［Waveform No.1］が表示されており，No.1に保存されたことが示されています．

　このまま再び保存すると，No.1に上書きされて前の波形は消去されます．上書きしたくない場合は，No.2などに保存します．

　保存した波形を呼び出すと，垂直軸や水平軸の設定も波形を保存したときの値に自動的に変わります．以後［Run］ボタンを押して再開すると，垂直軸や水平軸の設定が維持されます．

3 演習…垂直軸と水平軸の設定を保存する

写真23 水平/垂直軸の設定を保存する①…CAL信号を表示する

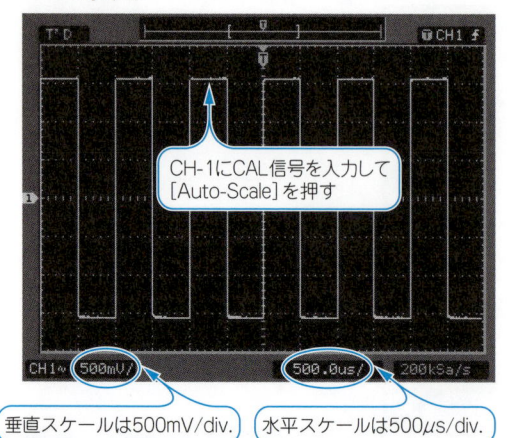

垂直スケールは500mV/div.　水平スケールは500μs/div.

写真24 水平/垂直軸の設定を保存する②…いったん垂直軸と水平軸の設定を変更する

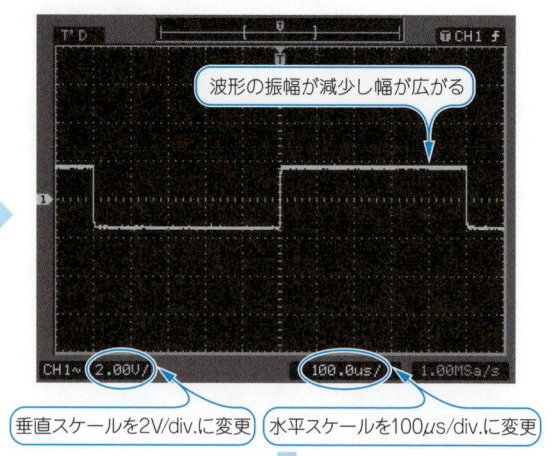

波形の振幅が減少し幅が広がる

垂直スケールを2V/div.に変更　水平スケールを100μs/div.に変更

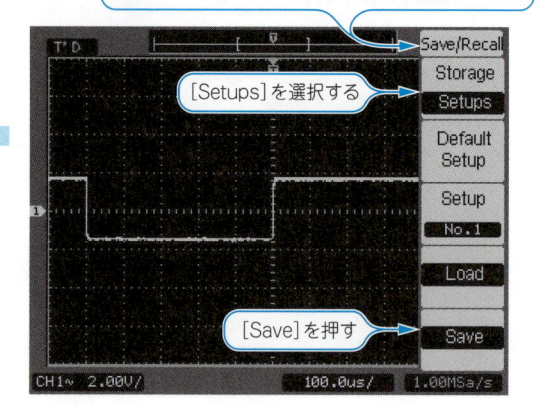

写真26 [Auto-Scale] ボタンを押していったん水平/垂直スケール設定を変更する

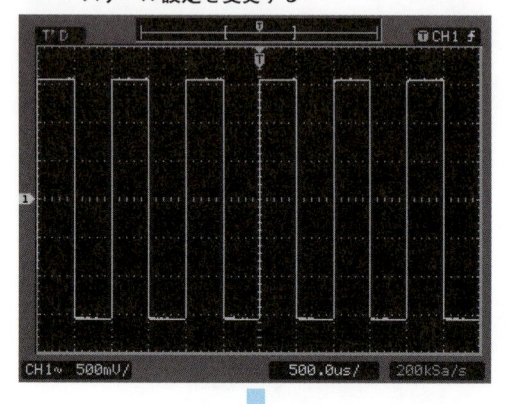

写真25 水平/垂直軸の設定を保存する③…[Save/Recall] を押して [Setups] を選択する

[Save/Recall]ボタンを押すと現れる操作メニュー

[Setups]を選択する

[Save]を押す

写真27 保存した水平/垂直軸の設定を呼び出す…[Save/Recall] ボタン [Load] を選択する

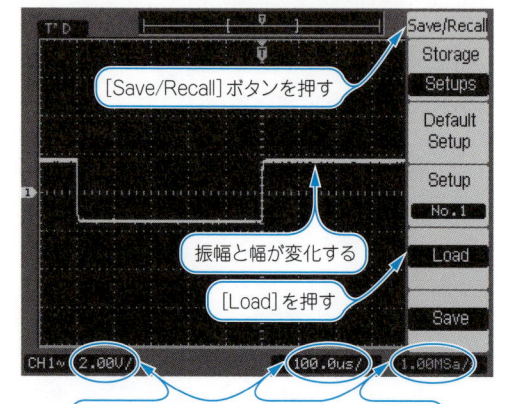

[Save/Recall]ボタンを押す

振幅と幅が変化する

[Load]を押す

メモリのNo.1に保存した設定が呼び出される

　水平軸と垂直軸など，オシロスコープの動作条件を保存することもできます．**写真23** に示すように，CAL信号を入力して [Auto-Scale] ボタンを押します．次に **写真24** のように，スケールをいったん変更します．

　[Save/Recall]ボタンを押して，**写真25** のように，[Storage/Setups]を選択します．[Save]を押すと設定の保存が実行されます．ここで，故意にスケールを変更します．**写真26** に示すように，[Auto-Scale] ボタンを押してください．

　先ほどの設定を呼び出します．[Save/Recall] と [Load] を押します．

　写真27 のように，先ほどの設定条件が呼び出され，波形のスケールが変更されます．この設定条件は，電源を切っても失われません．

4-5 入力信号の電圧振幅の読み取り方

目盛りと垂直軸感度，そしてプローブの設定で決まる

1 交流信号の振幅を読み取る

図1 2種類の交流信号

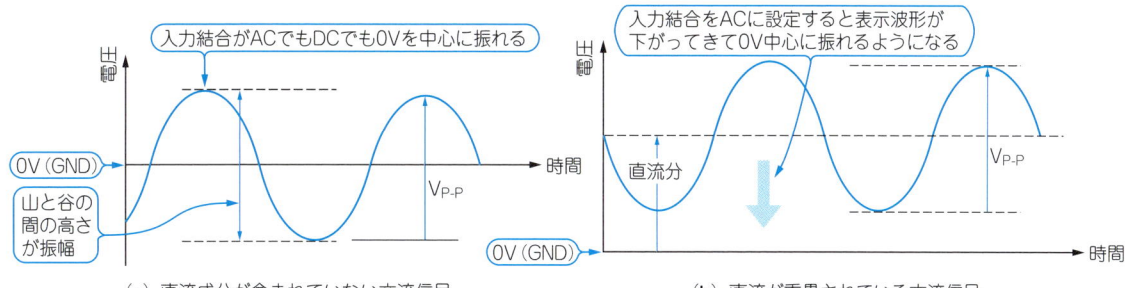

(a) 直流成分が含まれていない交流信号
(b) 直流が重畳されている交流信号

図2 波形はディスプレイ一杯になるように大きく表示させるのが基本

図1(a) に示すのは，0Vを中心に振れる正弦波信号です．交流信号の中には，**図1(b)** のように直流分が重畳しているものもあります．ここでは，これらの交流信号の振幅値を測定する方法を紹介します．

ここでいう振幅値とは，ピーク・ツー・ピーク，つまり正の尖頭値と負の尖頭値の差分です．測定手順は次のとおりです．

[手順1] 入力結合を [AC] にすると，**図1(b)** の直流分がカットされて，**図1(a)** のような波形になります．

[手順2] **図2** のように，垂直軸レンジを変更して，波形ができるだけ画面いっぱいになるように調整します．

図2 を細かく見てみると，ピーク・ツー・ピーク値は，$2.8V_{P-P}(=2×\sqrt{2}×1)$ です．

垂直軸のフルスケール(8div.)を目いっぱい使って表示するためには，1div.当たり0.35V(2.8/8)に設定します．**図2** では，0.5V/div.に設定されています．

[手順3] トリガを設定します．

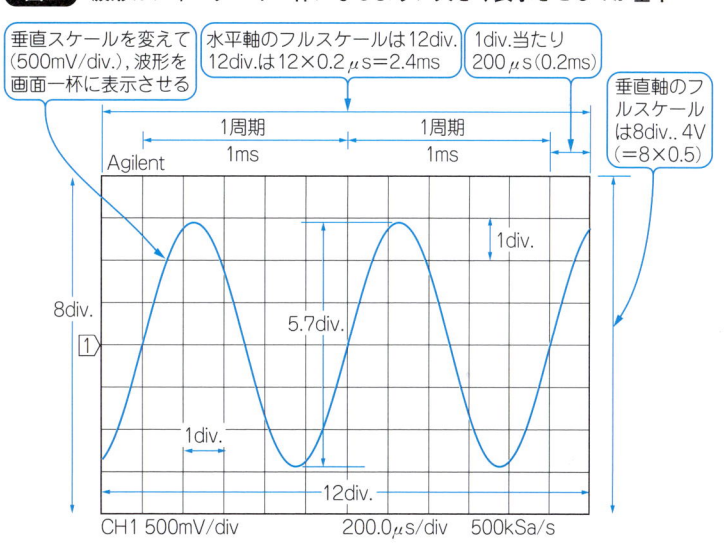

- 掃引(Sweep)：AUTO
- トリガ・カップリング：DC
- トリガ・ポイント：エッジ/立ち上がり

とします．トリガ・レベルは，波形の電圧範囲であれば任意に設定してかまいませんが，通常は50%とします．

[手順4] 掃引時間を設定します．

図2 では1周期分の波形を二つほど表示させました．

1kHzの正弦波の周期は1ms(=1/1000sec)です．2周期では2msです．12div.に2周期分をぴったり表示するには，0.17ms/div.とするべきですが，**図2** では200μs/div.(=0.2ms/div.)としています．

[手順5] **図2** の表示波形の垂直方向の長さを読み取ります．ピーク・ツー・ピーク電圧 V_x は，

$V_x = $ 垂直軸感度 × 垂直方向の長さ

で求まります．垂直軸感度が0.5V/div.で，振幅を5.7div.と読み取った場合は，

$V_x = 0.5 × 5.7 = 2.85V_{P-P}$

と求まります．

2 演習…正弦波の振幅を求める

10：1のプローブを使用して，実際の信号の振幅を求めてみます．

オシロスコープのプローブ減衰率を10：1に，入力結合を[AC]にします．垂直スケールを0.2V／div.とします．掃引は[AUTO]，トリガは[Edge (50％)]とします．水平スケールを0.2ms/div.に設定して，2周期分表示させます．

写真28から波形の垂直方向の長さは，4.4div.と読み取れます．したがって振幅（ピーク・ツー・ピーク）は，

0.2V/div.×4.4div.＝0.88V$_{P-P}$

となります．

10：1プローブを使用している場合は，表示波形から読み取った値に倍率（×10）を掛けます．オシロスコープによっては，プローブの減衰率（10：1，1：

写真28 ディスプレイの目盛りを頼りに信号の電圧振幅を求める

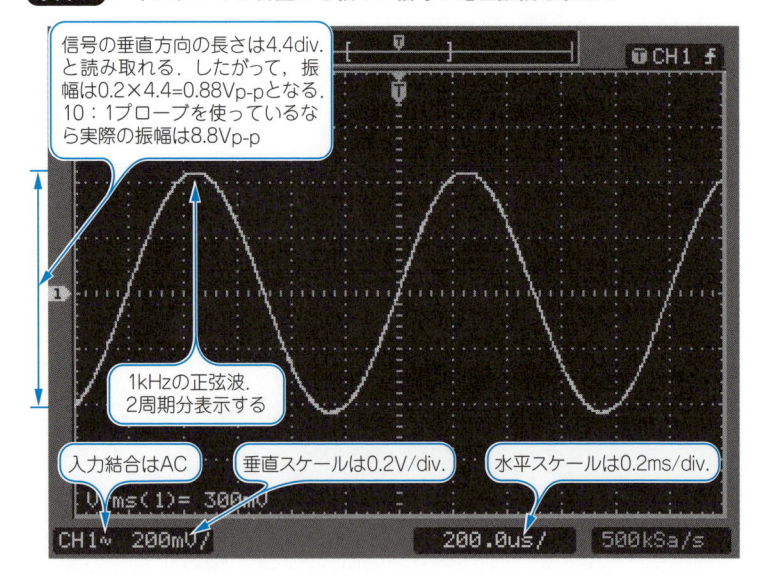

- 信号の垂直方向の長さは4.4div.と読み取れる．したがって，振幅は0.2×4.4=0.88Vp-pとなる．10：1プローブを使っているなら実際の振幅は8.8Vp-p
- 1kHzの正弦波．2周期分表示する
- 入力結合はAC
- 垂直スケールは0.2V/div.
- 水平スケールは0.2ms/div.

1など）を自動的に認識して，垂直ゲインを切り換えます．このような場合は，前述のような換算は不要です．

波形の振幅を読み取る際は，使用しているプローブの仕様や設定，オシロスコープの減衰率をつねに確認しておかなければなりません．面倒だと思われるでしょうが，実際のところこの確認の怠りによる測定ミスが一番多いのです．

オシロスコープの設定を工場出荷時に戻す　column

写真A オシロスコープの設定を初期状態に戻す① …[Save/Recall]-[Setups]を押す

- オシロスコープを工場出荷時の設定に戻すには，[Save/Recall]ボタンを押す
- [Waveforms]ではなく[Setups]を選ぶ

写真B オシロスコープの設定を初期状態に戻す② …[Default Setup]を選ぶと水平軸は1μs/div.に，垂直軸は1V/div.になる

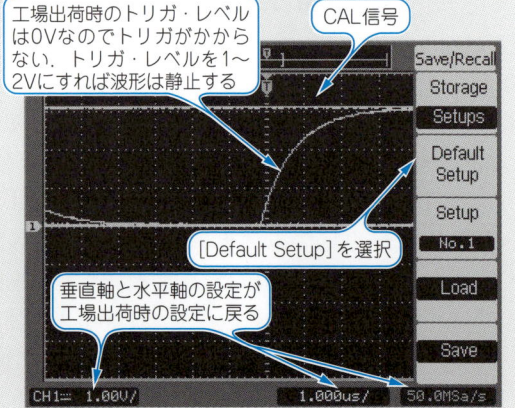

- 工場出荷時のトリガ・レベルは0Vなのでトリガがかからない．トリガ・レベルを1～2Vにすれば波形は静止する
- CAL信号
- [Default Setup]を選択
- 垂直軸と水平軸の設定が工場出荷時の設定に戻る

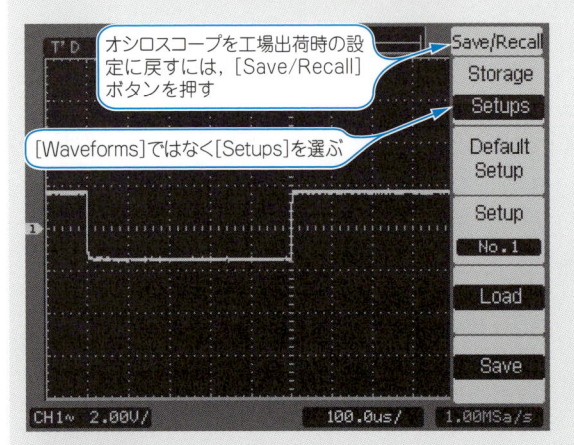

写真Aに示すように，オシロスコープを工場出荷時の設定に戻すには，[Save/Recall]を押します．

写真Bのように，メニューをセットアップ保存状態[Storage/Setups]にして，[Default Setup]を選びます．

垂直軸感度は1V/div.，水平スケールは1μs/div.になります．これ以外の項目も工場出荷時の値に戻ります．

3 直流分を含む交流信号の振幅を測定する

写真29 ピーク電圧，交流分の振幅，直流電圧を求める

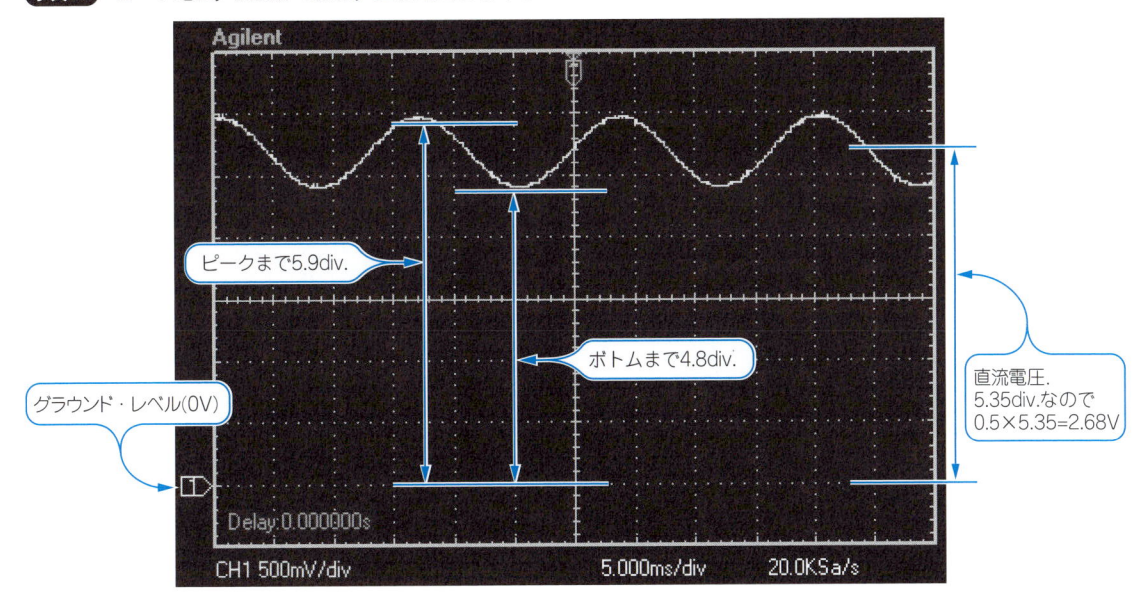

（画面内の注釈）
- ピークまで5.9div.
- ボトムまで4.8div.
- グラウンド・レベル(0V)
- 直流電圧. 5.35div.なので 0.5×5.35=2.68V
- Delay:0.000000s
- CH1 500mV/div　5.000ms/div　20.0KSa/s

● 手順

図3に示すように，直流分を含む交流信号の振幅は次のように測定します．

① 入力結合を［GND］にします．

② 垂直感度を調整します．交流電圧を含んでいる場合は，次式で最大電圧を求めます．

　最大電圧
　＝直流電圧＋$\sqrt{2}$×交流電圧

③ トリガを［AUTO］に設定しフリーラン状態にします．トリガ結合は［DC］に設定し，検出タイプはエッジ・トリガ/立ち上がりに設定します．

④ GND位置を画面の最下部か，その1div.上に移動させます．

⑤ 信号の直流電圧付近にトリガ・レベルを設定します．

⑥ 入力結合を［DC］にします．

⑦ 次に示す垂直方向の長さを読み取ります．

図3 直流分を含む交流信号の三つの振幅

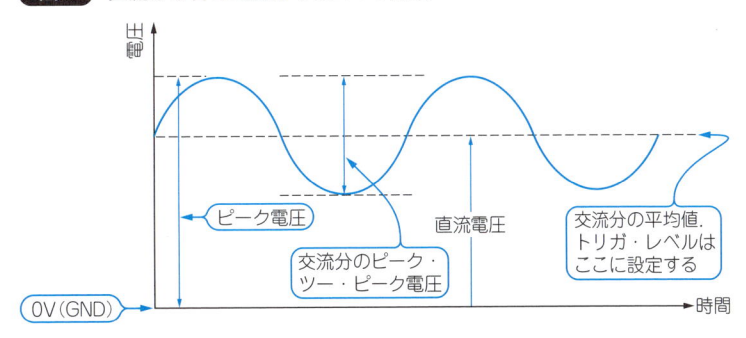

（図中の注釈）
- 出力電圧
- ピーク電圧
- 交流分のピーク・ツー・ピーク電圧
- 直流電圧
- 交流分の平均値．トリガ・レベルはここに設定する
- 0V(GND)
- 時間

(a) ピーク電圧：0V(GND)と交流波形の上端までの長さ

(b) 交流分のピーク・ツー・ピーク電圧(V_{p-p})：交流分の振幅

(c) 直流電圧：0V(GND)から交流分の平均値までの長さ

(a)～(c)の各電圧は，
垂直軸感度×垂直方向の長さ×プローブの倍率
で求まります．

● 実際に求めてみる

写真29に示す信号の直流電圧を求めてみましょう．

GND(0V)レベルは，①のマークで示されています．この位置から波形ピークまでの長さは5.9div.，ボトムまでは4.8div.です．正弦波の平均値は振幅の1/2ですから，平均値までの長さは，

　4.8+(5.9 − 4.8)/2 = 5.35div.

となります．

垂直スケールは画面左下に500mV/div.と表示されています．直流電圧は次のように計算できます．

　0.5V/div.× 5.35div.= 2.68V

4-5 入力信号の電圧振幅の読み取り方

4-6 信号の周波数を求める
周期を読み取り逆数を取る

1 周波数とは1秒間に繰り返される波の数

図4 周期とは

（単位波）
（1秒間に単位波が f 個現れる信号の周波数は f [Hz]）

横軸：時間、縦軸：レベル
目盛：0, T, $2T$, $3T$, $4T$, …, $(f-2)T$, $(f-1)T$, fT

周期：単位波形の繰り返し時間を周期という．一般に T で表す
全体：1sec

表2 周波数と周期は逆数

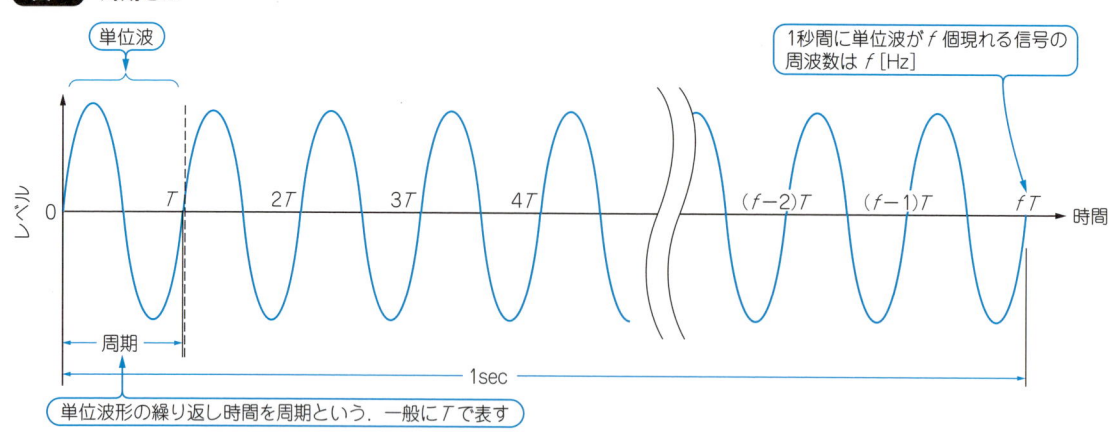

（テラ・ヘルツと読む）　　　（ピコ・セックと読む）

周波数	周期
1THz（10^{12}Hz）	1ps（10^{-12}s）
1GHz（10^{9}Hz）	1ns（10^{-9}s）
1MHz（10^{6}Hz）	1μs（10^{-6}s）
1kHz（10^{3}Hz）	1ms（10^{-3}s）
1Hz（10^{0}Hz）	1s（10^{0}s）

図4 に示すのは，同じ波形が繰り返される交流信号です．このような信号を周期信号と呼びます．

周期とは，周期信号を構成する単位波が現れるのに要する時間で，一般に T [sec] で表します．

1秒間に単位波の数が f 個ある場合，この周期信号の周波数は f [Hz] であるといいます．周波数とは，1秒間に繰り返される単位波の数です．

図4 のように，1秒間で f 個ちょうどにならないこともあります．この場合は53.25Hzのように小数で表します．

図4 から，
　$fT = 1$秒
となります．したがって，

$$f = \frac{1}{T}$$

つまり周波数と周期は逆数の関係にあります．

周波数と周期の関係を **表2** に示します．

オシロスコープでコンセントの100Vを観測するのは危険　　column

　AC100Vのコンセントの片側は大地に接地されています．一方，オシロスコープの筐体も大地に接地されている場合があります．

　オシロスコープのグラウンド端子をAC100Vの非接地側（ホット側）に接続すると，オシロスコープのグラウンド端子に大きな電流が流れ込んで，オシロスコープが故障する可能性があります．

　コンセントの100Vの波形を観測するときは，差動プローブや高電圧プローブを使います．この場合でも，プローブとオシロスコープの耐圧は確認しなければなりません．

2 表示波形から周期を読み取る

図5 交流信号の周期を読み取る

周期は波形のピークを頼りに測定すると識別しやすい．1波長の長さが読み取り易くなるように水平移動する

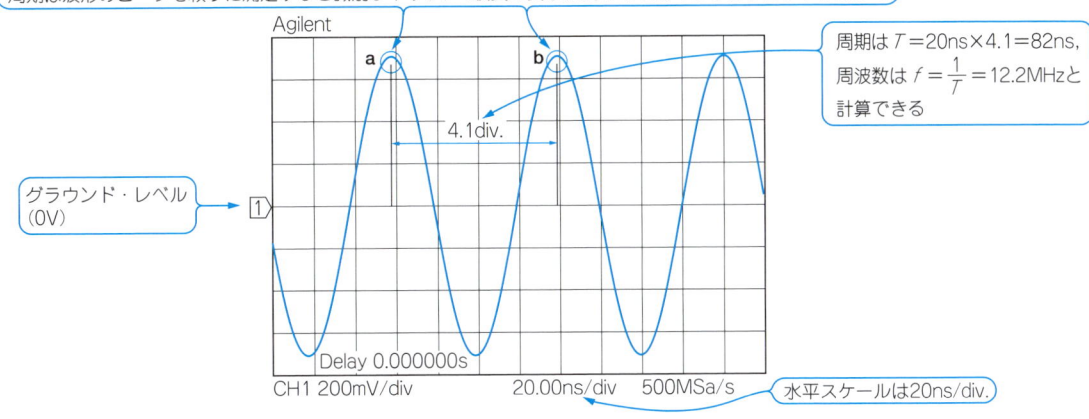

周期は $T=20\text{ns}\times4.1=82\text{ns}$，周波数は $f=\dfrac{1}{T}=12.2\text{MHz}$ と計算できる

水平スケールは20ns/div.

● 手順

周波数は周期の逆数ですから，周期を求めれば周波数を知ることができます．周期は次の手順で測定します．

① 入力結合を［AC］とします．
② トリガ結合を［AC］に，トリガ検出部をエッジ／立ち上がりに，トリガ・レベルを波形中央に設定します．
③ 垂直レンジと水平レンジを波形に応じて調整します．
④ 波形の2点間の距離をdiv.単位で読み取ります．2点間の時間は，

水平スケール×2点間の距離

で求めることができます．

● 測定例

図5の交流信号の周期を求めてみましょう．波形の1周期が識別しやすい点aと点bを選びます．点aと点bの長さは4.1div.です．

水平レンジは，画面下部の表示から20ns/div.です．

周期 T は，

$$T = 20 \times 4.1 = 82\text{ns}$$

となります．周波数 f は，

$$f = \frac{1}{T} = \frac{1}{82\times10^{-9}} = 12.2\text{MHz}$$

となります．最大値aとbが目盛りの適当な位置にないときは，波形の位置を水平方向に移動させて，切りのよいところを探します．

アナログ・オシロスコープの波形表示のしくみ　column

図Aに示すのは，アナログ・オシロスコープのディスプレイのしくみです．

ブラウン管の水平偏向板にはのこぎり波信号を増幅した信号が，垂直偏向板には入力信号を増幅した信号が加えられています．電子銃から発射された電子ビームは，これらの偏向板の電界の影響で進行方向が曲げられます．水平偏向板は，のこぎり波の電圧の変化に合わせて，電子ビームを右方向に曲げます．垂直偏向板は，入力信号の電圧の変化に合わせて電子ビームを垂直方向に曲げます．電子ビームが蛍光面に達して，当たった部分が発光します．

このようなしくみで，ディスプレイに入力信号の波形が描き出されます．

図A アナログ・オシロスコープのディスプレイのしくみ

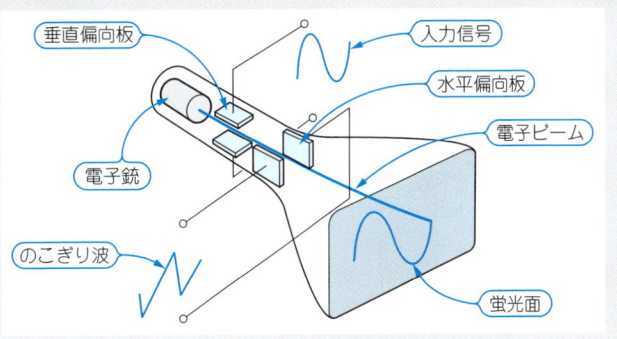

4-7 カーソルの使い方
波形の電圧値や時間の測定を補助してくれる

1 カーソルを使った波形パラメータの測定

　グリッドや目盛りを頼りにしても，目視で読み取れる精度には限界があります．このようなとき補助をしてくれるのが「カーソル」です．

　カーソルは，波形に当てがう定規のようなものです．ディスプレイには，カーソルが位置する場所の電圧や時間が表示されるので，グリッドや目盛りを読み取る必要はありません．

　カーソルを呼び出すには，**写真30**のようにフロント・パネルの［Cursors］ボタンを押します．カーソル測定モードは次の3通りあります．

(1) 手動
(2) トラッキング
(3) 自動

　手動［Manual］モードでは，画面に二つの平行なカーソルが表示されます．カーソルを動かして，波形の電圧または時間を測定します．カーソル値は，画面上部のボックスに表示されます．カーソル関係のメニューを**表3**に示します．

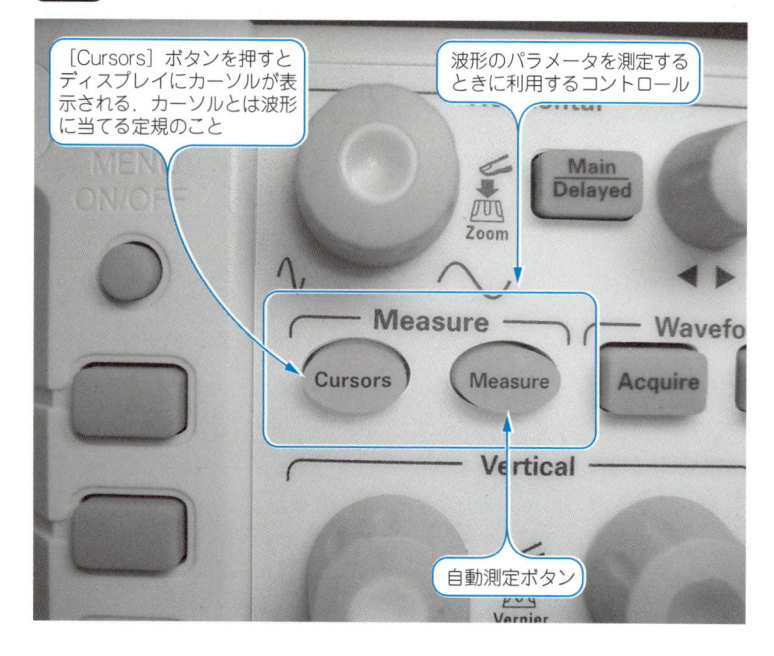

写真30 振幅や周期を読み取る機能を呼び出すボタン

- ［Cursors］ボタンを押すとディスプレイにカーソルが表示される．カーソルとは波形に当てる定規のこと
- 波形のパラメータを測定するときに利用するコントロール
- 自動測定ボタン

表3 カーソル・モードで利用できる機能一覧

カーソル・メニュー	アイコン	意味	詳細	
モード(Mode)	Mode Manual	手動(Manual)	カーソル測定を手動モードにする	
	Mode Track	トラッキング	カーソル測定をトラッキング・モードにする	十字カーソルが現れて波形に沿って移動する
	Mode Auto meas	自動測定	カーソル測定を自動測定モードにする	カーソルが表示され自動測定が行われる
	Mode OFF	オフ	カーソルを表示しない	
タイプ(Type)	Type Time	電圧(Voltage)	カーソルを電圧パラメータの測定に使用する(上下に移動)	
	Type Time	時間(Time)	カーソルを時間パラメータの測定に使用する(左右に移動)	
信号源(Source)	Source CH1	チャネル1(CH-1)	測定波形ソースをCH-1に設定する	
	Source CH2	チャネル2(CH-2)	測定波形ソースをCH-2に設定する	
	Source MATH	Math	測定波形ソースをMathに設定する	
カーソル移動(Cursor)	CurA	カーソルAノブ有効	入力ノブを回してカーソルAを移動	入力ノブを回してカーソルを移動させる
	CurB	カーソルBノブ有効	入力ノブを回してカーソルBを移動	

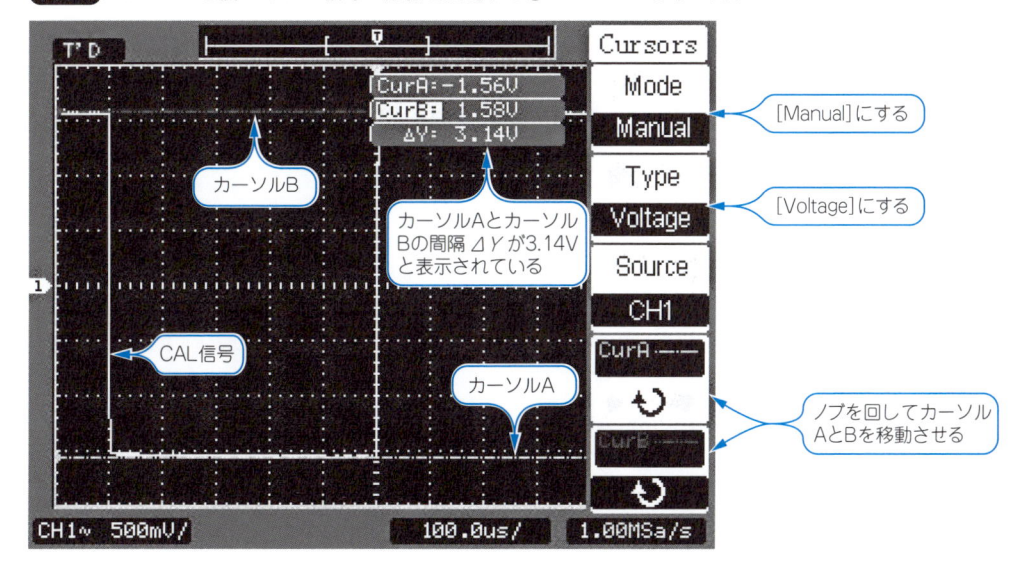

2 演習…カーソルを使ってCAL信号の振幅と周期を測定する

波形測定の際は，読み取り精度を上げるため，**写真31**のように水平軸のスケールを調整して，表示される波形の数を最小にします．

● 振幅の測定

フロント・パネルの[Cursors]ボタンを押します．現れる画面で次のように設定します．

- モード[Mode]：マニュアル(Manual)
- タイプ[Type]：電圧[Voltage]
- 信号源[Source]：CH-1

に設定します．

カーソルAのノブを回してカーソルAを波形の下端に移動させます．

次に**写真32**のようにカーソルBのノブを選択して，カーソルBを波形の上端に移動させます．すると画面の右上のボックスに，

- カーソルAの電圧値(−1.56V)
- カーソルBの電圧値(1.58V)

写真31 カーソルを使ってCAL信号の振幅を測定する①…CAL信号を表示させてディスプレイ一杯に広げる

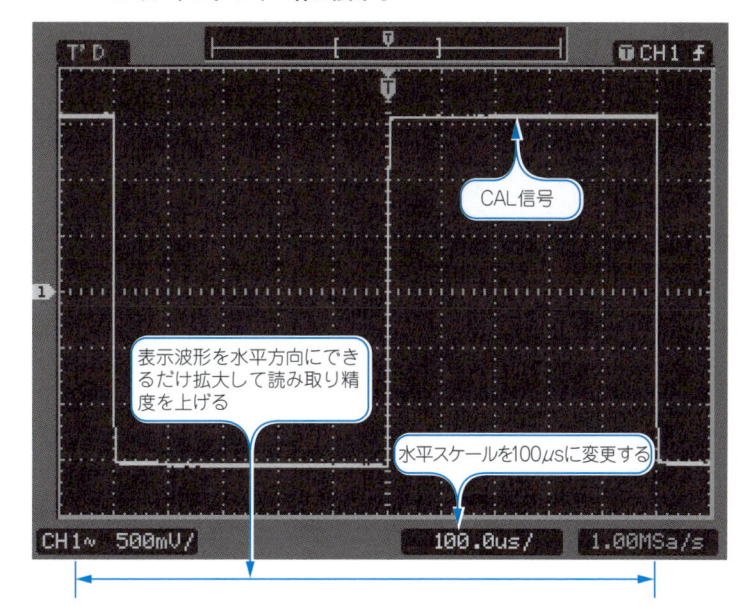

- カーソルBとカーソルAの差の電圧値(ΔY = Cur_B − Cur_A)

が表示されます．このΔYを読むことで，CAL信号の振幅を読み取ることができます．ここでは，ΔY = 3.14Vと表示されています．

● 周期の測定

タイプ[Type]を時間[Time]に変更します．

写真33に示すようにノブを回してカーソルAを波形の立ち下がりエッジに移動させます．続けてカーソルBを隣りの立ち下がりエッジに移動させたいのですが，メニューで隠されています．フロント・パネルの[MENU ON/OFF]ボタンを

写真32 カーソルを使ってCAL信号の振幅を測定する②…カーソルを呼び出す

写真33 カーソルを使ってCAL信号の周期を測定する①…カーソルAを立ち下がり部に当てる

- タイプを [Time] とする
- ノブを回して波形の立ち下がりエッジ部にカーソルAを重ねる

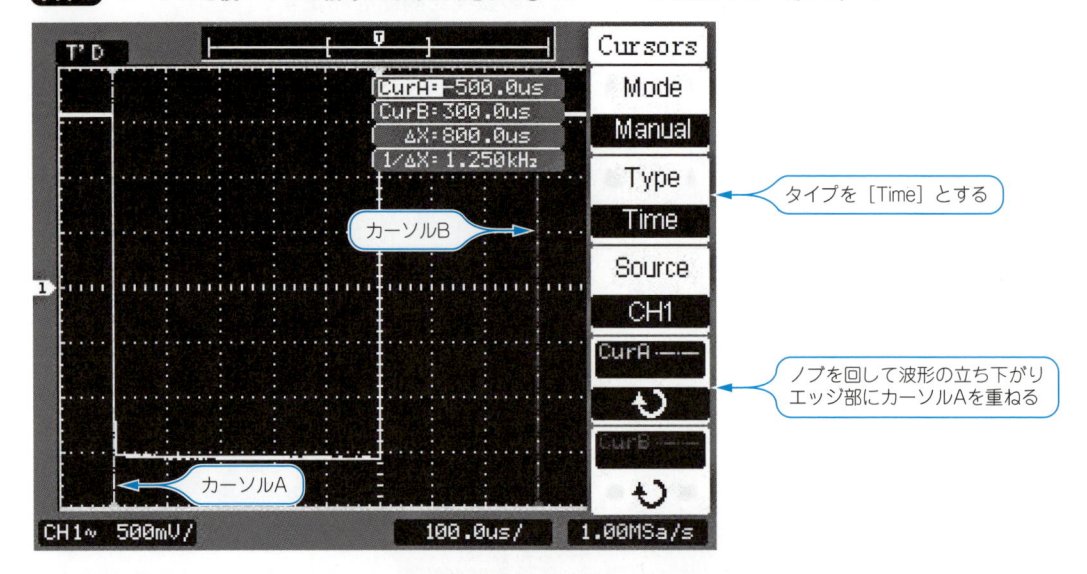

押すと，**写真34**のようにメニューが消えます．

この状態でカーソルBを波形の立ち下がりエッジ部に重ねます．右上のボックスを見ると，

- カーソルAが－500.0 μs
- カーソルBが496.0 μs
- ΔX = 996.0 μs

と表示されています．ΔXが，カーソルBの値とカーソルAの値の差分です．

その下にあるのは周期の逆数である周波数（$1/\Delta X$ = 1.004 kHz）です．

写真34 カーソルを使ってCAL信号の周期を測定する②…カーソルBを一つ隣りの波形の立ち下がり部に当てる

カーソルAの位置は－500μs，カーソルBの位置は496μs．周期$\Delta X = B - A$ = 996μs，周波数 $1/\Delta X$ = 1.004kHz

カーソルB．ノブを回して波形の立ち下がりエッジに一致させる

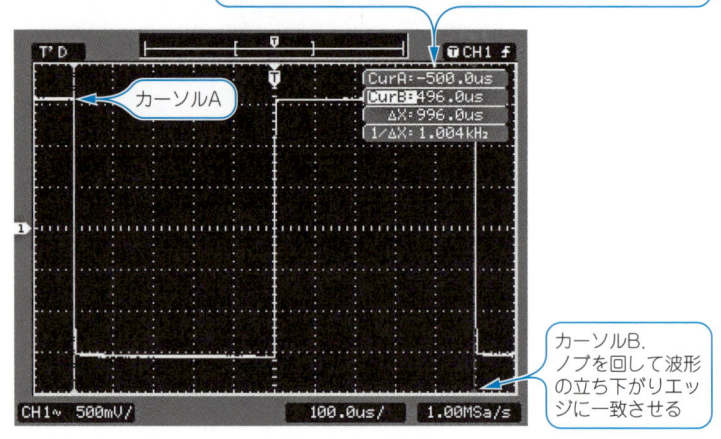

オシロスコープの入力回路 column

オシロスコープは，入力部にある減衰器でいったんレベルを減衰させています．減衰器は，抵抗とコンデンサで構成されています．

この減衰器が垂直軸の感度切り替えに利用されています．

減衰器の後段には増幅器があり，A-D変換に必要なレベルに信号の振幅を大きくします．

図B カップリングと垂直ゲインの切り替え回路がある

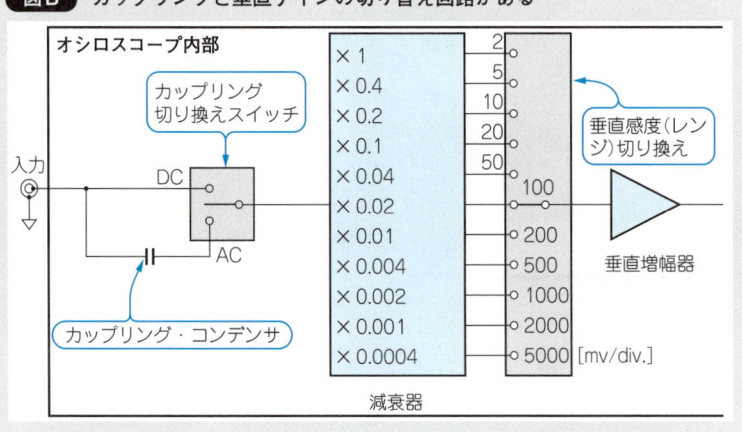

- オシロスコープ内部
- カップリング切り換えスイッチ
- カップリング・コンデンサ
- 垂直感度（レンジ）切り換え
- 垂直増幅器
- 減衰器

第4章　ディジタル・オシロスコープの基本操作

3 演習…CAL信号の立ち上がり時間を測定する

写真35 カーソルを使ってCAL信号の立ち上がり時間を測定する①…CAL信号を表示させる

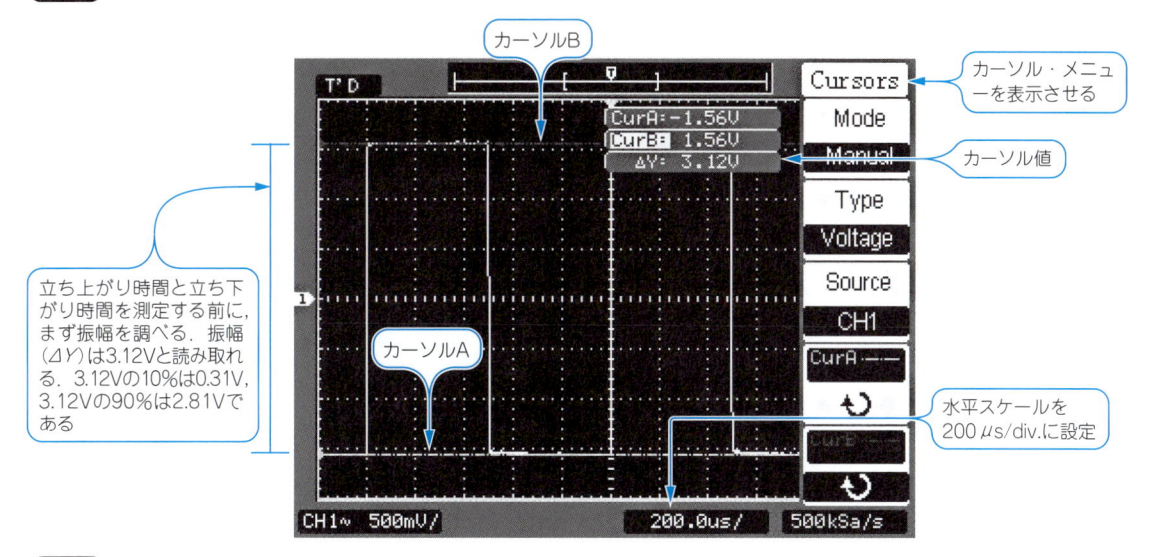

- カーソルB
- CurA:-1.56V
- CurB: 1.56V
- ΔY: 3.12V
- Cursors
- Mode
- Manual
- Type
- Voltage
- Source
- CH1
- CurA
- カーソル・メニューを表示させる
- カーソル値
- カーソルA
- 水平スケールを200μs/div.に設定
- 立ち上がり時間と立ち下がり時間を測定する前に，まず振幅を調べる．振幅（ΔY）は3.12Vと読み取れる．3.12Vの10%は0.31V，3.12Vの90%は2.81Vである
- CH1〜 500mV/ 200.0us/ 500kSa/s

写真36 カーソルを使ってCAL信号の立ち上がり時間を測定する②…振幅の10%の部分にカーソルAを置く

- CAL信号の立ち上がりエッジを拡大
- A->X: -680.0ns
- A->Y: -1.56V
- B->X: -580.0ns
- B->Y: -1.24V
- ΔX: 100.0ns
- 1/ΔX: 10.00MHz
- ΔY: 320mV
- Cursors
- Mode / Track
- Cursor A / CH1
- Cursor B / CH1
- CurA
- [Track]を選択する
- カーソルAとBをCH-1に割り当てる
- カーソルBの十字点．振幅の10%のポイント（ΔY≒0.31V）
- カーソルAのクロス点．この点をベースに固定
- ΔY=320mVとなっている．少々の誤差は問題ない
- 水平スケールを500ns/div.とする
- CH1〜 500mV/ 500.0ns/ 100MSa/s

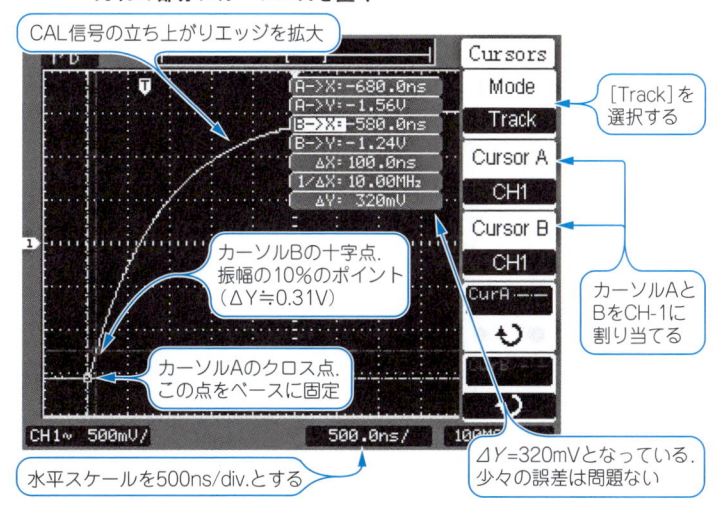

写真37 カーソルを使ってCAL信号の立ち上がり時間を測定する③…振幅の90%の部分にカーソルAを置く

- カーソルAをΔY=2.5Vになるまで移動する．これが90%点
- A->X: 1.580us
- A->Y: 1.28V
- B->X: -580.0ns
- B->Y: -1.22V
- ΔX: -2.160us
- 1/ΔX: 463.0kHz
- ΔY: -2.50V
- Cursors / Mode / Track
- Cursor A / CH1
- Cursor B / CH1
- CurA
- ΔX=-2.160μsと表示されている．立ち上がり時間は約2.2μs
- 十字カーソルが波形に沿って移動する．これをトラッキングするという
- カーソルBは10%点に固定
- カーソルAを選択
- CH1〜 500mV/ 500.0ns/ 100MSa/s

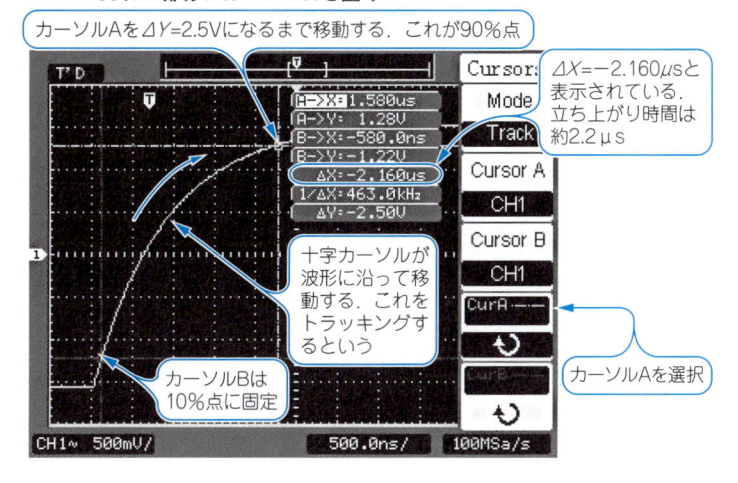

CH-1にCAL信号を入力すると，**写真35**に示す波形が表示されます．

［Cursors］ボタンを押して，カーソル関連のメニューを表示させます．カーソルを使って手動で振幅を測定すると，$ΔY = 3.12V$と読み取れます．

立ち上がり時間は，信号が最大振幅の10%から90%に立ち上がるまでに要する時間です．

10%は$3.12V × 0.1 = 0.31V$です．90%は$3.12V × 0.9 = 2.81V$です．

次に，**写真36**のように立ち上がりエッジ部を拡大します．カーソルAをベースに固定して，$ΔY = 0.31V$になるようにすれば，カーソルBを10%点に固定できます．

次に，カーソルAを波形にトラッキングさせながら，90%点まで移動させます．$ΔY = 2.81 − 0.31 = 2.5V$になるまで移動させます．

この結果，**写真37**に示すよ

4-7 カーソルの使い方

うに，ΔXは$-2.160\ \mu s$と表示されます．つまり，立ち上がり時間は約$2.2\ \mu s$です．

同様にして，写真38のように立ち下がり時間を求めます．立ち下がり時間は約$1.9\ \mu s$でした．

写真38 カーソルを使ってCAL信号の立ち下がり時間を測定する

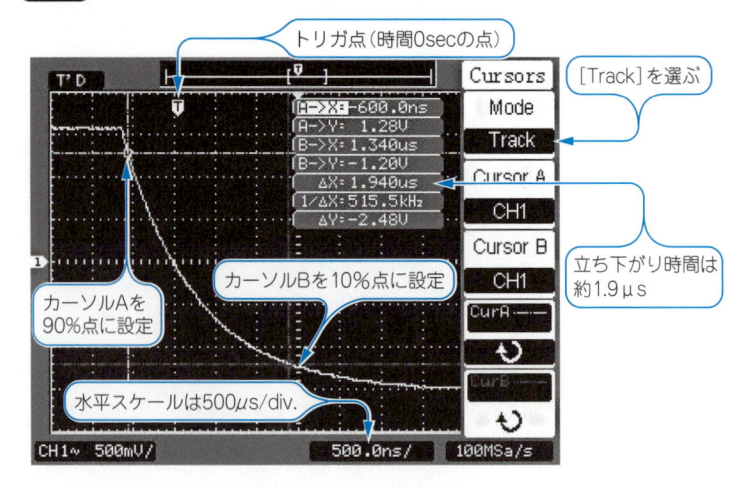

- トリガ点（時間0secの点）
- [Track]を選ぶ
- カーソルBを10%点に設定
- カーソルAを90%点に設定
- 水平スケールは500μs/div.
- 立ち下がり時間は約1.9μs

カーソルを波形に沿って移動させるトラッキング機能 column

カーソルをトラッキング・モードに設定すると，写真Cに示すように，十字状になった二つのカーソルが表示され，ノブを回すとクロスが波形の上をなぞるように移動します．

このように波形の上をトラッキングすることで，波形の任意の点や波形の2点間のレベルや時間を正確に測定できます．トラッキング・モードでのカーソル・メニューを表Aに示します．

写真C カーソルが表示波形の上を移動するように設定できる

- 十字カーソルが表れる
- [Track]モードを選ぶ
- カーソル位置の値
- ノブを回すとカーソルのクロスが波形の上をなぞるように移動する

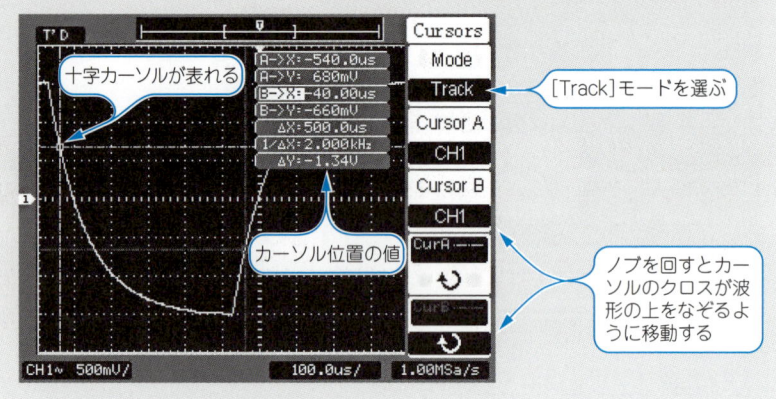

表A トラッキング・モードで利用する機能

カーソルAとカーソルBをそれぞれCH-1とCH-2に別々に割り当てることができる

メニュー	アイコン	意味	詳細
モード (Mode)	Mode / Track	トラッキング・モード	カーソル測定をトラッキング・モードにする
カーソルA (Cursor A)	Cursor A / CH1	チャネル1	CH-1の波形をカーソルAでトラッキングする
	Cursor A / CH2	チャネル2	CH-2の波形をカーソルAでトラッキングする
	Cursor A / None	OFF	カーソルAをOFFにする
カーソルB (Cursor B)	Cursor B / CH1	チャネル1	CH-1の波形をカーソルBでトラッキングする
	Cursor B / CH2	チャネル2	CH-2の波形をカーソルBでトラッキングする
	Cursor B / None	OFF	カーソルBをOFFにする

4 立ち上がり時間と立ち下がり時間を自動測定する

写真39 自動測定機能を利用してCAL信号の立ち上がり時間を測定

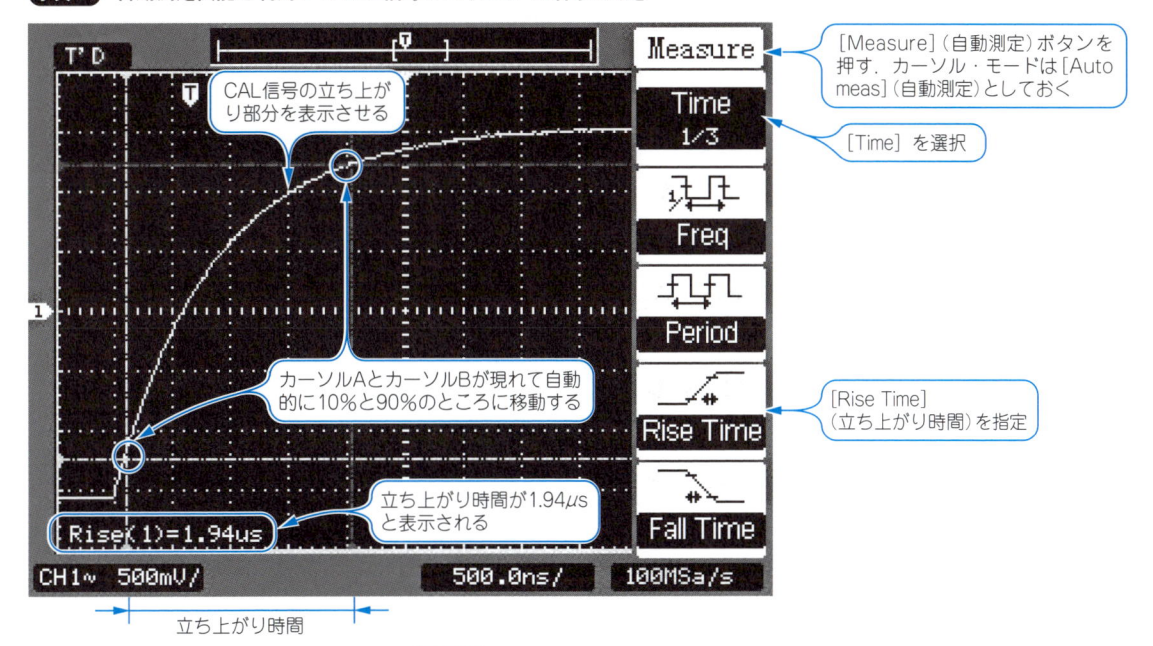

- CAL信号の立ち上がり部分を表示させる
- カーソルAとカーソルBが現れて自動的に10%と90%のところに移動する
- 立ち上がり時間が1.94μsと表示される
- [Measure]（自動測定）ボタンを押す．カーソル・モードは[Auto meas]（自動測定）としておく
- [Time] を選択
- [Rise Time]（立ち上がり時間）を指定

自動測定機能を利用して，③の演習（pp.75～76）と同じ条件で，立ち上がり時間と立ち下がり時間を測定しました．結果を**写真39**と**写真40**に示します．

③の演習と10%ほど差があります．自動測定の結果のほうが真の値に近いことはもちろんです．

自動測定カーソル・モードは，自動測定がONのときだけ有効です．

写真40 自動測定機能を利用してCAL信号の立ち下がり時間を測定

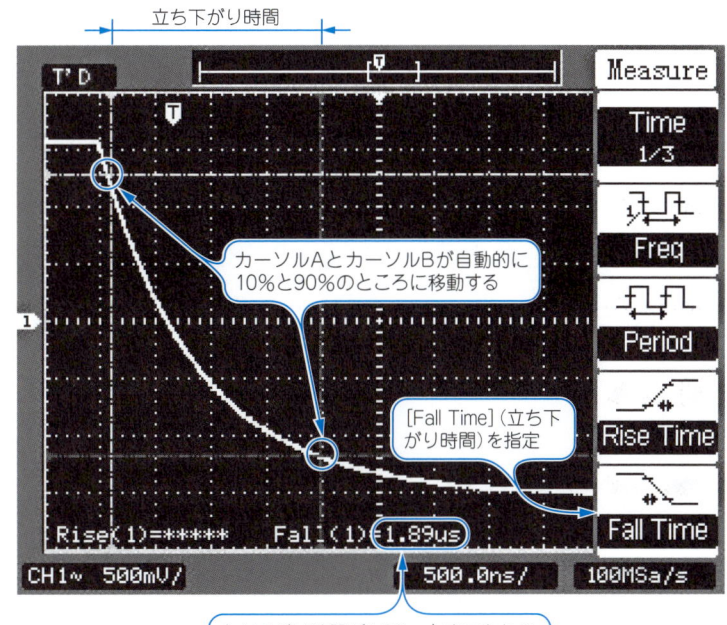

- カーソルAとカーソルBが自動的に10%と90%のところに移動する
- [Fall Time]（立ち下がり時間）を指定
- 立ち下がり時間が1.89μsと表示される

ワンポイントFAQ　　column

● 測定波形にノイズが混入していてきれいに表示されない？

たいていは，プローブのグラウンドの取り方，つまりグランド・リードの接続の仕方が不適切なことが原因です．

接続するグラウンドは，信号源用のグラウンドを選び，しかも信号源にできるだけ近い場所を選びます．

信号レベルが低い場合，具体的にはオシロスコープの垂直レンジが50mV/div.以下の場合は，1：1のプローブを使用します．

4-8 CH-1とCH-2の入力信号を2次元表示する
二つの信号の位相差や周波数比を図形で確認する

1 二つの信号の位相差と振幅比が一目でわかる

図6 X-Yモードで表示されるリサージュ波形のいろいろ

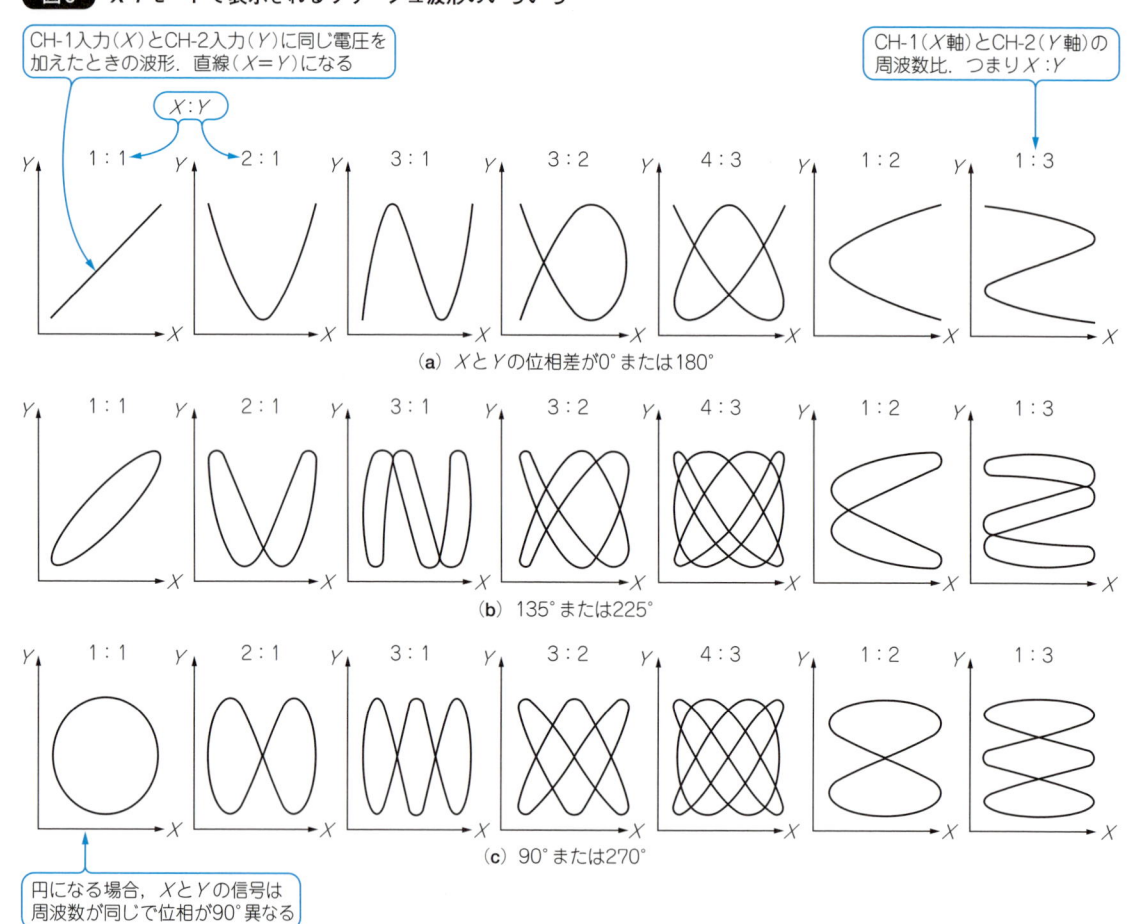

CH-1入力（X）とCH-2入力（Y）に同じ電圧を加えたときの波形．直線（X＝Y）になる

CH-1（X軸）とCH-2（Y軸）の周波数比．つまりX：Y

X：Y

（a）XとYの位相差が0°または180°

（b）135°または225°

（c）90°または270°

円になる場合，XとYの信号は周波数が同じで位相が90°異なる

● X軸を信号でスイープする

これまで説明してきた，オシロスコープの使い方は，Y軸（垂直軸）に電圧を，X軸に時間を表示させる方法です．

オシロスコープは，X軸に時間ではなく，Y軸と同じように電圧を表示させることができます．こうすることで，X-Y座標上に2次元の図形がディスプレイに表示されます．これをリサージュ波形と呼びます．

図6に示すのは，リサージュ波形のいろいろです．同じ信号を加えた場合は，Y＝Xですから，直線が表示されます．

X-Y表示は，X-YモードとかX-Yフォーマットと呼ぶ場合もあります．

CH-1とCH-2に信号を入力したら，X-Y表示モードを選択します．

設定できるサンプリング・レートは，2kS/s～100MS/s程度です．デフォルトのサンプリング・レートは1MS/s程度です．

X-Y表示では，ディジタル・オシロスコープのほとんどの機能が使えなくなります．自動測定，カーソル，マスク・テスト，Ref，Math，遅延掃引，ベクトル表示，水平軸操作，トリガなどは動作しません．

2 リサージュ波形からわかること

図7 位相と位相差

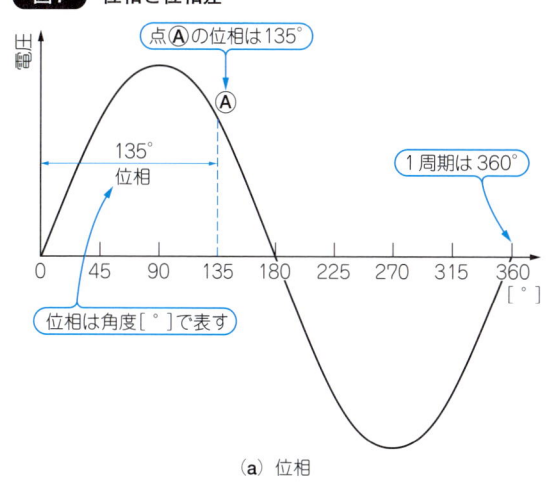

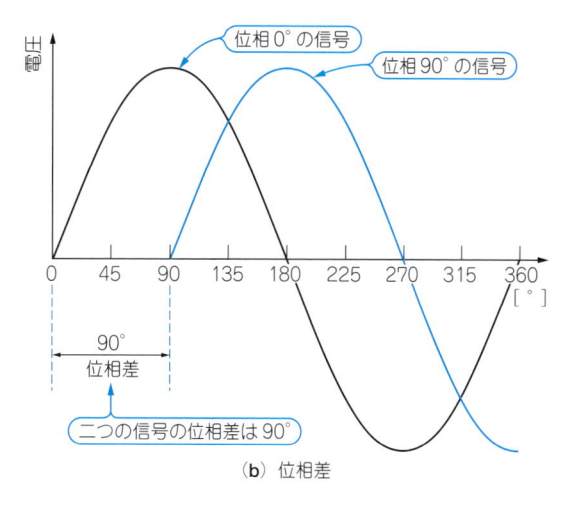

(a) 位相

(b) 位相差

● リサージュ波形の読み方

リサージュ波形は，二つの信号の周波数や位相を比較するときなどに利用できます．

図7(a) のように，波形の任意の点は，1周期を360°としたとき，角度で表現することができます．**図7(b)** のように位相0°と90°の二つの波形があるとき，これら二つの波形の位相差は90°（＝90°－0°）であると言います．

周波数が同じ場合，二つの信号の位相差は，**図8** のように，リサージュ波形で測定できます．

● 測定手順

X-Yモードでの測定手順は次のようになります．

① 入力結合を［AC］とします．CH-1 と CH-2 に比較したい

図8 二つの信号の位相差と X-Y モードで表示されるリサージュ波形の変化

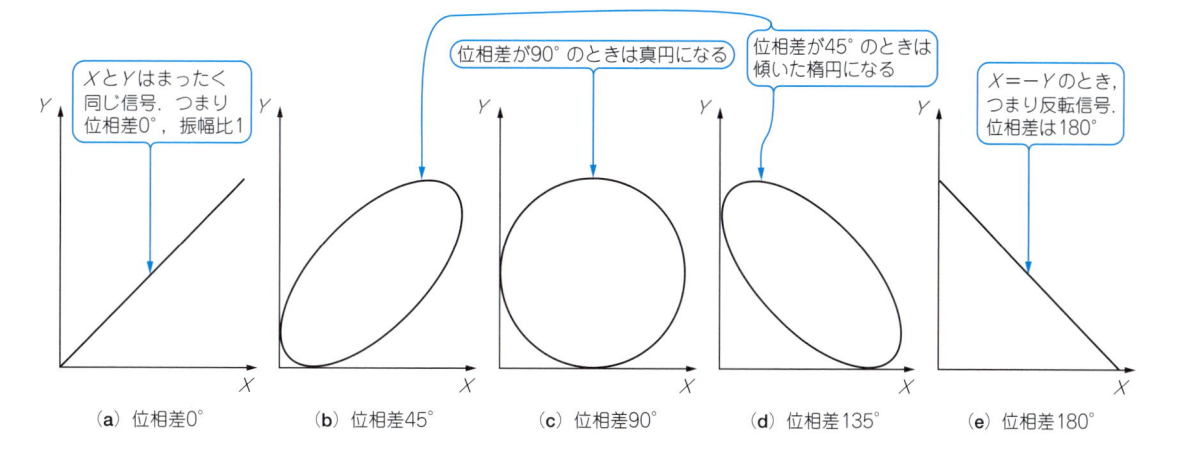

(a) 位相差0°   (b) 位相差45°   (c) 位相差90°   (d) 位相差135°   (e) 位相差180°

ワンポイントFAQ   column

● プローブをBNCケーブルで延長しても良いでしょうか

延長してはいけません．

プローブのケーブルは，通常のBNCケーブルではありません．低容量，高抵抗の特殊なケーブルです．

ケーブルの長いプローブを購入するか，出力インピーダンスが50Ωのアクティブ・プローブでインピーダンス変換して延長します．

図9 リサージュ波形から二つの信号の周波数比がわかる

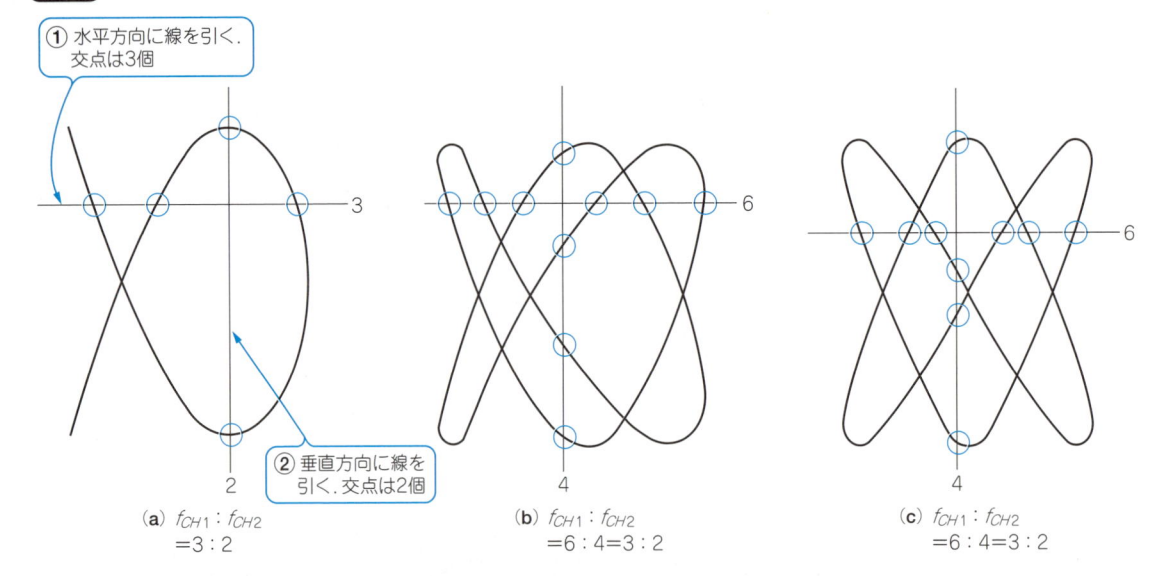

① 水平方向に線を引く．交点は3個

② 垂直方向に線を引く．交点は2個

(a) $f_{CH1} : f_{CH2} = 3 : 2$

(b) $f_{CH1} : f_{CH2} = 6 : 4 = 3 : 2$

(c) $f_{CH1} : f_{CH2} = 6 : 4 = 3 : 2$

二つの信号を入力し，CH-1とCH-2の入力感度を調整して，振幅が等しくなるようにします．

② **写真41**に示すように水平操作メニューの［Main/Delayed］ボタンを押し，［Time Base］を*X-Y*モードに設定します．

③ 画面に現れたリサージュ波形から，二つの信号の周波数と位相の関係を調べます．

二つの信号の周波数比は，**図9**のように，リサージュ波形に水平方向の線を引いたときに交差する点の数と，垂直方向の線を引いたときに交差する点の数の比で求まります．

写真41 *X-Y*モードの設定方法

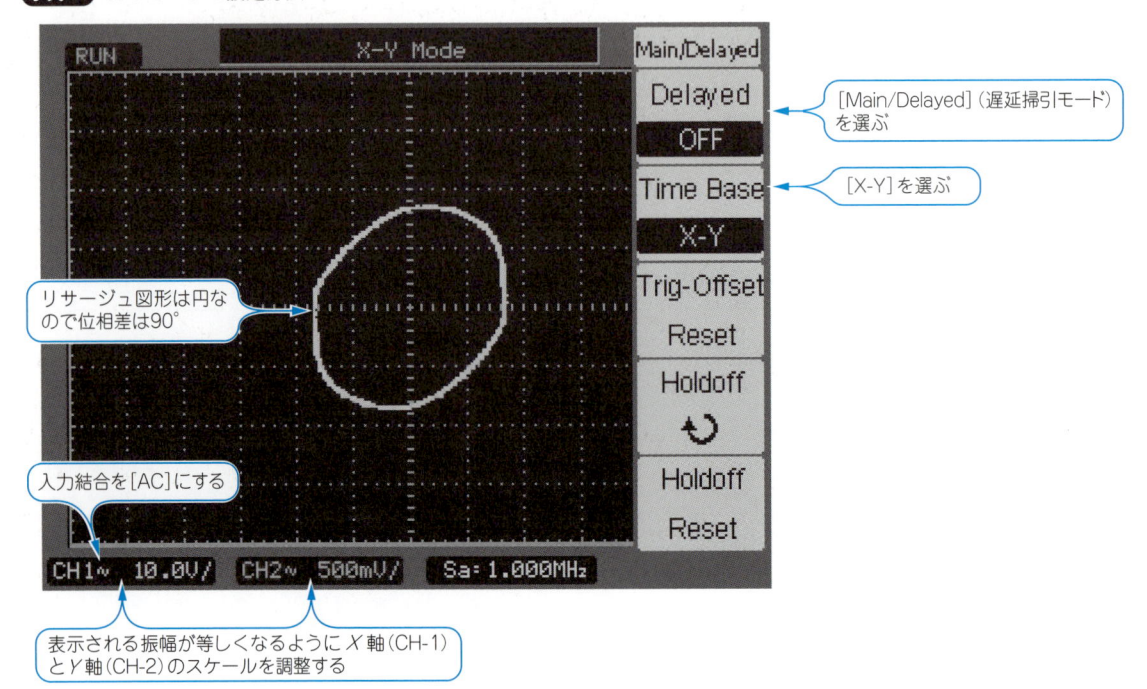

［Main/Delayed］（遅延掃引モード）を選ぶ

［X-Y］を選ぶ

リサージュ図形は円なので位相差は90°

入力結合を［AC］にする

表示される振幅が等しくなるように*X*軸（CH-1）と*Y*軸（CH-2）のスケールを調整する

3 演習…CAL信号をX-Y表示する

写真42 X-Yモードを利用する①…CAL信号をCH-1とCH-2に入力する

- CH-1とCH-2の表示波形の振幅が等しくなるように調整する
- グラウンドは接続しておくほうがノイズが少ない
- CH-1のプローブ
- CH-2のプローブ
- Y（CH-2）垂直軸／X（CH-1）水平軸

写真43 X-Yモードを利用する②…［Main/Delayed］-［X-Y］を選択

- 水平軸の［Main/Delayed］ボタンを押す
- タイムベースを［Y-T］から［X-Y］に切り換える
- 水平位置を画面の中央にリセットする
- CH-1とCH-2の波形が同じ高さになるようにスケールを調整する

写真42 に示すように，CH-1とCH-2にCAL信号を接続します．

CH-1とCH-2が同じ振幅になるように垂直軸感度を調整します．［Auto-Scale］ボタンを押すと簡単に設定できます．

水平軸メニュー・ボタン［Main/Delayed］を押します．

写真43 に示すように，水平軸メニューが表示されたら，タイムベース［Time Base］を［X-Y］に切り替えます．するとX-Yモード画面が表示されます．

CH-1とCH-2はまったく同じ信号なので，写真44 のようにY＝Xの直線が表示されます．

表示のドットが粗いので，ドットの間隔を小さくします．

写真45 のように水平軸スケール・ノブを回してみてください．

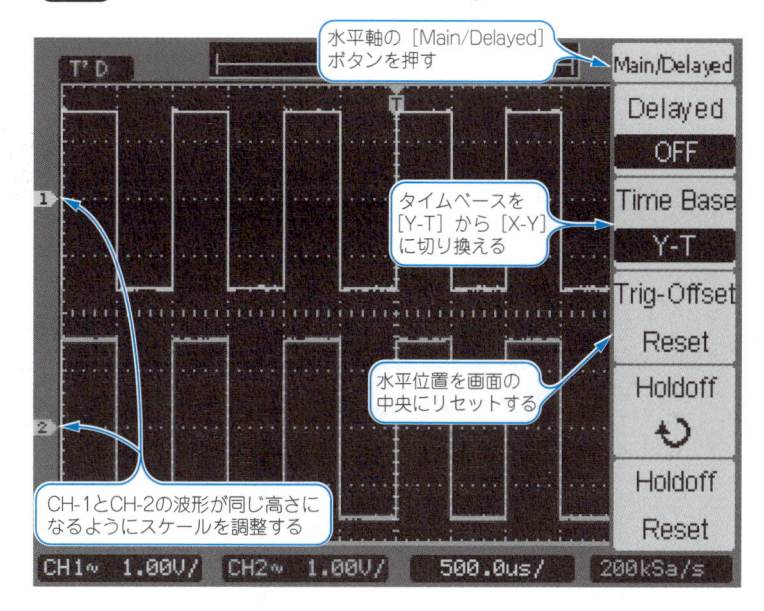

写真46 のようにサンプリング・レートが高くなって，表示波形がなめらかになります．右下のサンプリング・レート表示が変わったことを確認してください．

信号の周波数が高い場合には，サンプリング・レートを上げてもきめ細かい表示になりません．これはこのオシロスコープのサンプリング・レートの限界ですから仕方ありません．

写真44 直線らしきもの($Y=X$)が表示される…表示点がまばらで読み取りにくい

- $Y=X$のリサージュ波形(直線)が表示される．サンプリング・レートが低くドットが粗くなっている
- Main/Delayed
- Delayed OFF
- Time Base
- X-Y
- Trig-offset Reset
- タイムベースを[X-Y]に切り換える
- Holdoff Reset
- サンプリング・レートは1MHz

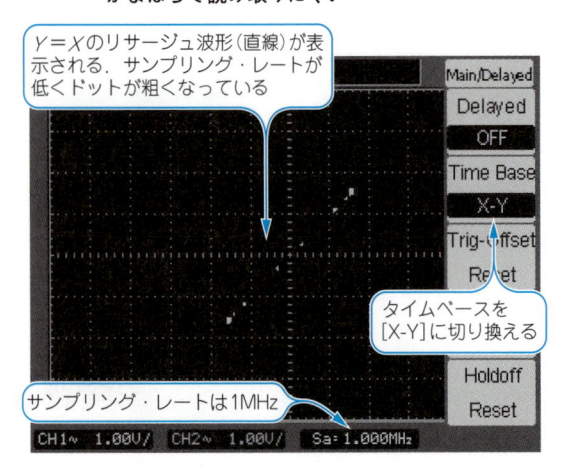

写真46 サンプリング周波数を上げると表示がなめらかになる

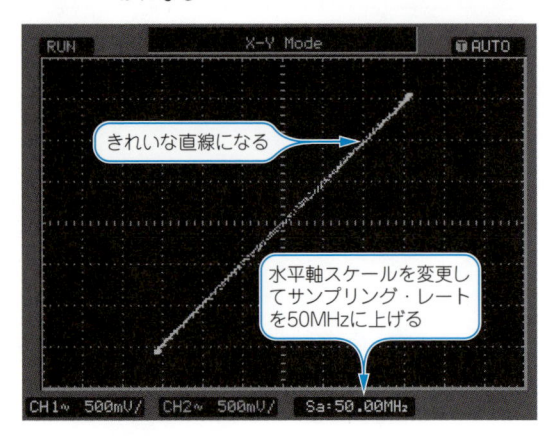

- きれいな直線になる
- 水平軸スケールを変更してサンプリング・レートを50MHzに上げる

写真43のメニューに，[Trig-Offset Reset]がありますが，これは水平位置を画面の中央にリセットするためのものです．

写真45 サンプリング周波数を上げて表示をなめらかにする…水平軸スケール・ノブを回す

- 水平軸スケール・ノブ
- 水平軸関係のコントロール

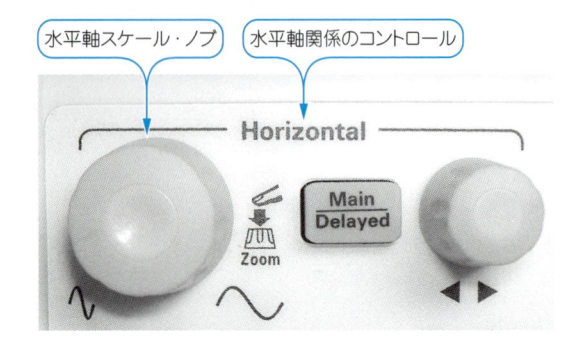

表示波形の上下反転 column

　ビデオ信号のように上下関係に意味がある波形が反転している場合，ディスプレイ上で波形を反転できると便利です．

　反転コントロールは，表示波形をグラウンド・レベルに対して上下反転します．

　波形の表示を反転するときは，[1]ボタンを押します．次に，[Invert]メニュー・キーをONにします．

　写真Dは反転前のコンポジット・ビデオ信号，**写真E**は反転後です．

写真D 正常に表示されているコンポジット・ビデオ信号
- 白100%
- 黒0%
- 同期信号

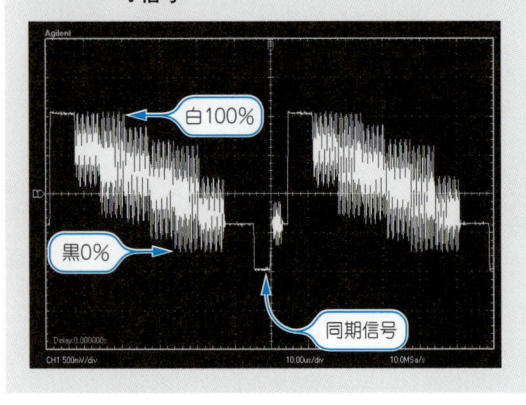

写真E グラウンドを中心に上下を反転して表示したコンポジット・ビデオ信号
- 同期信号
- 黒0%
- 白100%

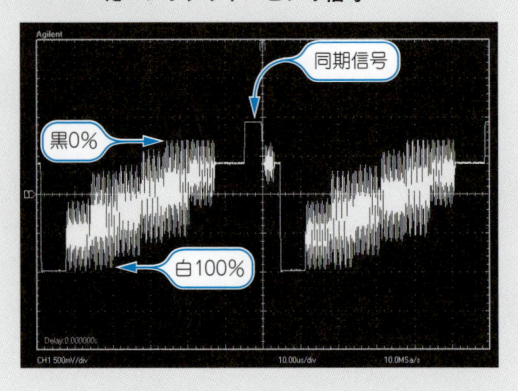

4-9 表示をコントロールする
波形の輝度や色の変更

● 表示ドットを補間する方法や座標軸のON/OFFなど

表示コントロールは，Waveform部の［Display］ボタンで行います．

表4に，表示コントロール用の操作メニューの一覧を示します．波形の表示方だけでなく，目盛り（グリッド）や座標軸の表示/非表示なども設定できます．

表示波形をドット（点）で表すか，ドット同士をつないだベクトルで表すかを選択することができます．例えば，波形のタイプをベクトルにすると，サンプリング点とサンプリング点の間がディジタル補間と呼ばれる機能で結ばれて，なめらかな表示になります．

ディジタル補間は，実時間サンプリングで，水平スケールが20ns以下の場合にもっとも効果があります．等価サンプリング機能を利用して取り込んだ場合は有効ではありません．

● 輝度や表示色の設定

［Display］のメニューには，

写真47 表示の白色と黒色を反転できる

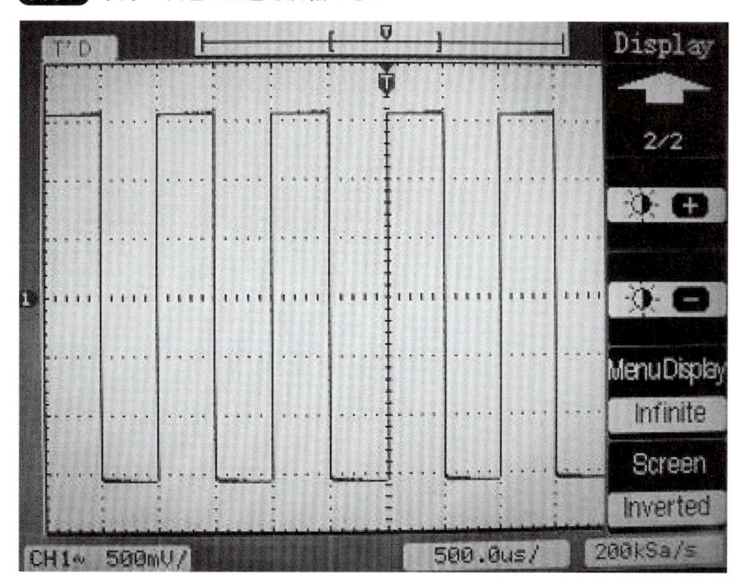

表4のような設定項目があります．

輝度は，液晶表示の明るさを調整する機能です．

波形を表示部いっぱいに広げて見たい場合は，メニュー表示は邪魔です．このような場合は，一定時間経過後，消すことができます．つねに表示しておきたい場合は［Infinite］を選択し

ます．この場合でも，［MENU ON/OFF］ボタンを使えば，メニュー・バーは消えます．

スクリーン設定は，液晶画面の白黒を反転させたいときに使います．反転させると，**写真47**のような表示になります．周囲光の状態によっては，このほうが見やすい場合もあります．

表4 表示に関する操作メニューの一覧

メニュー	アイコン	意味	詳細	
輝度 (Intensity)	☼＋	アップ（＋）	画面表示の輝度を上げる	［Display］（表示）ボタンを押すと表れるメニュー
	☼－	ダウン（－）	画面表示の輝度を下げる	
メニュー表示 (Menu Display)	MenuDisplay 1s	1秒	メニューの表示時間を設定する (1s, 2s, 5s, 10s, 20s)	5secぐらいが使いやすい
	MenuDisplay Infinite	継続	メニューを表示したままにする (MENU ON/OFFスイッチでOFFする)	
スクリーン Screen	Screen Normal	ノーマル	通常の表示色に設定する	黒板調の表示になる
	Screen Inverted	反転	反転表示色に設定する	ホワイト・ボード調の表示になる

徹底図解★ディジタル・オシロスコープ活用ノート

第 **5** 章
内蔵の波形蓄積メモリを操る

表示波形を安定させるトリガのテクニック

5-1 オシロスコープの登竜門
トリガをマスタすれば一人前

図1 トリガ(trigger)はピストルの引き金という意味

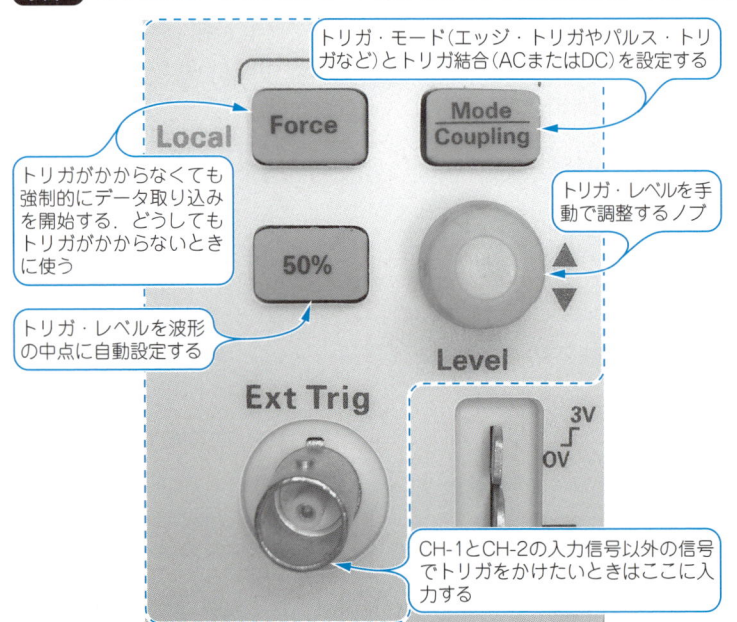

写真1 オシロスコープのフロント・パネルにあるトリガ関係のコントロール部

- トリガ・モード(エッジ・トリガやパルス・トリガなど)とトリガ結合(ACまたはDC)を設定する
- Local
- Force
- Mode Coupling
- トリガがかからなくても強制的にデータ取り込みを開始する．どうしてもトリガがかからないときに使う
- 50%
- トリガ・レベルを手動で調整するノブ
- トリガ・レベルを波形の中点に自動設定する
- Level
- Ext Trig
- CH-1とCH-2の入力信号以外の信号でトリガをかけたいときはここに入力する

　トリガ(trigger)は，ピストルの「引き金」を意味します．
　トリガを検出すると，オシロスコープは表示を開始すると同時に，入力信号波形を取り込みます．トリガをかけることができなければ，波形が表示されない，左右に揺れて止まらない，見たい箇所を画面に映し出せないといったことになります．このような症状に出食わしたときのほとんどの原因はトリガの使い方の誤りです．そのしくみを理解して，意のままにトリガをかけることができるようになれば一人前です．

5-2 トリガ回路のしくみ
オシロスコープの内部でどんな働きをしているのか

1 トリガがかかると波形蓄積メモリから表示メモリに波形データが転送される

図2 ディジタル・オシロスコープの内部ブロック図

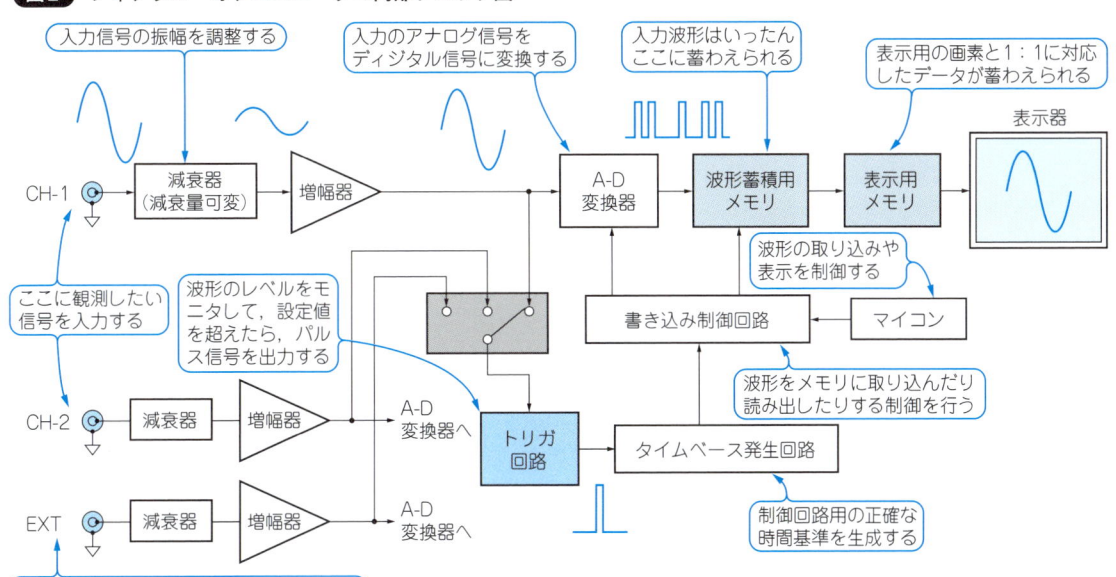

（図中の注記）
- 入力信号の振幅を調整する
- 入力のアナログ信号をディジタル信号に変換する
- 入力波形はいったんここに蓄えられる
- 表示用の画素と1：1に対応したデータが蓄わえられる
- ここに観測したい信号を入力する
- 波形のレベルをモニタして，設定値を超えたら，パルス信号を出力する
- CH-1とCH-2以外の信号でトリガをかけるときはここにその信号を入力する
- 波形の取り込みや表示を制御する
- 波形をメモリに取り込んだり読み出したりする制御を行う
- 制御回路用の正確な時間基準を生成する

（ブロック）CH-1 → 減衰器（減衰量可変）→ 増幅器 → A-D変換器 → 波形蓄積用メモリ → 表示用メモリ → 表示器／CH-2，EXT → 減衰器 → 増幅器 → A-D変換器へ／トリガ回路 → タイムベース発生回路／書き込み制御回路 ← マイコン

図2に示すのは，ディジタル・オシロスコープの内部ブロック図です．

アナログ・オシロスコープでは，トリガ回路の役割はディスプレイに輝線を走らせる開始信号を出すことでしたが，ディジタル・オシロスコープでは動作が違います．

トリガ回路に入力された信号が，ある設定条件を満たすとトリガがかかり，タイムベース発生回路に対して起動信号が出力されます．すると，波形蓄積メモリに蓄えられているデータの一部が表示用メモリにポンと移されます．

図3に示すように，波形蓄積メモリは，常に波形データを蓄積し，古いデータを捨てています．そして，次のトリガ条件が満たされると，再び波形蓄積メモリのデータが表示用メモリにポンと移されます．

トリガ点は，波形蓄積メモリの中央にあり，この点の波形がトリガ条件に合致すると，メモリの取り込み動作にストップをかけ，その前後を表示用メモリに移します．

図3に示すワードは，あるサンプリング点における量子化された8ビット・データです．1000ワード分のメモリをもつオシロスコープを使えば，1000個分のサンプリング点を保存できます．

オシロスコープの画面に表示されるのは，波形蓄積メモリの一部分です（ロール・モードを除く）．波形蓄積メモリに取り込まれているデータは表示データよりずっと多いのです．

図3 波形データはメモリに蓄えられては捨てられていく

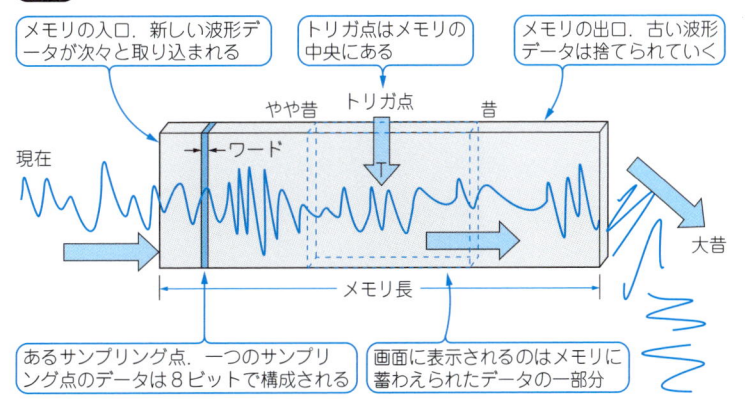

（図中の注記）
- メモリの入口．新しい波形データが次々と取り込まれる
- トリガ点はメモリの中央にある
- メモリの出口．古い波形データは捨てられていく
- 現在／やや昔／トリガ点／昔／大昔
- ワード／メモリ長
- あるサンプリング点．一つのサンプリング点のデータは8ビットで構成される
- 画面に表示されるのはメモリに蓄わえられたデータの一部分

2 波形蓄積メモリにおけるトリガ点の移動

図4 波形蓄積メモリ内のトリガ点周辺のデータ・ブロックがディスプレイに表示される

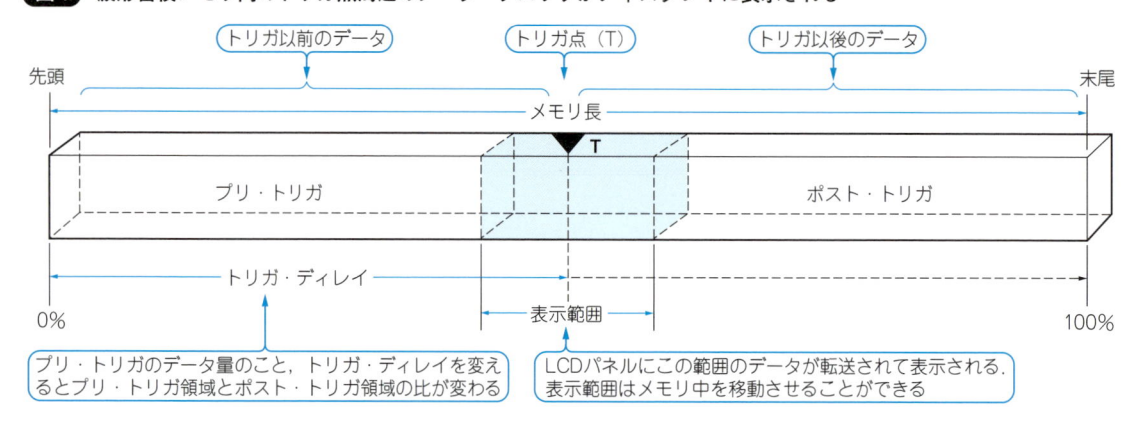

- トリガ以前のデータ／トリガ点（T）／トリガ以後のデータ
- 先頭〜末尾　メモリ長
- プリ・トリガ／ポスト・トリガ
- トリガ・ディレイ（0％〜100％）
- 表示範囲
- プリ・トリガのデータ量のこと．トリガ・ディレイを変えるとプリ・トリガ領域とポスト・トリガ領域の比が変わる
- LCDパネルにこの範囲のデータが転送されて表示される．表示範囲はメモリ中を移動させることができる

トリガ・ディレイ機能を使うと，トリガ点を移動させることができます．

波形蓄積メモリとトリガ・ディレイの関係を 図4 に示します．トリガ位置は，図の▼Tと書かれた箇所にあります．

この▼Tを境にして，トリガ以前のデータ（左側）をプリ・トリガ，トリガ以後のデータ（右側）をポスト・トリガと呼びます．トリガ・ディレイを変えることで，プリ・トリガとポスト・トリガのデータ量を変更できます．

図4 からわかるように，トリガ・ディレイはプリ・トリガのデータ量を表しています．トリガ・ディレイを変更することで，メモリ長に対してプリ・トリガを0〜100％の範囲で変化させることができます．

表示範囲の中心はリファレンス点（Ref点）と呼ばれます．つまり，

　　Ref点＝トリガ点＋トリガ・ディレイ

です．

写真2 を見てください．波形表示部の上側に，波形蓄積メモリとトリガ点が T というマークで示されています．波形表示部にある T というマークは，波形表示部におけるトリガの位置を示しています．

写真2 波形表示部の上側に波形蓄積メモリにおけるトリガの位置と表示範囲が示されている

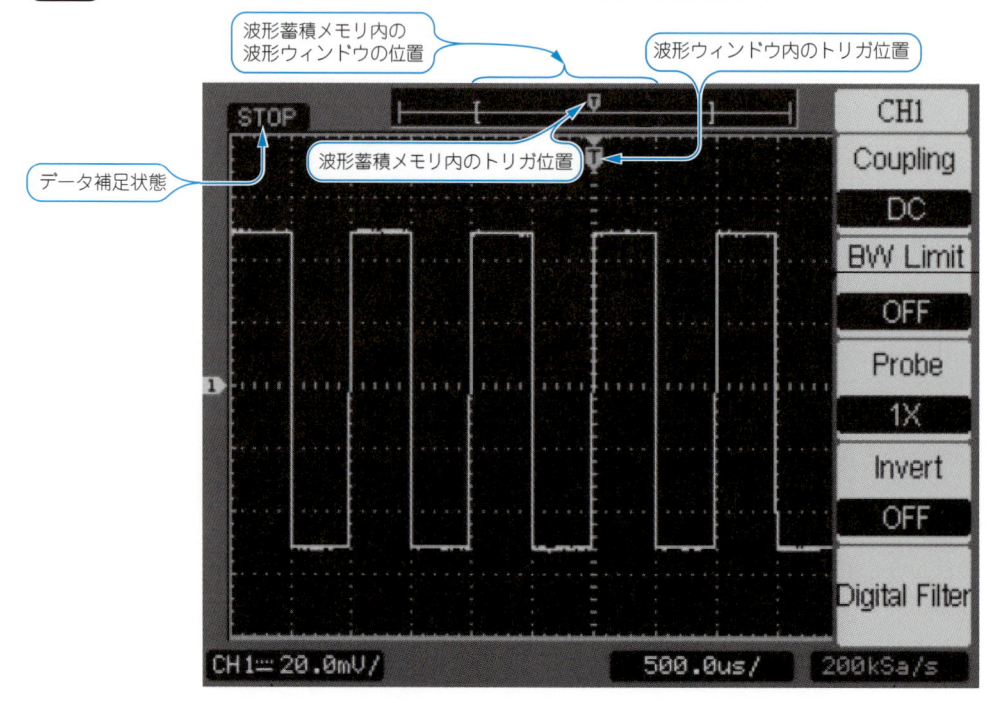

- 波形蓄積メモリ内の波形ウィンドウの位置
- 波形ウィンドウ内のトリガ位置
- データ補足状態
- 波形蓄積メモリ内のトリガ位置

3 トリガと波形蓄積メモリの関係

ディジタル・オシロスコープの特徴の一つは，トリガ以前の波形を表示できることです．

アナログ・オシロスコープは，**図5(a)** のような単発波形の場合，一部がディスプレイからはみ出て，全体を表示することができません．ディジタル・オシロスコープなら，**図5(b)** のようにトリガ以前の波形を含めて全体を表示することができます．この機能をプリ・トリガと呼んでいます．

プリ・トリガは，波形蓄積メモリをどのように使って実現しているのでしょうか．

図6 にしくみを示します．波形蓄積メモリの長さを1024ワードと仮定します．

まず書き込みコントローラが，トリガを禁止した状態にして，波形蓄積メモリに波形データを取り込み始めます．

512ワード分はトリガ受け付け禁止のまま書き込みます．

512バイト分の書き込みが終わると，トリガ受け付け禁止が解除されます．続いて，トリガ受け付け状態で書き込みが行われ，トリガが発生したら，その後512ワード分書き込みます．

メモリの最終番地まできたら先頭番地に戻ります．512ワード分書き込んだら書き込みを終了します．

トリガが発生しない場合は，最終番地→先頭番地をぐるぐる回りながら上書きを続けます．

トリガが発生すると，その後512ワード分書き込んで停止します．この停止番地の次はもっとも古いデータです．

先頭番地から最新データが上書きされた場合は，この部分をメモリ最終番地の次に移動します．これにより，メモリの先頭がもっとも古いデータに，メモリの最終番地が最新のデータになります．

トリガ点はこの中央に位置するため，トリガ点以前とトリガ点以後のデータをすべて表示することができます．

図5 ディジタル・オシロスコープはトリガ前の波形を表示することができる

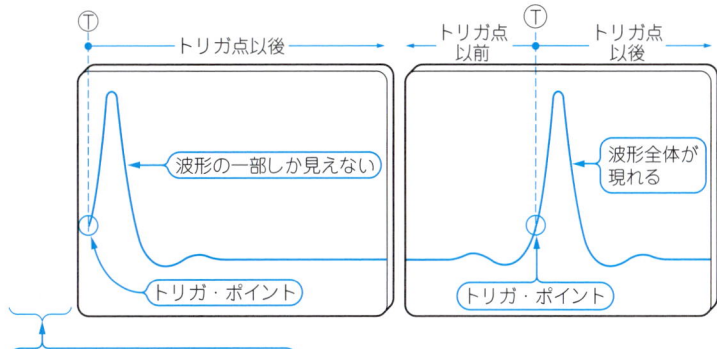

(a) アナログ・オシロスコープ
(b) ディジタル・オシロスコープ

図6 トリガ発生後の波形蓄積メモリ内のデータの変化

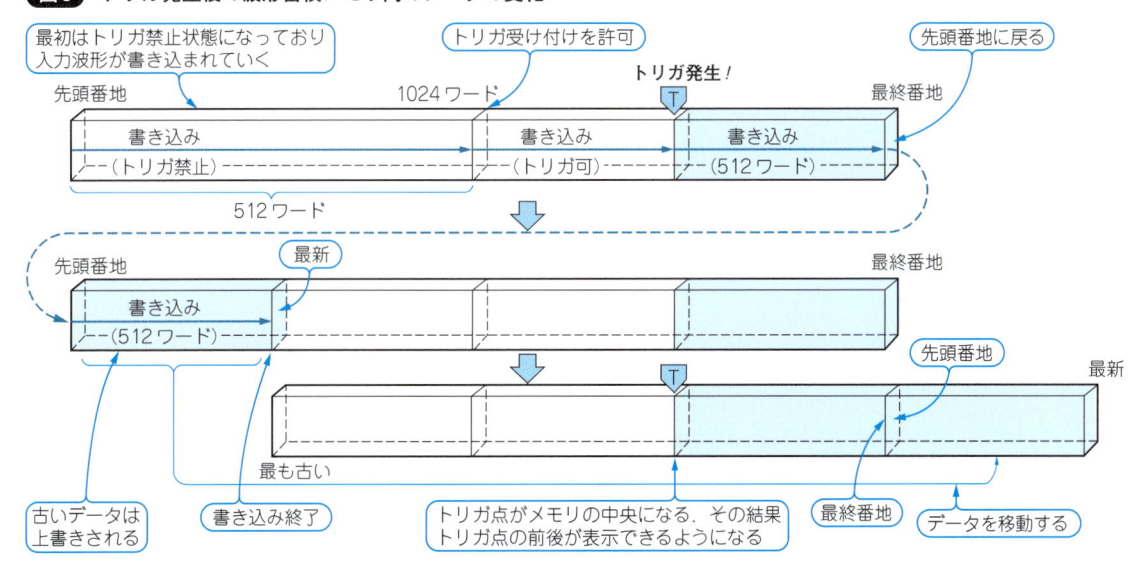

5-3 トリガ動作の開始条件を設定する

表示の設定と入力チャネルの選択

1 トリガ動作をしていないとき波形を表示するかしないかの選択

写真3 ノーマル・トリガ・モード設定時は入力信号がない間何も表示されない

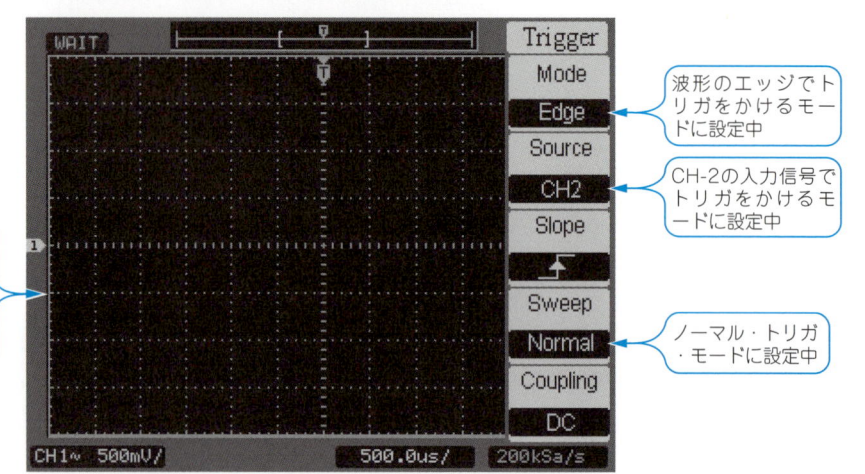

- 波形のエッジでトリガをかけるモードに設定中
- CH-2の入力信号でトリガをかけるモードに設定中
- ノーマル・トリガ・モードに設定中

オシロスコープに信号を入力してもトリガ条件が満たされなければ何も表示されない．CH-2には信号が入力されていないため，トリガの条件が満たされず，何も表示されない

● トリガ条件を設定するノーマル・トリガ

トリガ・メニューのスイープ[Sweep]ボタンを押すと，オート[Auto]とノーマル[Normal]が交互に切り替わります．

[Normal]は，トリガ条件が一致したときにだけ，水平時間軸の掃引が開始されます．トリガ条件が満たされない場合は掃引が行われず，**写真3**に示すように何も表示されません．

● トリガ信号がなくても波形を表示し続けるオート・トリガ

[Sweep]を[Auto]（オート・トリガ・モード）に設定すると，トリガ回路に入力があるときは，ノーマル・トリガと同様に入力信号が設定した条件を満たすと起動します．トリガ回路への入力がなくなると，トリガ回路は自動運転モードに移行して，波形の取り込みと表示を続けます．ノーマル・トリガで

写真4 トリガのための信号がなくても強制的にデータの取り込みを開始する[Force]ボタン

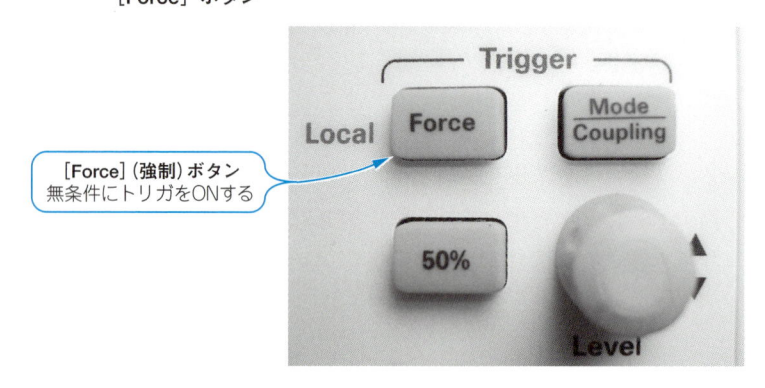

[Force]（強制）ボタン 無条件にトリガをONする

は，トリガ回路への入力がなくなると，ディスプレイに波形が表示されなくなりますが，オート・トリガならなにかしらの波形が表示され続けます．つまり，信号が入力されていなくても，水平輝線が表示されます．

トリガ回路への入力がない間はトリガ信号がないため，波形の周期性と無関係に水平時間軸が掃引され続け，波形が横方向に流れて見えます．これをフリー・ラン（free run）と言います．

オート・トリガは，ノイズの多い信号や位相が頻繁に変動する信号のように，波形の予測が難しく，トリガ条件が設定し難い場合に使用します．表示波形を見失いがちになる周期が非常に長い信号の観測にも有効です．

写真4に示すトリガ・コントロール部には，[Force]ボタンというものがあります．このボタンを押すと有効なトリガ信号が見つからなくてもデータの取り込みを開始します．

2　トリガ回路への入力チャネルの選択

写真5　内部のトリガ回路につながる入力端子

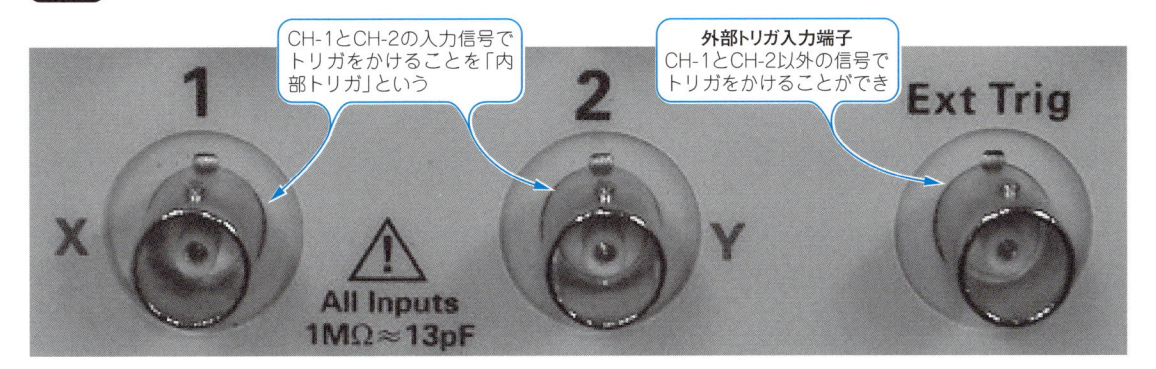

- CH-1とCH-2の入力信号でトリガをかけることを「内部トリガ」という
- 外部トリガ入力端子　CH-1とCH-2以外の信号でトリガをかけることができ

トリガ・メニューの中の[Source]ボタンを繰り返し押すと，トリガの入力チャネル（トリガ・ソース）が次のように切り換わります．

① CH-1
② CH-2
③ EXT
④ EXT/5
⑤ AC Line

CH-1に信号が入力されている場合は，CH-1以外をトリガ・ソースとして選んでもトリガはかからないため表示波形が流れます．

CH-2の波形を安定させたいのに，流れてしまってどうしたものかと困っていると，トリガ・ソースがCH-1になっていたということがよくあります．波形が表示されなかったり不安定なときは，トリガ・ソースを疑ってみましょう．

ライン・トリガのライン（LINE）とは，電灯線のことです．オシロスコープを接続している50Hzまたは60Hzの電源の位相に同期してトリガをかけたいときに利用します．

100Vの商用電源の波形を観測する際，危険な100Vにプローブを接触しなくても，安全にトリガをかけることができます．

EXTトリガとは，外部トリガ入力のことです．**写真5**に示すExt Trig端子に入力する信号でトリガをかけることができます．

EXT/5は，EXT端子の入力レベルを1/5に減衰させることを意味します．EXTのトリガ・レベルを2.4Vに設定した後，トリガ入力チャネルをEXT/5に切り替えると，トリガ・レベルは12Vになります．

3　波形に合わせて選ぶ3種類のトリガ・モード

表1　トリガ・モードは信号のタイプに合わせる

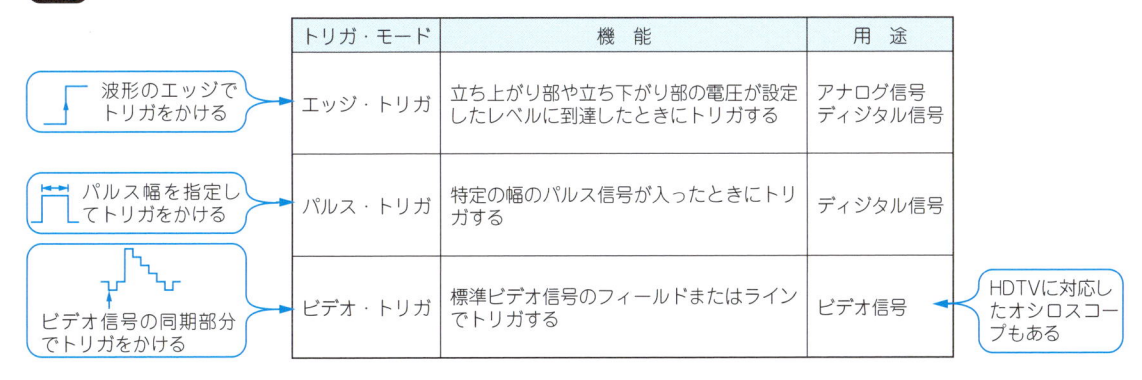

	トリガ・モード	機　能	用　途	
波形のエッジでトリガをかける	エッジ・トリガ	立ち上がり部や立ち下がり部の電圧が設定したレベルに到達したときにトリガする	アナログ信号 ディジタル信号	
パルス幅を指定してトリガをかける	パルス・トリガ	特定の幅のパルス信号が入ったときにトリガする	ディジタル信号	
ビデオ信号の同期部分でトリガをかける	ビデオ・トリガ	標準ビデオ信号のフィールドまたはラインでトリガする	ビデオ信号	HDTVに対応したオシロスコープもある

[Normal]／[Auto]とトリガ入力チャネルの選択を終えたら，次は，入力信号のどの部分でトリガ回路を動作させるかを設定します．**表1**に示すように3種類のモードがあります．

5.4 立ち上がり/立ち下がりで引っ掛けるエッジ・トリガ
もっともよく利用する

1 トリガ設定の基本

図7 エッジ・トリガとは波形の立ち上がり/立ち下がり部でかけるトリガのこと

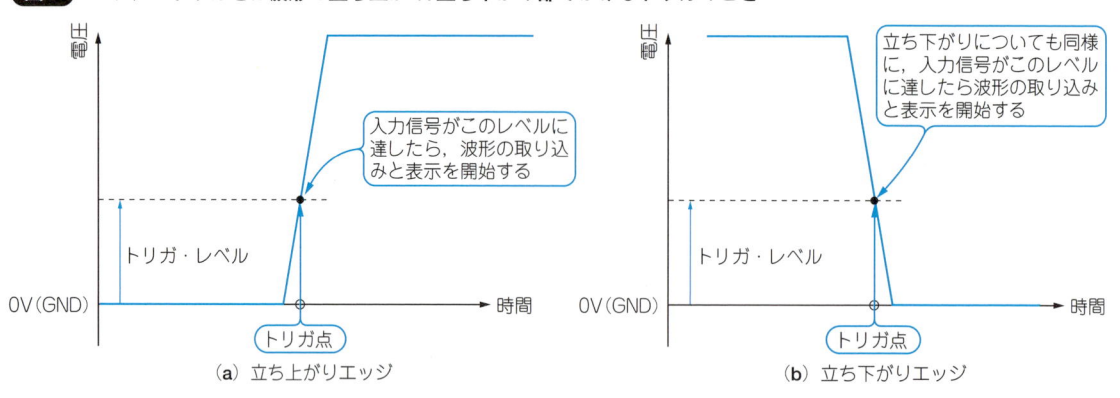

(a) 立ち上がりエッジ — 入力信号がこのレベルに達したら，波形の取り込みと表示を開始する

(b) 立ち下がりエッジ — 立ち下がりについても同様に，入力信号がこのレベルに達したら波形の取り込みと表示を開始する

写真6 トリガ・レベルが不適切な場合

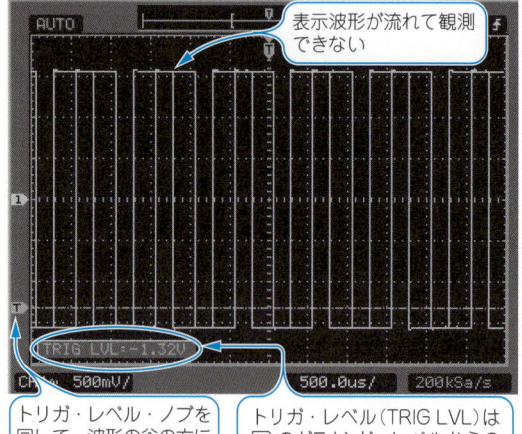

表示波形が流れて観測できない

TRIG LVL=-1.32V

トリガ・レベル・ノブを回して，波形の谷の方にトリガ・レベルを設定

トリガ・レベル(TRIG LVL)は①のグラウンド・レベルからの電位差(-1.32V)で示される

写真7 トリガ・レベルが適切な場合

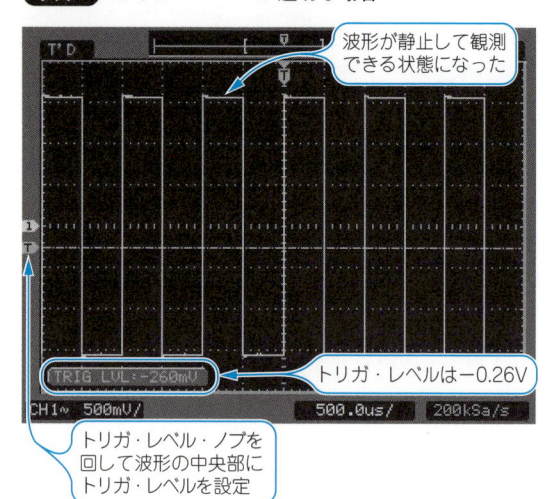

波形が静止して観測できる状態になった

TRIG LVL=-260mV

トリガ・レベルは-0.26V

トリガ・レベル・ノブを回して波形の中央部にトリガ・レベルを設定

● 波形のエッジでかける

図7 に示すように，エッジ・トリガ・モードに設定すると，波形の立ち上がりや立ち下がりがある電圧に達した直後にトリガがONして，波形の表示が開始されます．

エッジ・トリガを指定する際は，波形の立ち上がり(↑)，または立ち下がり(↓)を選択し，トリガを始める電圧値(トリガ・レベル)を指定します．立ち上がりまたは立ち下がりを指定するには，トリガ・メニューのスロープ・コントロール(slope)を使います．トリガ・レベルは，トリガ・レベル・ノブで調整します．

● トリガ・レベルが適切でないと表示が乱れる

CAL信号を使って実験してみましょう．CAL信号を表示させて，トリガ調整ノブを回してください．トリガ・レベルは画面の左下にその値が表示されます．さらに，トリガ・レベルが波形のどの位置を狙っているかを示す輝線も表示されます．

写真6 に示すように，トリガ・レベル・ノブを回して，この輝線を波形の谷よりも下に移動させると，トリガがかからなくなり，波形が左右に振れて表示が安定しなくなります．

ノブを回して，トリガ・レベルを上方に移動して波形に当てると，**写真7** に示すように再び表示が安定します．

2 CAL信号をエッジ・トリガで捕らえる

写真8 トリガ・モードの設定

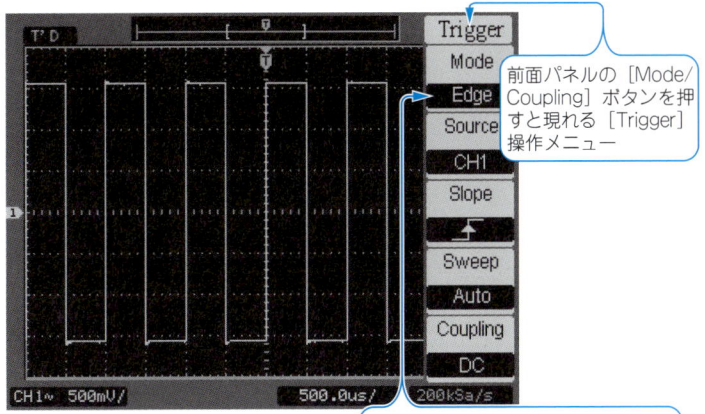

前面パネルの [Mode/Coupling] ボタンを押すと現れる [Trigger] 操作メニュー

[Edge] → [Pulse] → [Video] と切り換わる．[Pulse] と [Video] の二つのモードでは波形が安定しない

写真9 トリガをかける箇所(立ち上がり/立ち下がり)の設定

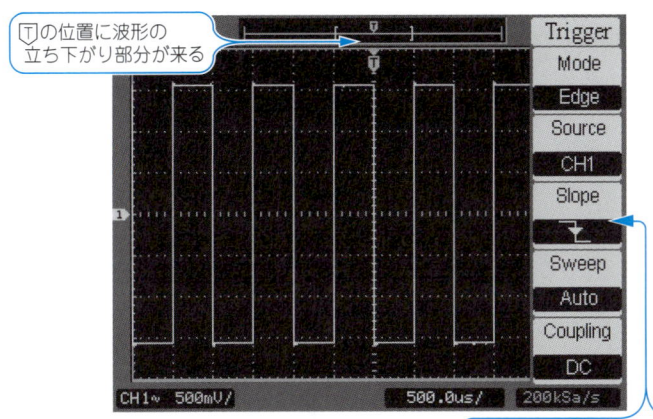

Ｔの位置に波形の立ち下がり部分が来る

[Slope] ボタンを押して立ち下がり [↴] を選ぶ

　CAL信号を表示させて，トリガ・コントロール部の [Mode/Coupling] ボタンを押すと，**写真8**のようにトリガ・メニューが表示されます．[Mode] ボタンを押すと，[Edge] → [Pulse] → [Video] というように，トリガ・モードが切り替わります．

　トリガがかかり表示が安定するのは，[Edge] だけです．[Pulse] や [Video] はトリガがかからず波形が乱れます．

　次に**写真9**に示すように，[Slope] ボタンを押して，立ち下がりエッジ [↓] に切り替えます．画面のトリガ・マークＴの位置が，波形の立ち下がり部分を示しています．

　終わったら元の立ち上がりエッジ [↑] に戻しておきましょう．通常は，立ち上がりで観測することが多いからです．

　表2にエッジ・トリガの設定メニューの種類と用途を示します．

表2 エッジ・トリガの設定メニュー

エッジ・トリガのメニュー	設定	内容	
信号源 (Source)	CH-1	CH-1をトリガ・ソースに指定する	
	CH-2	CH-2をトリガ・ソースに指定する	
	EXT	外部信号をトリガ・ソースに指定する	
	EXT/5	外部信号の1/5をトリガ・ソースに指定する	外部から入る信号のレベルが大きすぎるときに減衰させる
	AC Line	電源ラインをトリガ・ソースに指定する	
傾き (Slope)	↰	立ち上がりエッジでトリガする	
	↴	立ち下がりエッジでトリガする	
掃引 (Sweep)	Auto	トリガがなくても波形を取り込み，表示する	
	Normal	トリガが発生したときに，波形を取り込み，表示する	
結合 (Coupling)	AC	入力信号から直流ぶんをカットした交流ぶんがトリガ対象となる(50Hzカットオフ)	信号に乗っているDC成分を表示したくないときに利用する
	DC	入力信号そのものがトリガ対象となる	
	LF Reject	トリガ入力信号の低周波成分を除去する(100kHzカットオフ)	
	HF Reject	トリガ入力信号の高周波成分を除去する(10kHzカットオフ)	

トリガ信号にノイズが含まれており，表示が安定しないときに利用する

通常はDCに設定しておく

3 ノイズの多い信号の表示を安定させる

写真10 ACコードに電線を巻き付けて実験用のノイズの多い信号を生成

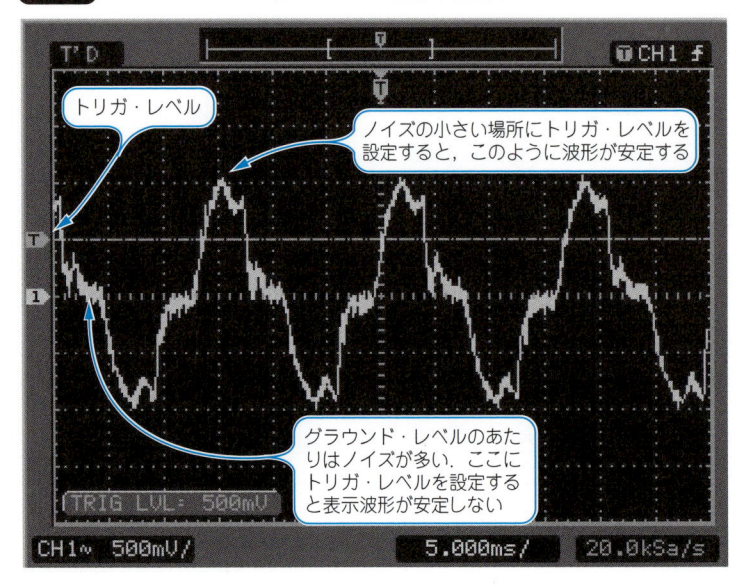

- ACコード
- プローブ
- ACコンセント
- グラウンド端子はオープン
- ビニル線か電線を20回くらい巻き付ける

写真12 波形の中央部にトリガ・レベルを自動的に設定する［50％］ボタン

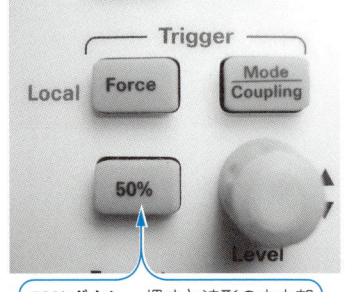

50％ボタン．押すと波形の中央部でトリガがかかる

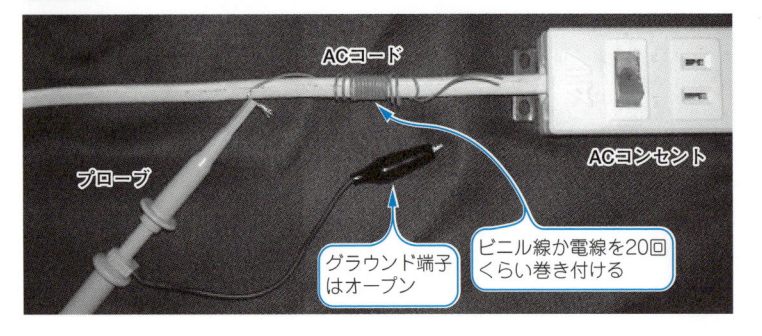

写真11 トリガ・レベルを信号の中央部に設定すると波形が安定しない

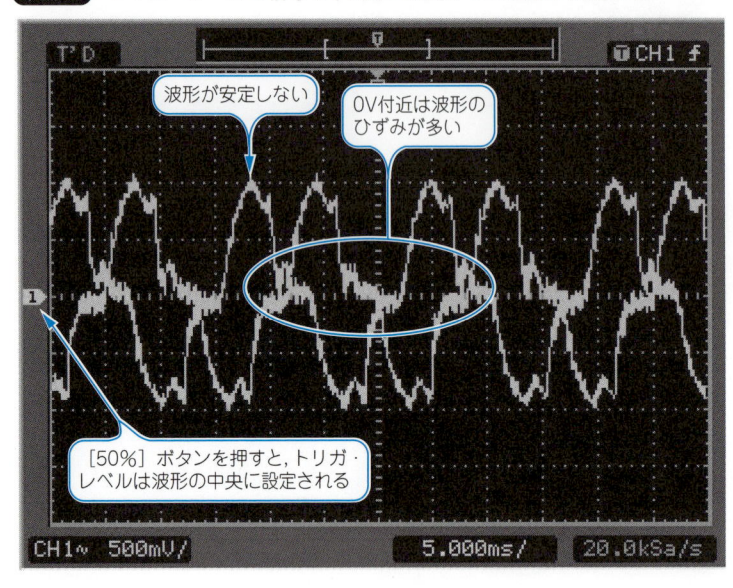

- 波形が安定しない
- 0V付近は波形のひずみが多い
- ［50％］ボタンを押すと，トリガ・レベルは波形の中央に設定される

写真13 トリガ・レベルを少し上げると波形が安定する

- トリガ・レベル
- ノイズの小さい場所にトリガ・レベルを設定すると，このように波形が安定する
- グラウンド・レベルのあたりはノイズが多い．ここにトリガ・レベルを設定すると表示波形が安定しない

ノイズの多い信号は，［AutoScale］ボタンではうまく安定した表示をすることができません．ここで一つの例を示しましょう．

写真10に示すように，ACコードに20回ほど巻きつけた電線をプローブでつかんで，その電圧波形を観測してみます．プローブのグラウンドには何も接続しません．

トリガ・メニューの［Coupling］を，［AC］→［DC］→［LF Reject］→［HF Reject］といろいろ変えてみてください．

［LF Reject］は波形が安定せず，［AC］，［DC］，［HF Reject］はいずれも完全には波形が静止しません．また，オート・トリガにしても，ノーマル・トリガにしても事態は変わりません．どうしたらよいでしょうか．

写真11に示すのは，トリガ・コントロール部の［50％］ボタン（**写真12**）を押して，トリガ・レベルを波形中央にしたときの表示です．波形が安定しないのは，波形中央部がひずんでいるからです．**写真13**のようにトリガ・レベルをノイズやひずみの少ない位置に移動すると，波形が静止する点が見つかります．

5-5 パルス幅で引っ掛けるパルス・トリガ

方形波を確実に捕まえたいときは

表3 パルス・トリガの設定メニュー

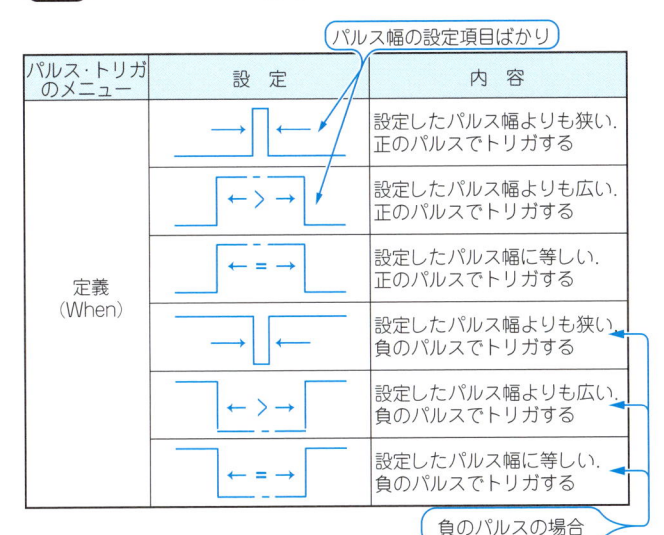

パルス・トリガのメニュー	設定	内容
定義 (When)	→│├←	設定したパルス幅よりも狭い．正のパルスでトリガする
	←>→	設定したパルス幅よりも広い．正のパルスでトリガする
	←=→	設定したパルス幅に等しい．正のパルスでトリガする
	→│├←	設定したパルス幅よりも狭い．負のパルスでトリガする
	←>→	設定したパルス幅よりも広い．負のパルスでトリガする
	←=→	設定したパルス幅に等しい．負のパルスでトリガする

（パルス幅の設定項目ばかり）
（負のパルスの場合）

写真14 パルス・トリガの選択とパラメータ設定に使用するボタン

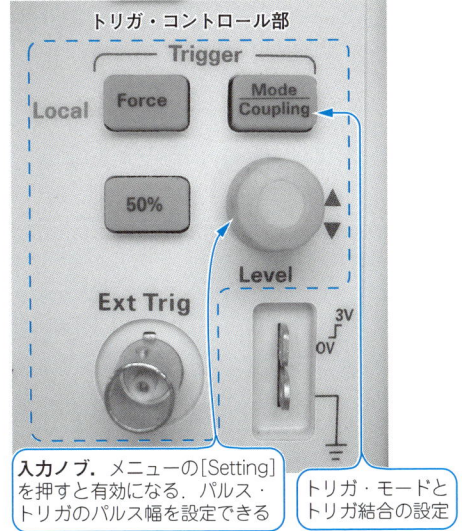

入力ノブ．メニューの[Setting]を押すと有効になる．パルス・トリガのパルス幅を設定できる

トリガ・モードとトリガ結合の設定

　パルス・トリガは，パルスの幅を指定するトリガ・モードで，入力信号がパルス波形の場合に有効です．**表3**に示す条件でトリガをかけることができます．
　CAL信号をCH-1に入力して表示させ，パルス・トリガを使って安定させてみます．CAL信号は，**図8**に示すような周期1msの方形波です．
　まず，**写真14**に示すトリガ・コントロール部にある[Mode/Coupling]ボタンに示すを押します．
　ディスプレイに，**図9**に示すトリガ・メニューが出てきます．トリガ・メニューのモード[Mode]を，エッジ[Edge]からパルス[Pulse]に変更します．
　[When]ボタンを押して，[←>→]を選びます．
　[Setting]ボタンを押すと，フロント・パネルの入力ノブが有効になります．入力ノブを回して，トリガ・パルス幅を400μsに設定すると，表示波形が安定するのが確認できます．トリガ・パルスを500μsにするとトリガが外れることが確認できます．

図8 CAL信号（1kHzの方形波）をパルス・トリガで捕らえる

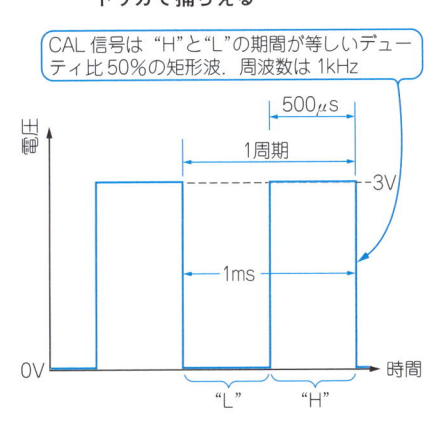

CAL信号は"H"と"L"の期間が等しいデューティ比50％の矩形波．周波数は1kHz

500μs / 1周期 / 1ms / "L" / "H" / 3V / 0V / 電圧 / 時間

図9 パルス・トリガ・モードに設定する手順

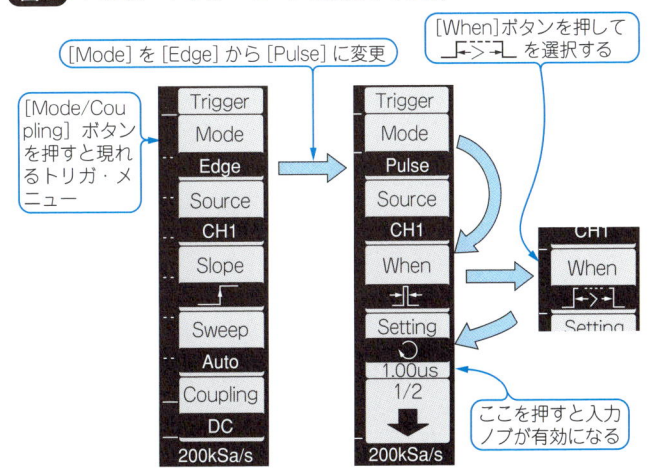

[Mode]を[Edge]から[Pulse]に変更
[Mode/Coupling]ボタンを押すと現れるトリガ・メニュー

Trigger / Mode / Edge / Source / CH1 / Slope / Sweep / Auto / Coupling / DC / 200kSa/s

Trigger / Mode / Pulse / Source / CH1 / When / Setting / 1.00us / 1/2 / 200kSa/s

[When]ボタンを押して ←>→ を選択する

CH1 / When / Setting

ここを押すと入力ノブが有効になる

5-6 テレビ信号の同期信号で捕まえるビデオ・トリガ
アナログ・ビデオ信号を捕まえたいときは

1 ビデオ・トリガの用途と使いかた

図10 NTSC方式のビデオ信号の波形

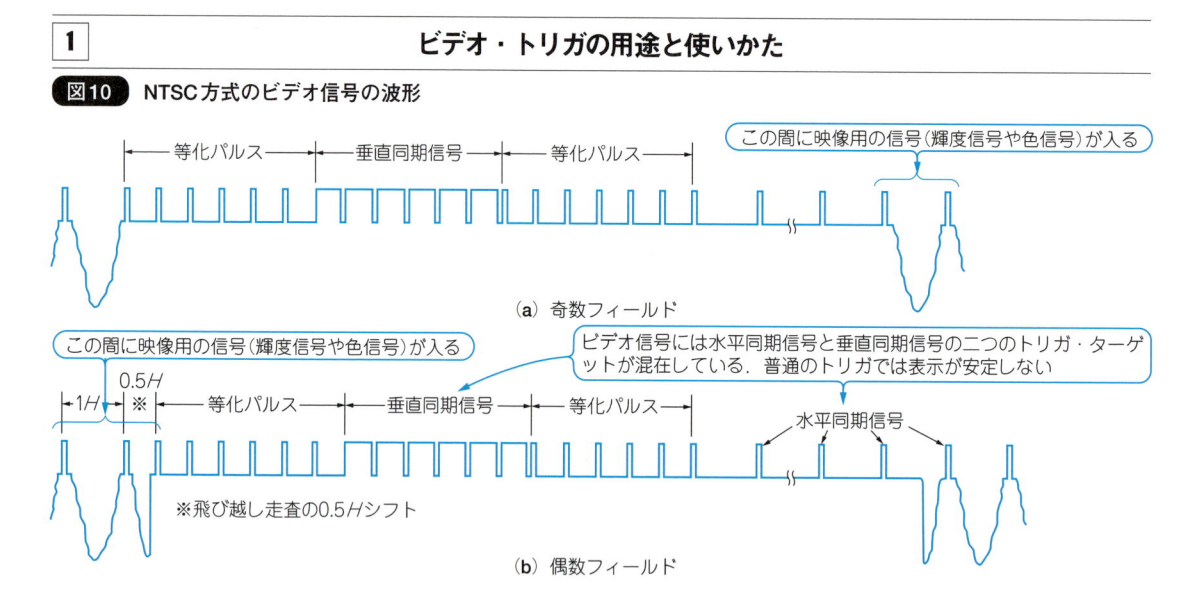

- 等化パルス — 垂直同期信号 — 等化パルス —
- この間に映像用の信号（輝度信号や色信号）が入る

(a) 奇数フィールド

- この間に映像用の信号（輝度信号や色信号）が入る
- 0.5H
- 1H
- 等化パルス — 垂直同期信号 — 等化パルス —
- ※飛び越し走査の0.5Hシフト
- ビデオ信号には水平同期信号と垂直同期信号の二つのトリガ・ターゲットが混在している．普通のトリガでは表示が安定しない
- 水平同期信号

(b) 偶数フィールド

　ビデオ・トリガは，アナログ・ビデオ信号を捕らえるときに利用する専用のトリガ・モードです．

　アナログ・ビデオ信号は，テレビやVTR，DVDのライン入出力信号として広く使われています．

　NTSC方式のアナログ・ビデオ信号の水平同期周波数は15.734kHz，垂直同期周波数は59.94Hzと2桁以上離れています．このため通常のトリガでは，安定させて波形を表示することができません．そこで専用のビデオ・トリガ機能が必要になります．

　トリガをかけられるのは，NTSC方式のテレビジョン信号です．ディジタル・テレビ放送やパソコンで扱うVGAなどのビデオ信号は，トリガをかけることはできません（HDTVなどに対応したオシロスコープもある）．

写真15 ビデオ・トリガを使ってNTSCビデオ信号を捕まえたところ

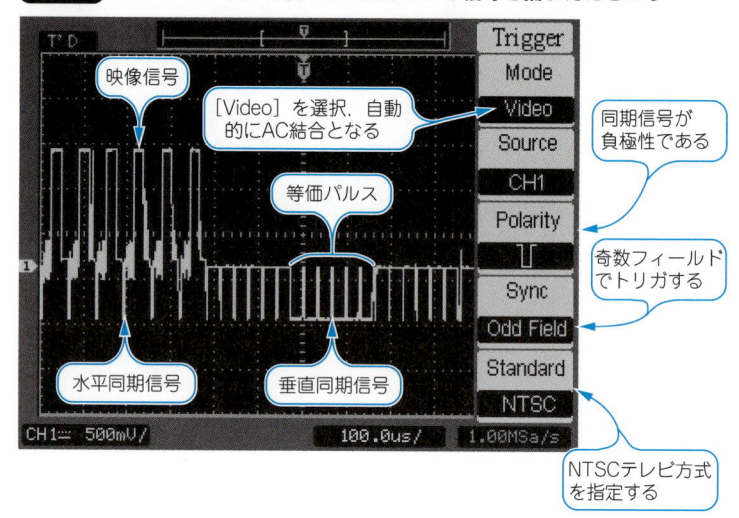

- 映像信号
- [Video]を選択．自動的にAC結合となる
- 等価パルス
- 水平同期信号
- 垂直同期信号
- Trigger Mode: Video
- Source: CH1
- Polarity: 同期信号が負極性である
- Sync: 奇数フィールドでトリガする
- Odd Field
- Standard: NTSC — NTSCテレビ方式を指定する

　オシロスコープ内部では，各々の同期信号を分離して，トリガ信号として使用しています．

　図10にNTSCビデオ信号を示します．**写真15**に測定例を示します．**図10(a)**の部分が表示されています．

　このように，アナログ・ビデオ信号には，たくさんの同期信号が含まれており，これを利用して捕らえます．捕えることができる周期は，

(1) フィールド周期
(2) ライン周期

の2種類です．

　(1)は画像1枚ぶんの周期で，**図10**の垂直同期信号を使って捕らえます．

　(2)は走査線1本ぶんの周期で，水平同期信号を使って捕らえます．NTSC方式は，飛び越

世界のテレビ方式

column

　日本では地上デジタル放送への移行により，従来のNTSC方式のアナログ・テレビ放送が廃止される予定です．しかし世界的には，欧米を除けば「アナログ・テレビ放送が廃止される」という流れは主ではありません．

　NTSC方式には，色合いをユーザ側が設定しなければいけないという欠点があり，解像度も良くありません．

　PALとSECAMは，走査線もNTSC方式の525本より100本多い625本です．欠点は，送像数が25枚/秒と少ないことです．占有帯域もNTSCより3割増えます．

　毎秒30枚のPALも登場しました．これが，ブラジルのPAL-M方式です．

図A 世界のテレビ方式

- PAL
- SECAM
- NTSC

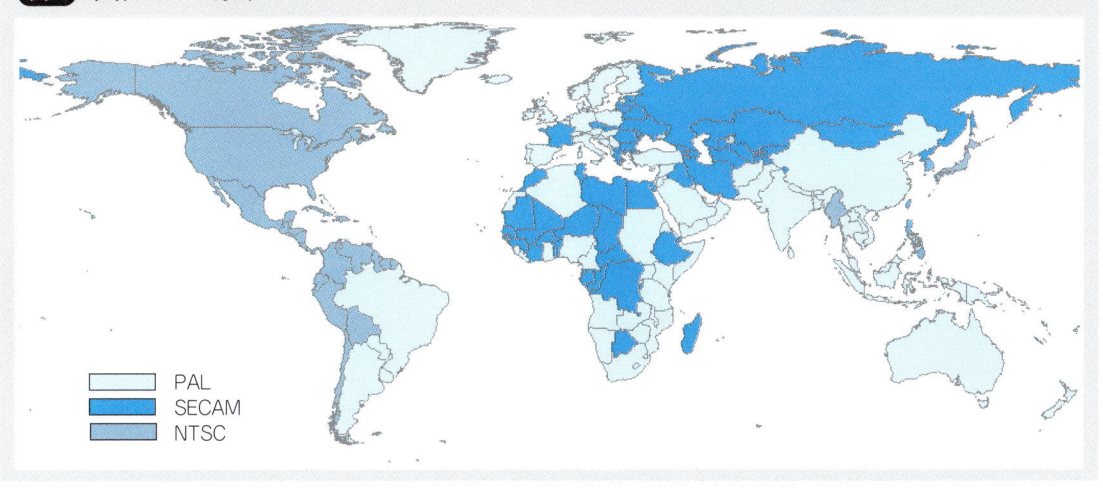

表4 ビデオ・トリガの設定メニュー

ビデオ・トリガ のメニュー	設定	内容
極性 (Polarity)	⊔	同期パルスの負のエッジでトリガする．（通常極性）
	⊓	同期パルスの正のエッジでトリガする．（反転極性）
同期方法 (Sync)	全ライン（All Lines）	すべてのラインでトリガする
	ライン・ナンバ（Line Num）	選択したラインでトリガする
	奇数フィールド（Odd filed）	奇数フィールドでトリガする
	偶数フィールド（Even field）	偶数フィールドでトリガする
テレビ方式 (Standard)	PAL/SECAM	PALまたはSECAMテレビ信号
	NTSC	NTSCテレビ信号

- 通常は負極性を使う
- 日，米，韓のテレビ方式
- 欧州，中国，ロシアのテレビ方式

し走査（フィールドごとに走査線をずらして解像度を増やすこと）を行うために，垂直同期信号の位置はフィールドごとに0.5H（Hは走査線1本分の周期）ずれます．

　表4にビデオ・トリガのメニューの種類と内容を示します．同期パルスの極性が，普通と逆のように思えますが，アナログ・ビデオ信号は，同期信号が負のパルスになっているので，これが通常の極性です．ビデオ信号に正方向に同期パルスが含まれている場合は，極性を反転します．

　オシロスコープのビデオ・トリガには，NTSCとPAL/SECAMの切り替えがあります．NTSCは日米のテレビ方式，PAL/SECAMは欧州や中国/ロシアなどのテレビ方式です．水平，垂直周波数，ライン数などが違います．

　ビデオ・トリガを選択すると，カップリングは自動的にAC結合に設定されます．

2 DVDプレーヤのアナログ・ビデオ信号を観測する

写真16 DVDプレーヤのアナログ・ビデオ出力端子

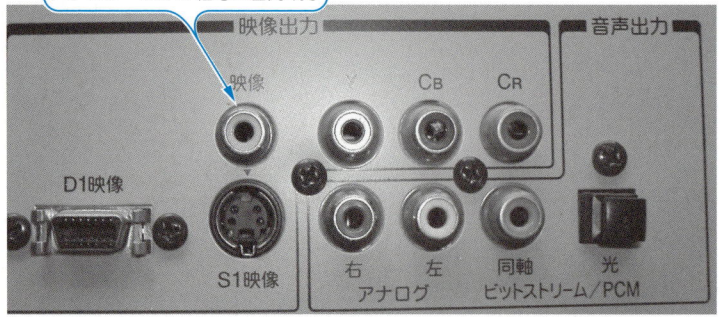

写真17 ビデオ・トリガを使ってDVDプレーヤのビデオ信号波形を観測

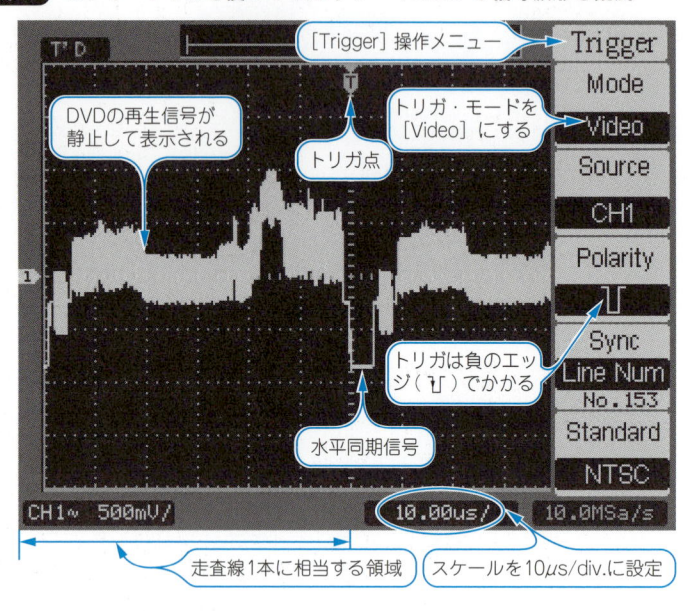

写真18 ビデオ信号の垂直周期信号の開始部を捕まえる

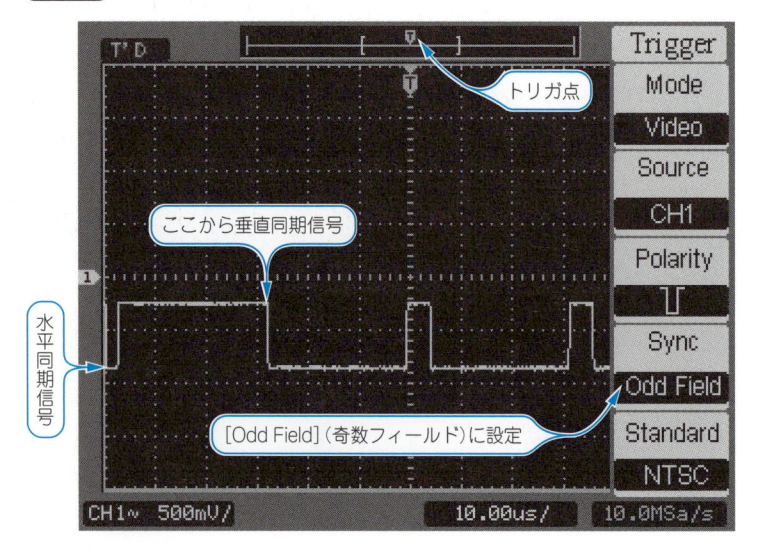

写真16に示すのは，DVDプレーヤのバック・パネルです．「映像」と書かれた端子からアナログ・ビデオ信号が出力されます．

ディジタル・オシロスコープのCH-1に，この映像出力信号を入力します．

とりあえず［Auto-Scale］を押してみましょう．何か波形が表示されますが，意味があるようには見えません．

次に写真17のように［Mode/Coupling］ボタンを押して，トリガ・メニューを表示させ，モード［Mode］を［Edge］から［Video］に変更すると表示波形が静止します．操作メニューの設定は写真17に合わせてください．

表示された波形は走査線1本分に相当します．矩形波の部分が水平同期信号です．同期信号は負のパルスで，トリガは負のエッジでかかっています．

写真18に示す波形は，ビデオ信号の垂直同期信号の開始部分です．垂直周期で観測するには，同期方法［Sync］を奇数フィールド［Odd Field］か偶数フィールド［Even Field］とします．設定を終えると，写真18のような波形が表示されます．

水平スケール・ノブを回して水平スケールを2ms/div.にすると，写真19に示す波形が表示されます．これは，ほぼディスプレイ1枚分の映像信号です．0V（①）の上の部分が映像信号です．下に出ているたくさんの規則正しい信号は水平同期信号

です．

トリガ点（画面中央[T]マーク）近辺に画像信号はなく，この部分には垂直同期信号があります．

映像出力信号を正確にオシロスコープに導くには，75Ωで終端し，ケーブルやコネクタは特性インピーダンスもすべて75Ωに揃える必要があります．

写真20 に示すのは，この接続方法の一例です．左側に見えるのが75Ω，0.025％の終端器です．プローブはBNCアダプタで接続します．

写真19 DVDプレーヤのビデオ出力信号（ディスプレイ1枚分の映像信号）

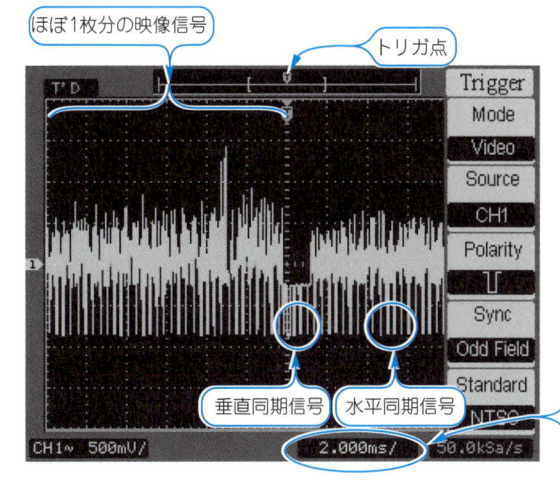

写真20 DVDプレーヤの映像出力とオシロスコープを確実にインターフェースする方法

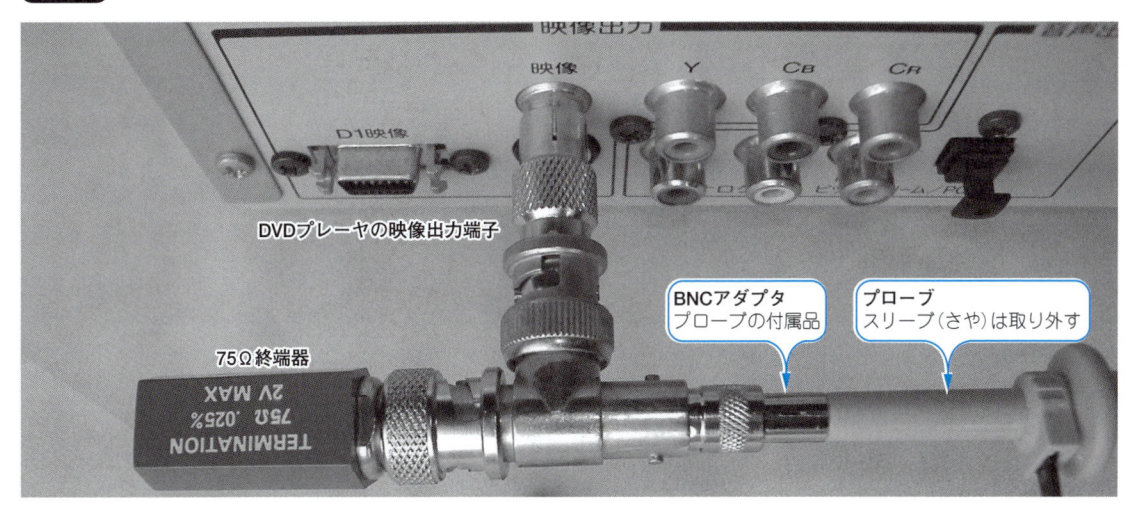

入力チャネルとトリガ回路をつなぐトリガ・カップリング　column

トリガのカップリング（coupling）にはAC，DC，LF Reject，HF Rejectなどいくつか種類があります．ここではそれぞれの意味を説明します．

①ACカップリング

トリガ信号はコンデンサを通して供給されます．直流成分は入力されず，交流成分でトリガがかかります．トリガ信号に直流成分が重畳している場合や，数十Hz以下の非常に低い周波数のノイズが含まれている場合に有効です．

②DCカップリング

トリガ信号は，トリガ回路に直接供給されます．トリガ回路に入るのは，DCからフル帯域幅までの広帯域な信号なので，パルス波形など多くの信号に対して安定にトリガをかけることができます．

③LF Reject

トリガ信号の周波数成分のうち，DC～10kHzくらいまでの波形は減衰します．トリガ信号が100kHz以上の高周波の場合，低域のノイズを効果的に除去でき，安定にトリガをかけることができます．

④HF Reject

トリガ信号の周波数成分のうち，約150kHz以上の波形は減衰します．トリガ信号がDC～10kHzの低周波の場合，高域のノイズを効果的に除去でき，安定にトリガすることができます．

5-7 トリガ・テクニックのいろいろ
単発信号を捕えたり垂れ流し表示する方法

1 単発現象を捕らえるシングル・トリガ

写真21 プッシュ・スイッチをONしたときに発生するチャタリングを捕捉

スイッチON！

"L"(0V)と"H"(3V)がばたつく．これをチャタリング現象と呼ぶ．接点のばねの振動によるもの

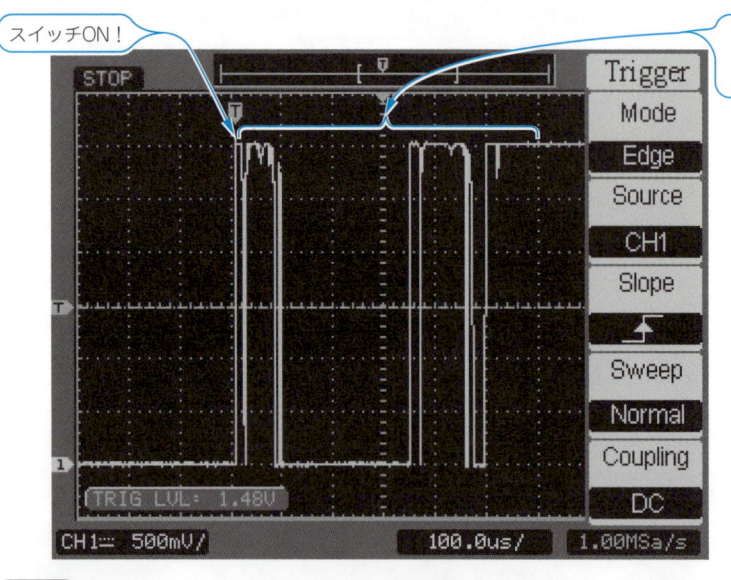

写真22 プッシュ・スイッチをOFFしたときに発生するチャタリングを捕捉

スイッチOFF！

同様にチャタリングが発生する

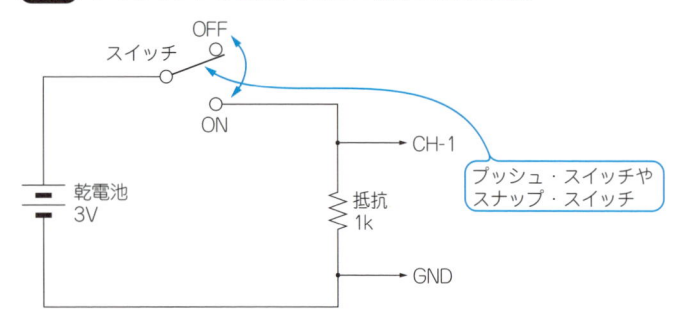

図11に示す回路を製作して，スイッチ切り換え直後の信号を観測してみます．

オート・トリガでは，1回切りしか発生しない信号をとらえることはできません．このような信号は，まずノーマル・トリガのシングル・トリガを選択して単掃引を実行します．

トリガ・モードを［Edge］，［Slope］を立ち上がり［↑］に設定します．

実験回路の電源電圧は3Vなので，トリガ・レベルを半分の1.5V近辺に設定します．実行コントロールの［Single］を押します．

スイッチをONすると，**写真21**に示すように，接点がONとOFFを繰り返すばたつき（チャタリング）が観測されます．

次に［Slope］を立ち下がり［↓］に設定して，スイッチをOFFすると**写真22**に示すような波形が得られます．

実際には，なかなかトリガがかからなかったり，信号が入らないのに勝手にトリガがかかってしまうことが多いですが，たいていはトリガの設定が不適切であることが原因です．

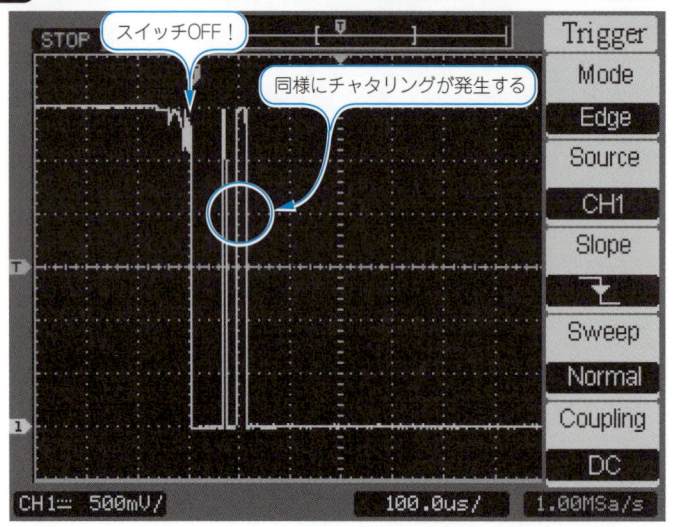

図11 チャタリングを観測するために製作した実験回路

プッシュ・スイッチやスナップ・スイッチ

乾電池 3V
抵抗 1k
CH-1
GND

2 H/Lの組み合わせで指定するパターン・トリガ

図12 複数チャネルの入力レベル(H/L)の組み合わせでトリガをかける例

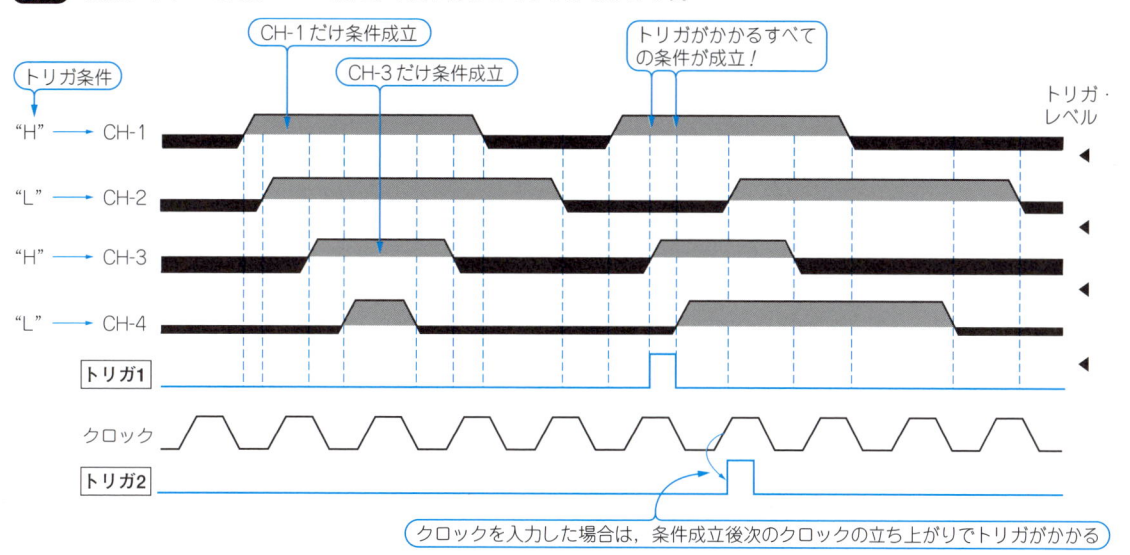

（CH-1だけ条件成立）
（CH-3だけ条件成立）
（トリガがかかるすべての条件が成立！）

トリガ条件
"H" → CH-1
"L" → CH-2
"H" → CH-3
"L" → CH-4
トリガ1
クロック
トリガ2

（クロックを入力した場合は，条件成立後次のクロックの立ち上がりでトリガがかかる）

　パターン・トリガは，各入力チャネルの入力信号の組み合わせでトリガをかけるモードです．

　入力信号に対してあらかじめトリガ・レベルを設定し，そのレベルより高ければ"H"，低ければ"L"とします．

　さらに，各入力チャネルの"H"と"L"の組み合わせを指定してこれをトリガ条件とします．

　図12 に示す トリガ1 は，
　CH-1："H"
　CH-2："L"
　CH-3："H"，
　CH-4："L"
のときに信号を発生させます．
"H"，"L"のどちらでもよい場合は，[X(Don't Care)] を指定します．

　トリガは，条件が成立したとき[Enter]，条件成立から不成立になったとき[Exit]のどちらでも設定できます．

　図12 の トリガ2 のように，クロック・チャネルもトリガ入力として指定すると，クロックのエッジに反応してトリガがかかります．

パターン・トリガとしきい値設定 *column*

　H/Lの判定レベルをしきい値電圧といいます．しきい値電圧より高い電圧をハイ・レベル("H")，低い電圧をロウ・レベル("L")と呼びます．

　図B のように，オシロスコープのH/L判定のためのしきい値設定を誤ると，"L"と判断したり，②や④のようにノイズを拾ったりして，誤った測定をしてしまうことがあります．プローブのグラウンドの取り方が不十分なときにも，④のような結果となる場合があります．

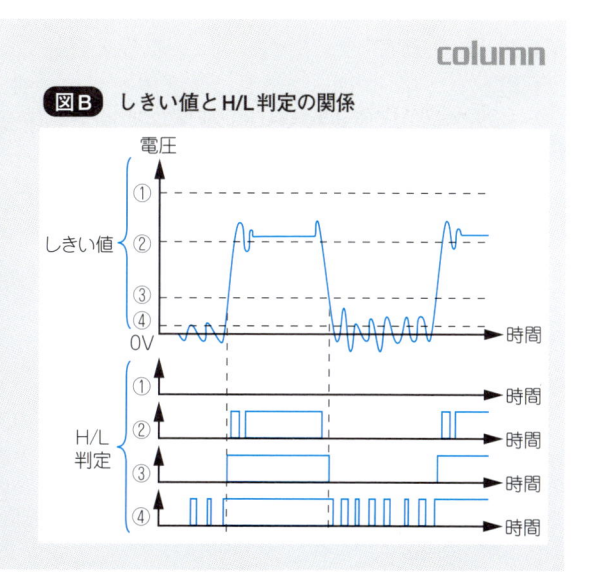

図B しきい値とH/L判定の関係

5-7 トリガ・テクニックのいろいろ　99

3 絵巻きのようにゆっくりと波形表示するロール・モード

図13 信号の長時間変化を観測できるロール・モードの表示動作 その①

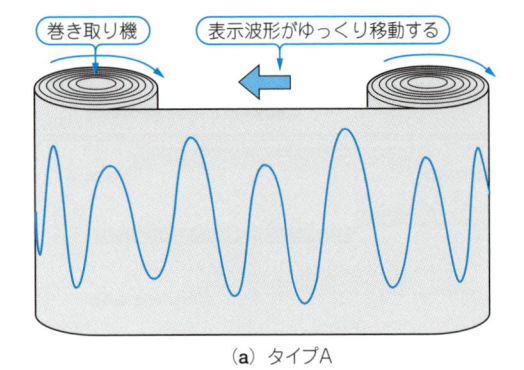

巻き取り機　表示波形がゆっくり移動する

(a) タイプA

図14 信号の長時間変化を観測できるロール・モードの表示動作 その②

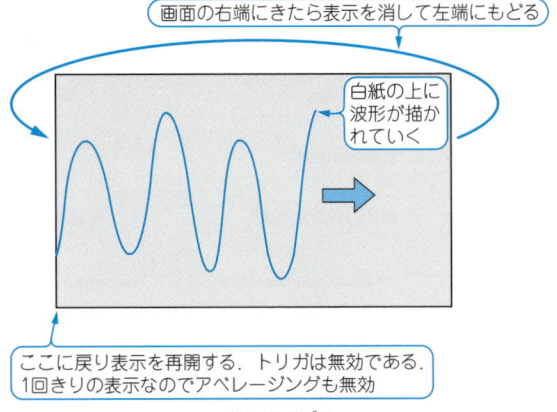

画面の右端にきたら表示を消して左端にもどる

白紙の上に波形が描かれていく

ここに戻り表示を再開する．トリガは無効である．1回きりの表示なのでアベレージングも無効

(b) タイプB

● 100m～50secの長時間変化を観測する

ロール・モードでは，トリガ機能はいっさい働かず，垂れ流し的に取り込みと表示動作が行われます．掃引時間を50ms/div.より長くすると，自動的にロール・モードに入ります．トリガ掃引はオート・トリガにします．

図13に示す絵巻きのように連続的に表示するタイプと，**図14**のように右端まで表示したらいったん画面がすべて消えて，左側から表示を再開するタイプがあります．

ロール・モードでは，アベレージング(平均化)機能は使えません．

図15のようにプローブの先に指を当てたり離したりを繰り返し，その波形をロール・モードで見てみましょう．垂直軸感度を2V/div.，掃引時間を500ms/div.に設定します．すると，**写真23**のような波形が観測されます．

プローブの先を指先で触れると，人体が拾う100V電灯線からノイズが入力されます．掃引が低速であるため，管面にはノイズがバースト状に表示されます．

● しくみ

繰り返し周期が1秒程度と長い信号を観測する場合，波形蓄積メモリへの書き込みが完了し，波形が更新されるまで10秒程度かかります．静止画面を10秒おきに見ていたのでは，現在どのような波形が出ているのかがわかりません．

ロール・モードはこの欠点を解決する機能です．全メモリ長にわたって書き込みが終了してから表示を更新するのではなく，データを取り込むたびに画面を更新します．このとき，もっとも古い左端のデータを捨てて，最新のデータを右端に表示していきます．結果的に，表示はスクロールされているように見えます．

図15 ロール・モードにしてプローブの先端にノイズを加える実験

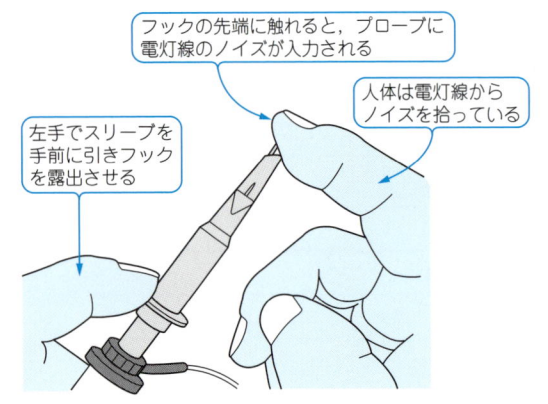

フックの先端に触れると，プローブに電灯線のノイズが入力される

人体は電灯線からノイズを拾っている

左手でスリーブを手前に引きフックを露出させる

写真23 プローブの先端を触りながらロール・モードで波形観測

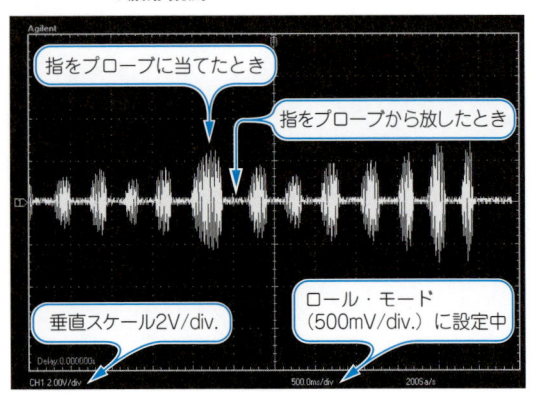

指をプローブに当てたとき

指をプローブから放したとき

垂直スケール2V/div.

ロール・モード(500mV/div.)に設定中

4 一定期間だけトリガ機能を抑止するホールド・オフ

図16 不連続なパルス信号を観測するには…

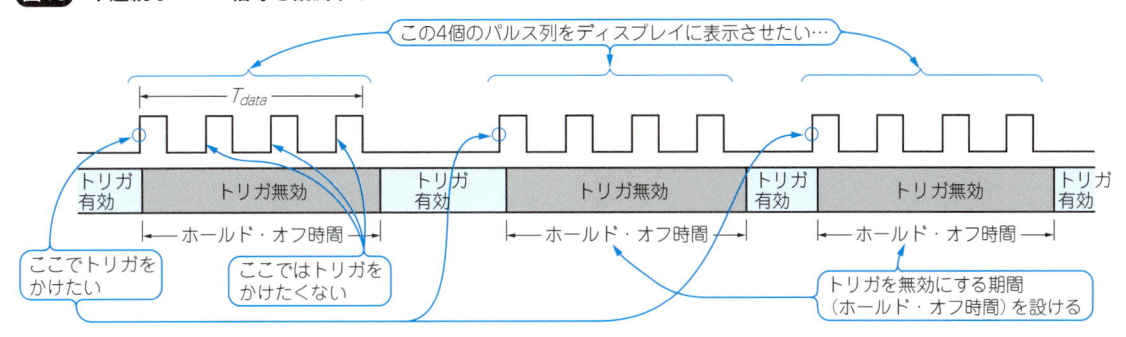

● 不連続パルスの途中の信号を観測したい

図16に示す不連続パルス信号の T_{data} 期間中の4個のパルス列を表示させたい場合，エッジ・トリガを利用すると，すべての波形でトリガがかかってしまいうまく観測できません．

このような波形を表示するには，最初のパルスだけでトリガをかけ，続く3個のパルスに対してはトリガがかからないようにするしかありません．

このようにトリガを抑止する機能をホールド・オフ，その禁止期間のことをホールド・オフ時間と言います．

ホールド・オフ時間は0秒に設定することはできず，下限（例えば300 μs）があります．

ホールド・オフ時間はできるだけ短いほうが，画面の更新が速く，波形の変化が見やすくなります．しかし短すぎると，今度はトリガがかかりにくくなり，波形が左右に揺れてしまいます．ホールド・オフ時間は波形によって最適値があり，複雑な波形を観測する場合は，測定のたびに調整しなおす必要があります．

通常，ディジタル・オシロスコープは，取り込み，処理，表示の一連の作業が終わった後の初めのトリガ・パルスで，次の取り込み動作に入ります．しか

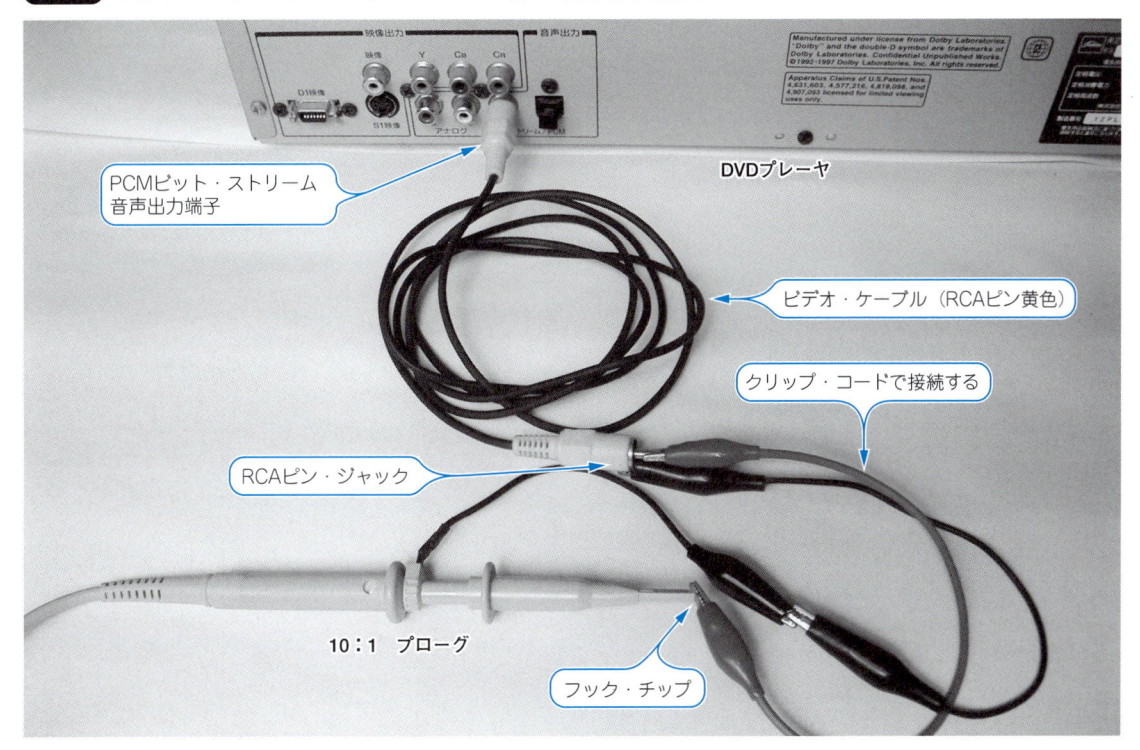

写真24 DVDプレーヤのビット・ストリーム/PCM端子の出力信号を観測

5-7 トリガ・テクニックのいろいろ

写真25 ビット・ストリーム/PCM端子の出力信号は[Auto-Scale]では捕らえられない

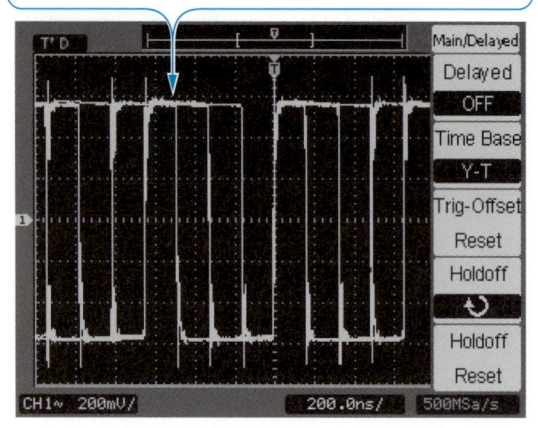

[Auto-Scale]を押すとバラバラと変動して表示が安定しない

写真26 ホールド・オフ機能を呼び出す

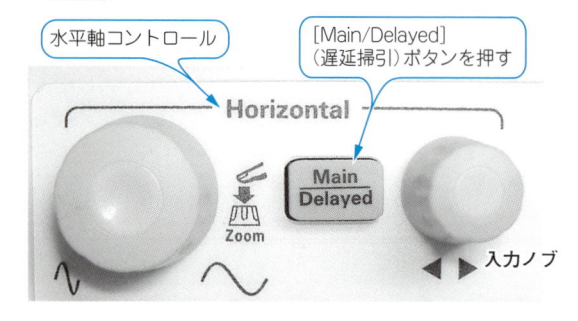

水平軸コントロール

[Main/Delayed](遅延掃引)ボタンを押す

入力ノブ

写真28 ホールド・オフ機能を呼び出してトリガのかからない期間を調整すると波形が安定する

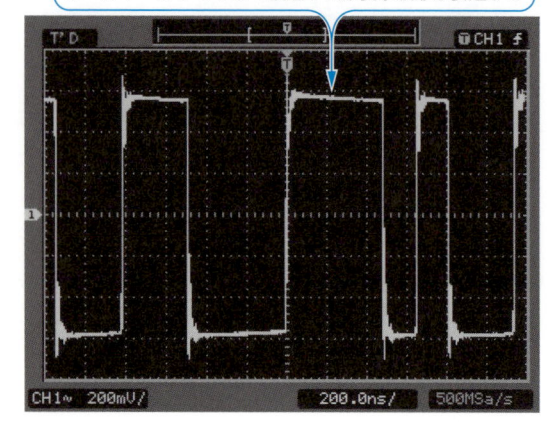

ホールド・オフをうまく設定すれば表示波形が安定する

し，ホールド・オフ時間を設定すると，この時間内に発生したトリガを無視します．

アナログ・オシロスコープのホールド・オフは，CRTの帰線（電子ビームの掃引の戻り道）期間中にトリガ条件が成立しても掃引を始めないようにするしくみでした．

● **DVDのビット・ストリーム出力信号を観測する**

写真24に示すように，DVDプレーヤのリア・パネルにある音声ビット・ストリーム/PCM（同軸）端子の出力信号をCH-1に入力します．

ビット・ストリーム出力のように，いろいろな幅のパルスが含まれているディジタル信号は，[Auto-Scale]機能だけでは安定した表示は望めません．このような場合は，ホールド・オフを調整するのが定石です．

[Auto-Scale]ボタンを押すと，**写真25**に示すように，バラバラと変動する不安定な波形が表示されます．

写真26に示す[Main/Delayed]ボタンを押して，水平軸メニューを表示します．**写真27**に示す[Holdoff]ボタンを押して，入力ノブを回します．

調整がうまくいくと，**写真28**に示すような波形が表示されるはずです．

測定が終わったら[Holdoff Reset]ボタンを押して，ホールド・オフ時間を最小値の100nsに戻しておきます．

写真27 ホールド・オフ時間を設定する…水平軸メニューが呼び出されたら[Holdoff]を選んで入力ノブを回す

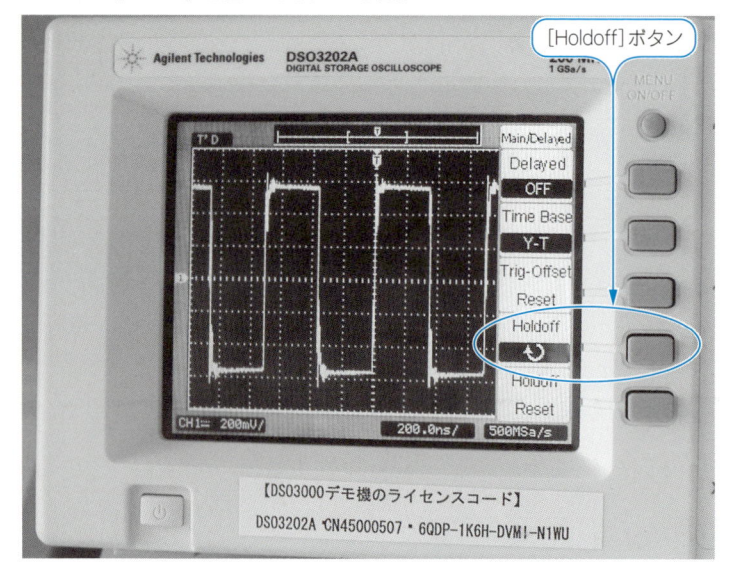

[Holdoff]ボタン

5 表示波形を録画/再生する

一定時間内に異常信号が発生していることはわかっているけど，いつ発生しているかがわからない場合，どうやって，その波形を捕らえたらよいのでしょうか．

ディジタル・オシロスコープはビデオ・レコーダのように機能させることができます．

ディジタル・オシロスコープDSO3202Aは，最大1000枚の波形画像を蓄積することができます．蓄積した波形をあとで再生して，じっくり観察すれば，異常波形を見つけることができます．

これをシーケンス機能と呼びます．波形の捕捉（Capture）間隔の設定，捕捉フレーム数（画面数）の設定や，記録した内容の不揮発性メモリへの保存などが可能です．

DVDプレーヤのアナログ音声出力を例にして，ディジタル・オシロスコープの波形レコーダ機能を試してみます．

DVDプレーヤのアナログ音声出力（**写真29**）をCH-1に接続して，DVDまたはCDを再生します．音声信号波形が，ディスプレイに表示されます．表示されない場合は［Auto-Scale］を押してください．垂直スケールと水平スケールを**写真30**に示すような設定にします．トリガを気にする必要はありません．

写真29 DVDプレーヤのアナログ音声信号をオシロスコープに入力

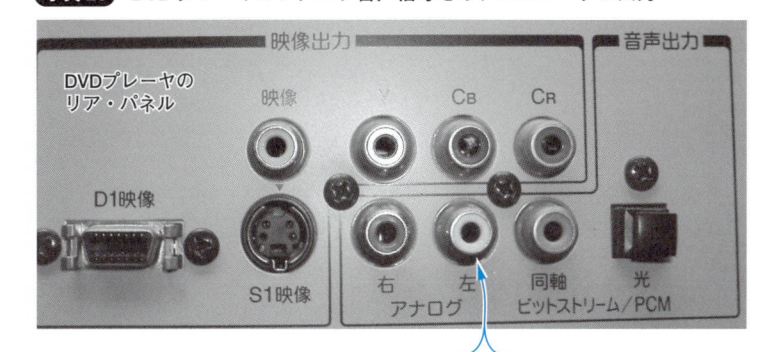

このアナログ音声出力をオシロスコープのCH-1に入力する

写真30 水平軸スケールを1ms/div.に垂直軸スケールを500mV/div.に設定する

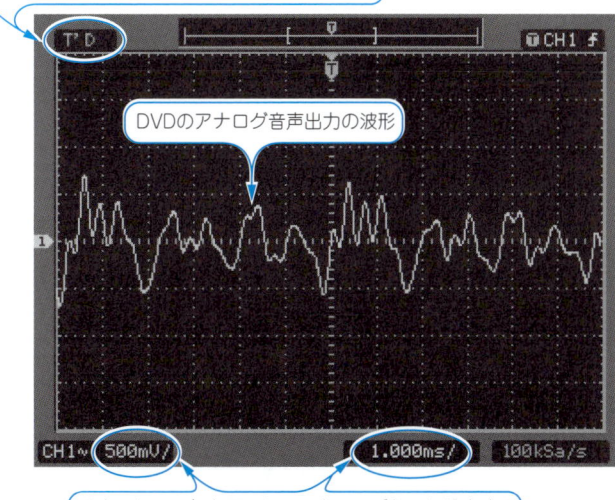

音声信号はランダムなのでトリガは気にしなくてよい

DVDのアナログ音声出力の波形

垂直スケールと水平スケールをこのぐらいに設定する

写真31 波形を録画する①

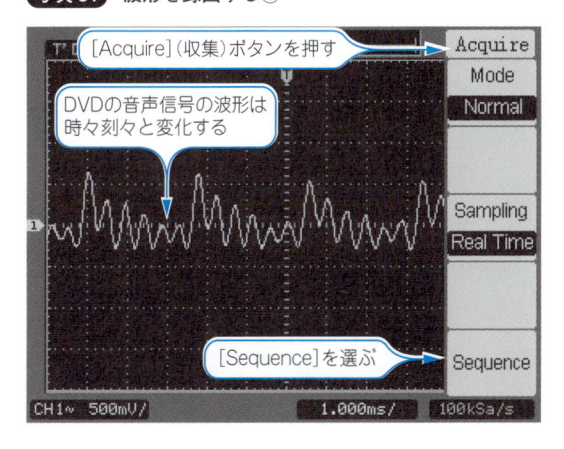

［Acquire］（収集）ボタンを押す

DVDの音声信号の波形は時々刻々と変化する

［Sequence］を選ぶ

写真32 波形を録画する②

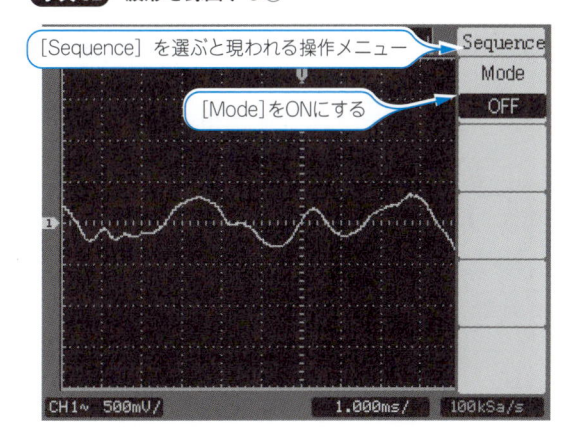

［Sequence］を選ぶと現われる操作メニュー

［Mode］をONにする

5-7 トリガ・テクニックのいろいろ

波形コントロールの[Acquire]ボタンを押してください．

写真31 のメニューから，[Sequence]を選択します．

写真32 のメニュー画面で，シーケンス・モードを[ON]にします．

写真33 のメニューから，[Operate○]を選択します．

すると，**写真34** に示すように波形の録画が始まり，しばらくすると，**写真35** のように録画が終了します．

次にシーケンス・モードを[Capture]から[Play Back]に変更します（**写真36**）．

[Operate(▷)]を押すと，再生が始まります．途中で止めたいときは，[Operate(■)]を押します（**写真37**）．全部のレコード長を再生したら停止（■）します．繰り返し再生（連続再生）することもできます．

写真33 波形を録画する③

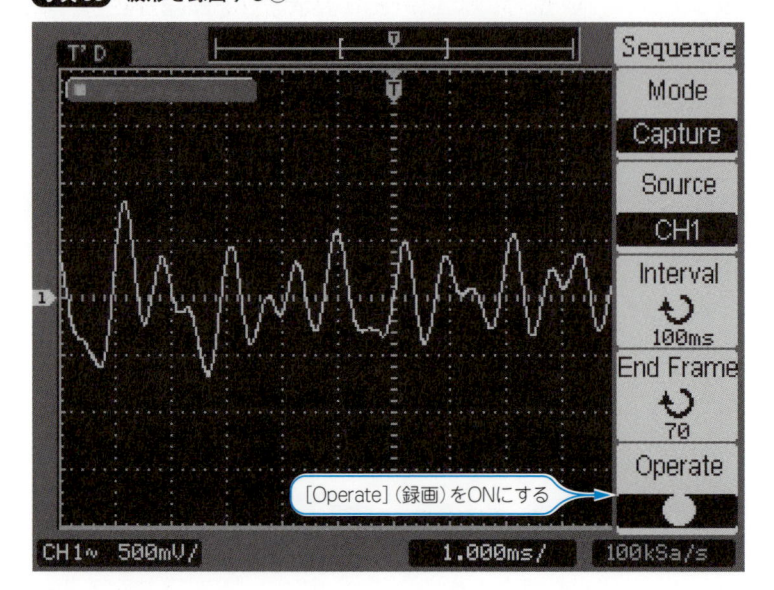

[Operate]（録画）をONにする

写真34 波形を録画中

波形の録画がスタート

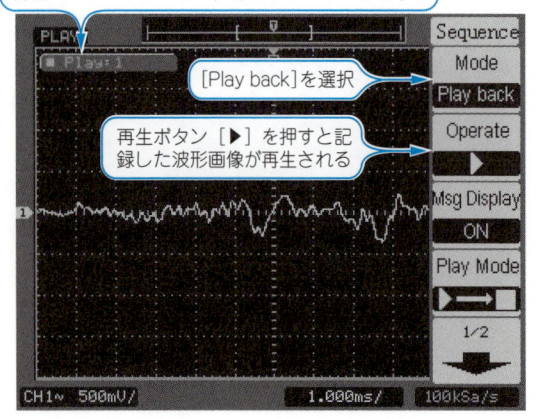

録画中の表示．いつでも押してよい．記録が中断する

写真35 録画完了

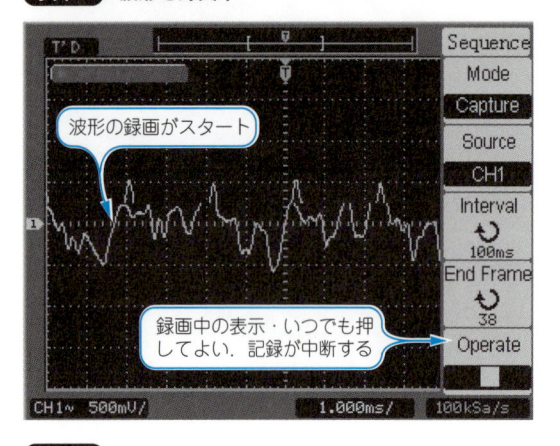

波形の記録が完了

Waveforms recorded

録画可能状態のサイン．今は停止中．

写真36 波形を再生する

再生モードになっており，停止中であることを示す

[Play back]を選択

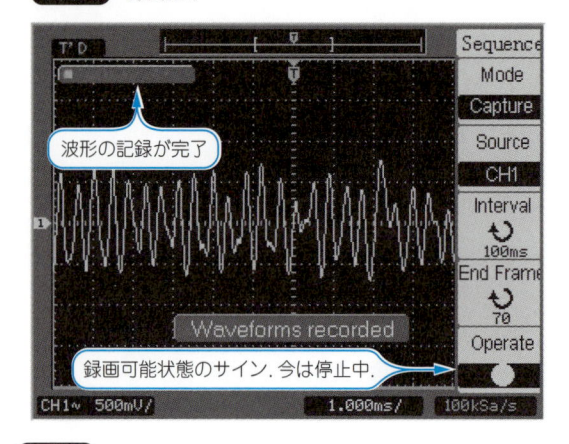

再生ボタン[▶]を押すと記録した波形画像が再生される

写真37 波形再生を中断する

再生中であることを示す表示

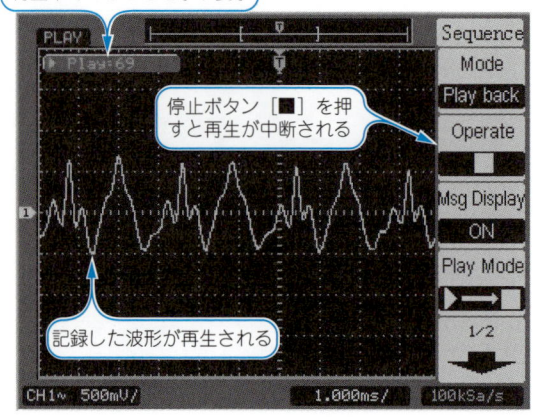

停止ボタン[■]を押すと再生が中断される

記録した波形が再生される

徹底図解★ディジタル・オシロスコープ活用ノート

第6章
周波数分析からパソコンによる制御まで

ディジタルならではの便利な機能

6-1 FFT解析機能を使って周波数分解
波形に含まれる周波数成分を表示する

1 周期信号を単一周波数の正弦波に分解するフーリエ変換

図1 フーリエ変換のターゲットは同じ波形が繰り返される周期信号

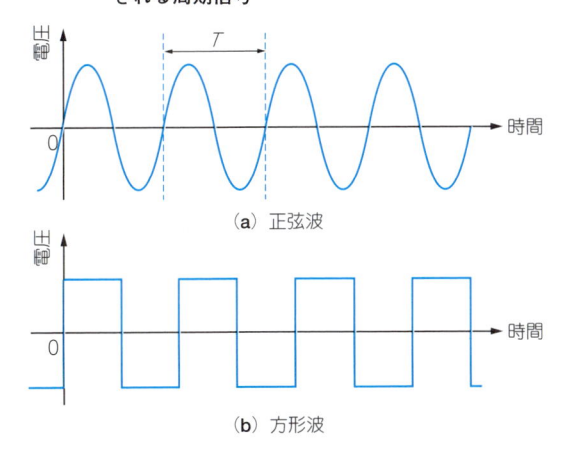

(a) 正弦波

(b) 方形波

図2 1回しか発生しない単発信号に対してフーリエ変換は有効でない

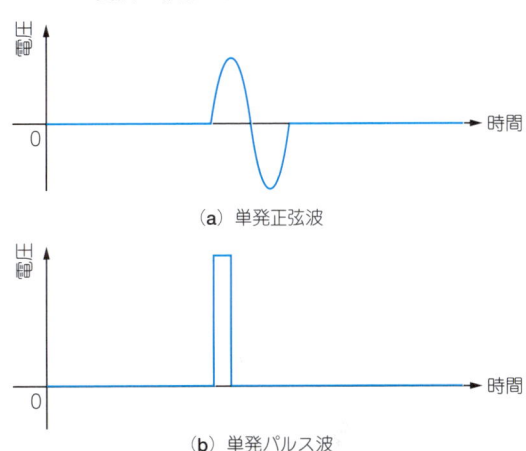

(a) 単発正弦波

(b) 単発パルス波

● フーリエ変換のターゲットは周期的に変化する連続信号

図1に示すように，同じ波形が繰り返される信号を周期信号と呼びます．

これに対して**図2**に示すように，1回だけ，またはたまにしか発生しない信号や周期が不規則な信号を単発信号と呼びます．

繰り返される波形の時間間隔を周期と呼び，一般にT［sec］で表します．周期の逆数$1/T$を周波数と言い，一般にf［Hz］で表します．周波数は，同じ波形が1秒間に発生した回数です．

● フーリエ変換とは

任意の周期信号はいくつかの周波数の正弦波に分解することができます．この変換操作をフーリエ変換と呼びます．

図3に示すのは周波数f_1とf_2の二つの正弦波から構成されている信号です．振幅の時間変化は，次式のように表されます．

$$V = V_1 \sin(2\pi f_1 t) + V_2 \sin(2\pi f_2 t)$$

ただし，$f_1 = 1/T_1$，$f_2 = 1/T_2$，V_1，V_2：各信号の振幅の最大値（$V_1 > V_2$）

図4(a)に示す信号は，**図4(b)**の三つの正弦波を合成した周期信号であることを意味しています．

図3 周波数の異なる二つの信号が混ざっている信号

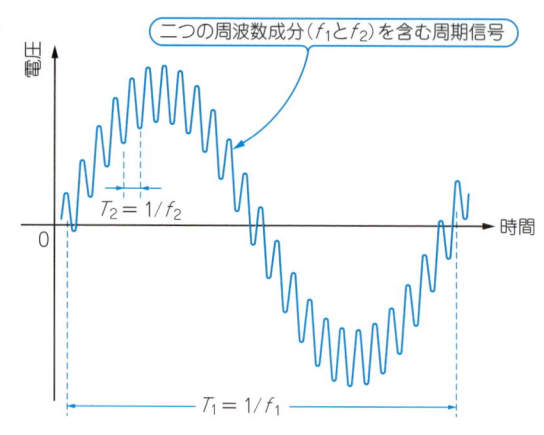

二つの周波数成分(f_1とf_2)を含む周期信号

$T_2 = 1/f_2$

$T_1 = 1/f_1$

図4 すべての周期信号は単一周波数の正弦波に分解できる

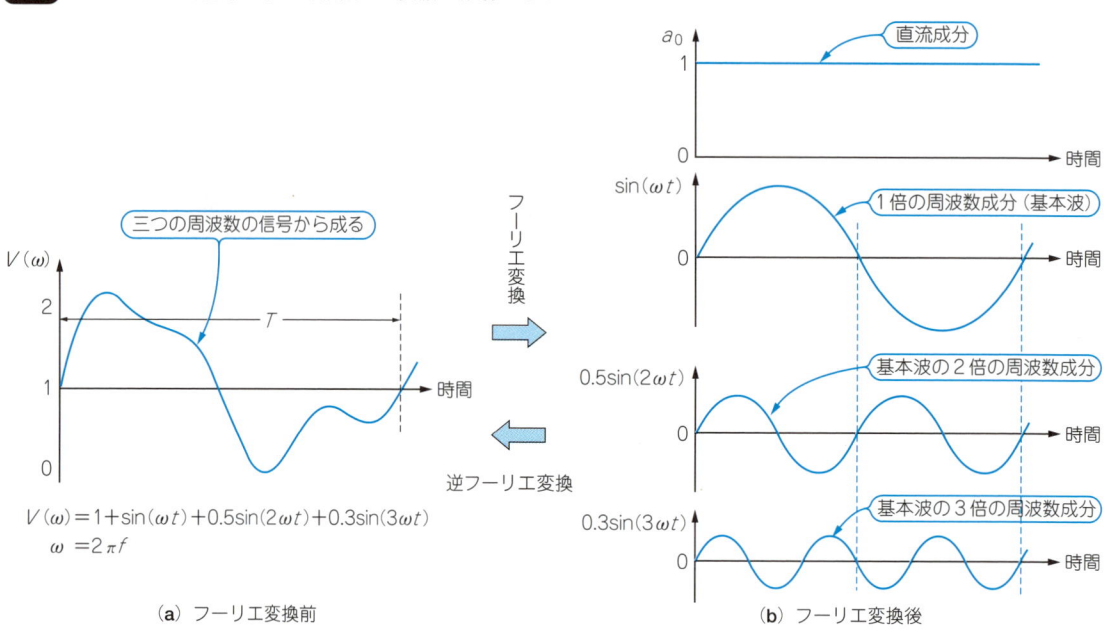

三つの周波数の信号から成る

$V(\omega) = 1 + \sin(\omega t) + 0.5\sin(2\omega t) + 0.3\sin(3\omega t)$
$\omega = 2\pi f$

（a）フーリエ変換前

フーリエ変換 →
← 逆フーリエ変換

a_0 — 直流成分
$\sin(\omega t)$ — 1倍の周波数成分（基本波）
$0.5\sin(2\omega t)$ — 基本波の2倍の周波数成分
$0.3\sin(3\omega t)$ — 基本波の3倍の周波数成分

（b）フーリエ変換後

フーリエ変換は身近なところにある column

フーリエ変換は，意外に身近に存在します．

光は，いろいろな波長の電磁波の集まりです．**図A**のように，プリズムに太陽光線などの白色光を通すと分解されて，赤，橙…青，紫のように色が付いた帯になって見えます．

図Aの左から入射した光は，プリズムの中で屈折し右下に出てきます．このとき，屈折率（屈折のしやすさ）は波長が短いほど大きいので，紫の光がよく曲がります．ここに紙を置くと，虹のような帯（スペクトル）が見えます．

図A プリズムは光のフーリエ変換器

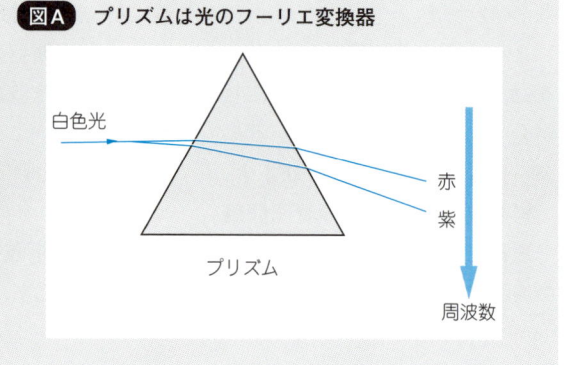

白色光 → プリズム → 赤／紫 → 周波数

2　FFT機能を使ってみる

写真1　市販の正弦波発生器の出力（1kHz正弦波）をFFT解析する

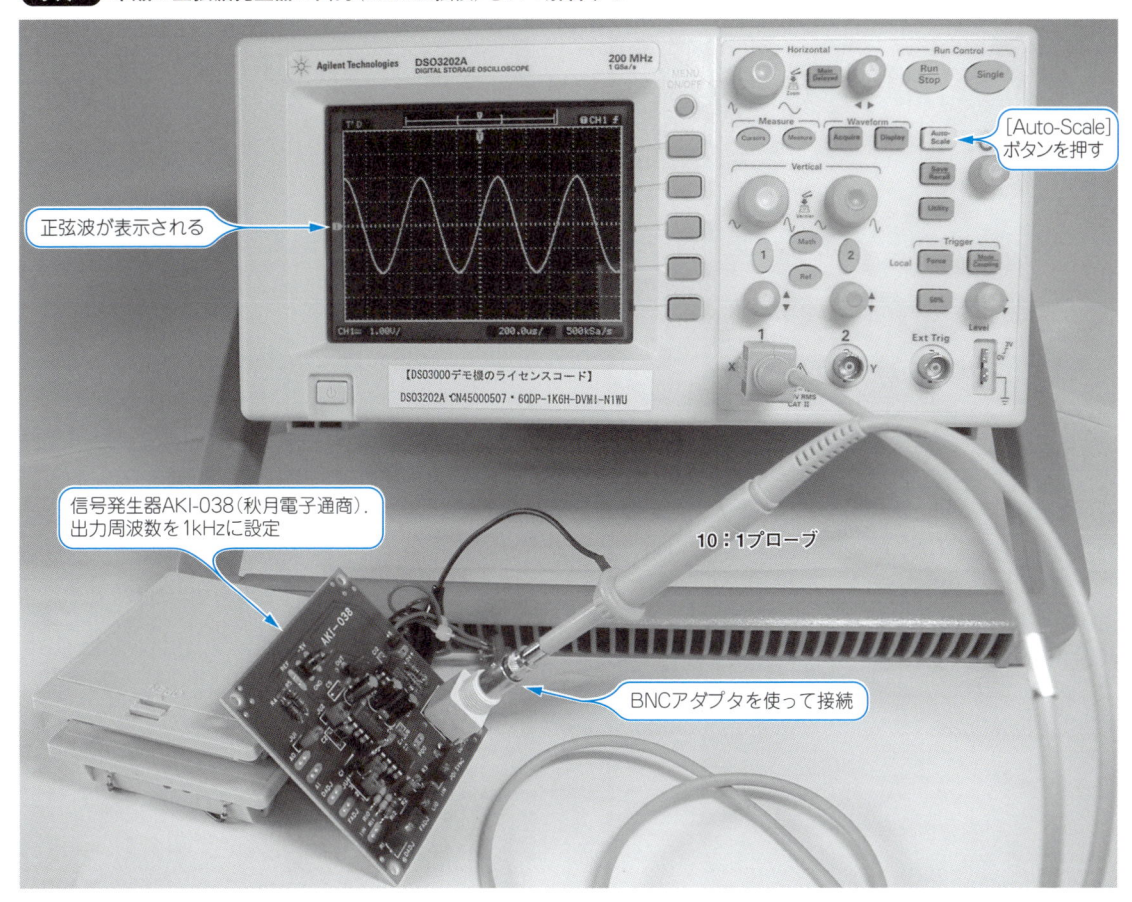

- 正弦波が表示される
- [Auto-Scale]ボタンを押す
- 信号発生器AKI-038（秋月電子通商）．出力周波数を1kHzに設定
- 10:1プローブ
- BNCアダプタを使って接続

写真2　[Math]ボタンを押してFFT解析機能を呼び出す

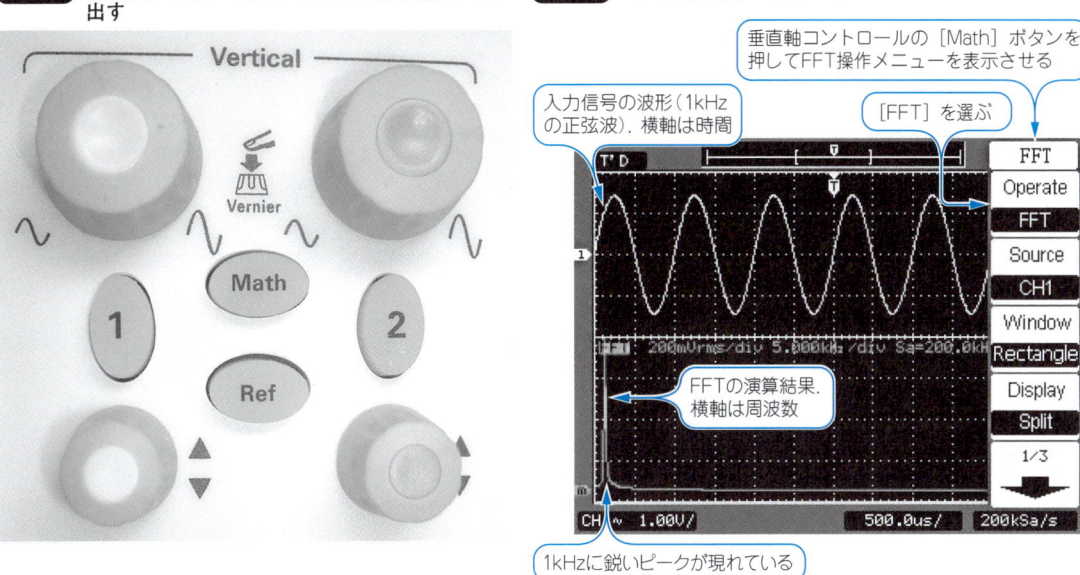

写真3　FFTを機能させたところ

- 垂直軸コントロールの[Math]ボタンを押してFFT操作メニューを表示させる
- 入力信号の波形（1kHzの正弦波），横軸は時間
- [FFT]を選ぶ
- FFTの演算結果．横軸は周波数
- 1kHzに鋭いピークが現れている

● 高速フーリエ変換とは

FFTとは，Fast Fourier Transform（高速フーリエ変換）の略で，フーリエ変換をコンピュータで高速に計算する方法です．

写真4 **写真3** の周波数スケールを変更

窓関数を[Rectangle]に設定

写真5 窓関数を変えてみると…

窓関数を[Hamming]に変更

スペクトルの幅が広がった

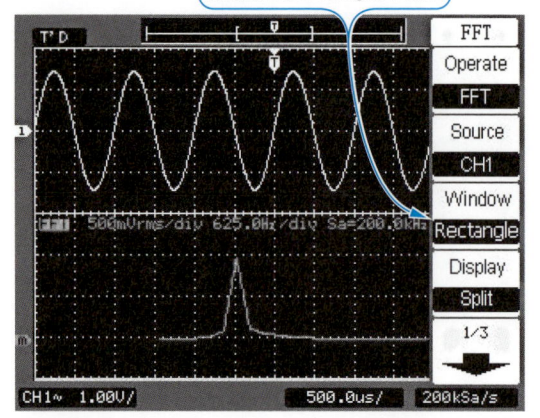

写真6 FMラジオの音声信号をFFT解析した結果

FMラジオから取り出した音声信号（人の声）の波形

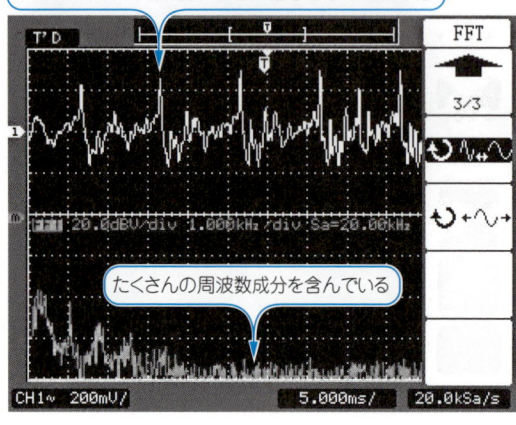

たくさんの周波数成分を含んでいる

写真7 ホワイト・ノイズをFFT解析した結果

たくさんの周波数を均等に含む雑音

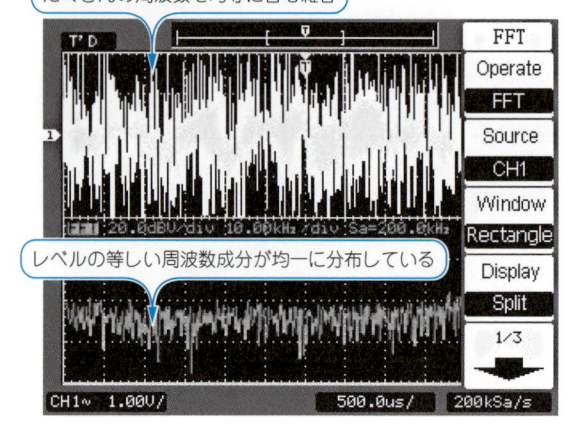

レベルの等しい周波数成分が均一に分布している

　信号は時々刻々と変化しており，これに伴って周波数成分も変動します．例えば，音声や映像信号などは，放送内容によりその周波数成分がつねに変化しています．この変化に追従して，その周波数成分を正確に捉え表示するためには，フーリエ変換の計算を短時間で行い，できるだけ高速に表示を更新しなければなりません．

　FFT機能は，波形に含まれる高調波成分やひずみの検出，DC電源から発生する雑音の評価，機械的な振動の解析（センサで電気信号に変換する）などに応用できます．

● FFT機能を利用してみる

　多くのディジタル・オシロスコープは，高速にフーリエ変換する機能（FFT機能）を搭載しています．

　写真1のようにプローブを1kHzの信号源に接続し，[Auto-Scale]ボタンを押して波形を表示させます．次に，**写真2**のように垂直軸コントロールの[Math]ボタンを押し，[Operate]のFFTを選択します．すると**写真3**と**写真4**に示すようにFFT解析結果が表示されます．二つの表示部があり，上側は横軸が時間です．下側の横軸は周波数です．

　写真5は，窓関数を[Rectangle]から[Hamming]に変更して観測した波形です．

　写真6に示すのはFM放送の音声（人の声）をFFT機能を利用して観測した波形です．

　写真7に示すのは，レベルが均等なたくさんの周波数成分で構成されているホワイト・ノイズのFFT解析結果です．下の表示欄を見ると，確かに周波数成分が均等に分布しています．

3 窓関数の使いわけ

図5 ディスプレイに表示されている波形の始点と終点をそのままつないで周期信号を作りフーリエ変換すると…

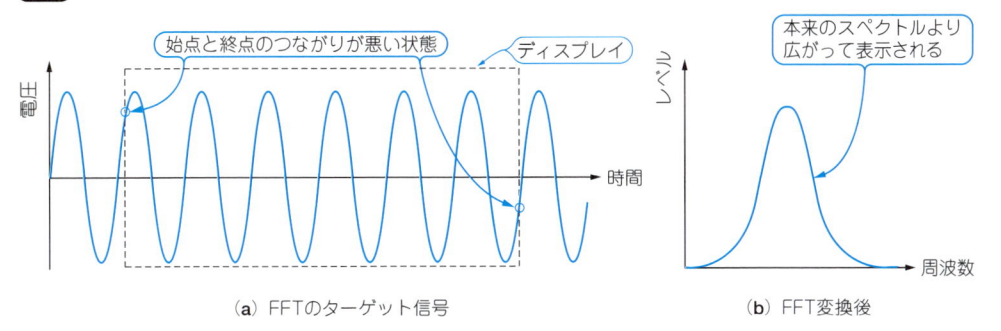

(a) FFTのターゲット信号 — 始点と終点のつながりが悪い状態／ディスプレイ

(b) FFT変換後 — 本来のスペクトルより広がって表示される

図6 FFT演算器はフーリエ変換する際，周期信号の一部を切り出して窓関数で両サイドの形状を処理する

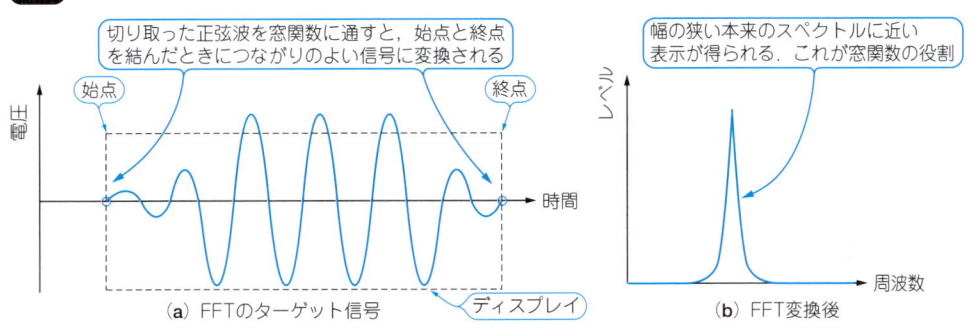

(a) FFTのターゲット信号 — 切り取った正弦波を窓関数に通すと，始点と終点を結んだときにつながりのよい信号に変換される／始点／終点／ディスプレイ

(b) FFT変換後 — 幅の狭い本来のスペクトルに近い表示が得られる．これが窓関数の役割

● ディスプレイに表示されている不連続信号をどうやってフーリエ変換するのか？

前述のように，FFT解析は連続した周期信号を単一周波数の信号に分解する操作です．

しかし，ディジタル・オシロスコープのディスプレイに表示されているFFT解析のターゲット信号は，連続信号の一部が切り出された不連続信号です．

この不連続信号をFFT解析するには，始点と終点をつなぎ合わせればよいのですが，単につないだだけではつながり部が不自然になります．これでは，存在しないはずの周波数成分が表示されてしまいます．

そこで，ディジタル・オシロスコープは，ディスプレイ上に切り出された不連続信号にある関数をかけます．これを窓関数と呼びます．

窓関数にはいくつか種類がありますが，振幅の精度と周波数分解能の精度を両立するタイプというのは存在しません．例えば，スペクトルの幅を正しく評価したいときはRectangle窓関数を利用し，振幅を正しく評価したいときはHamming窓関数を利用します．

表1 窓関数の種類と特徴

窓関数	特 性	対象信号	単一周波数の正弦波を入力した時の応答
方形 (Rectangle)	周波数分解能がやや良い．振幅分解能がやや悪い	振幅一定の正弦波．対称的なバーストや過渡信号．スペクトルの変化が緩慢な広帯域ランダム雑音	
ハニング (Hanning)	周波数分解能が良い．振幅分解能はハミングより良い	正弦波，周期信号，狭帯域ランダム雑音，非対称なバーストや過渡信号	
ハミング (Hamming)	周波数分解能がハニングよりは良い．振幅分解能が悪い	正弦波，周期信号，狭帯域ランダム雑音，非対称なバーストや過渡信号	
ブラックマン (Blackman)	周波数分解能が悪い．振幅分解能が良い	単一周波数の波形．高次高調波の検出	

● **適切な窓関数を選択する**

ディジタル・オシロスコープは，FFT演算をするとき，信号の一部を切り出します．切り出したのち，始点と終点をつないで，周期信号を作り出し，FFT解析を開始します．

図5(a) に示すのは連続的な正弦波ですから，単一周波数の鋭いスペクトルとなるはずです．しかし切り出した後の波形の左端と右端で位相が連続していないと，**図5(b)** のようにスペクトルが拡がってしまいます．

ディスプレイの表示波形の始点と終点をつなぎ合わせる際，つなぎ目が連続していれば，FFT演算波形は，**図6** のように幅が狭く鋭いスペクトルになります．

切り出した信号に窓関数をかけると，このつなぎ目がなめらかになり，スペクトルの拡がりが小さくなります．

窓関数には4種類あります．どの窓関数も，周波数分解能と振幅精度の間にトレードオフがあります．窓関数を選ぶときは，入力信号のタイプなどを考慮しなければなりません．

表1 に窓関数の種類とその特徴を示します．

CAL信号を使ってFFT演算を実行し，窓関数を変更してスペクトル形状を比較してみます．CAL端子にプローブを接続して［Auto-Scale］ボタンを押します．［Math］ボタンを押し，演算［Operate］をFFTとします．

次の窓関数を試してみました．

● 方形（Rectangle，**写真8**）

写真8 1kHz方形波にRectangle窓関数をかけてFFT解析した結果

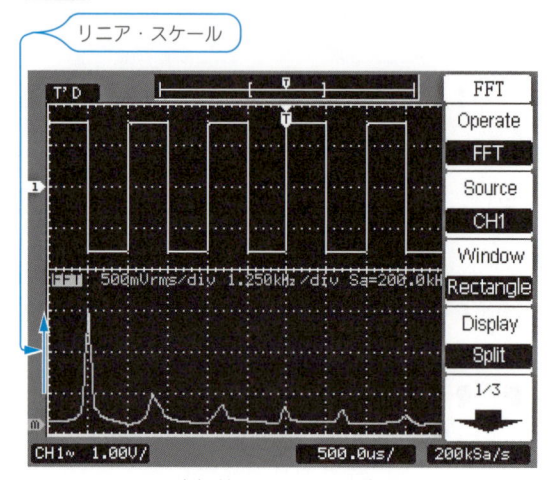

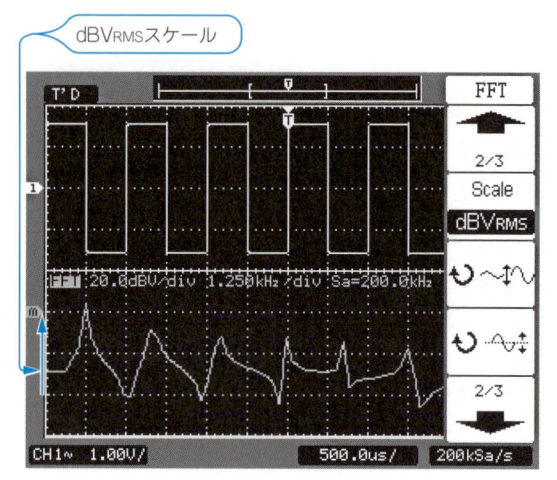

(a) リニア・スケール表示

(b) 対数スケール表示

写真9 1kHz方形波にHamming窓関数をかけてFFT解析した結果

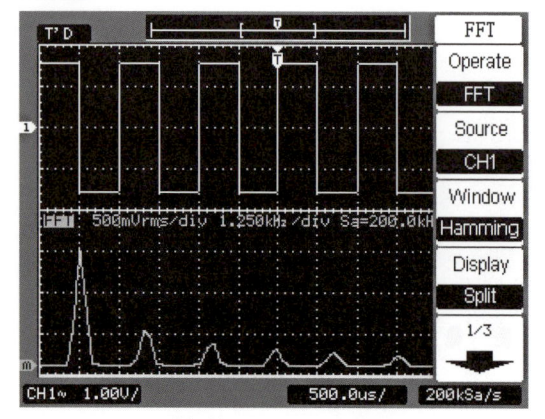

(a) リニア・スケール表示

(b) 対数スケール表示

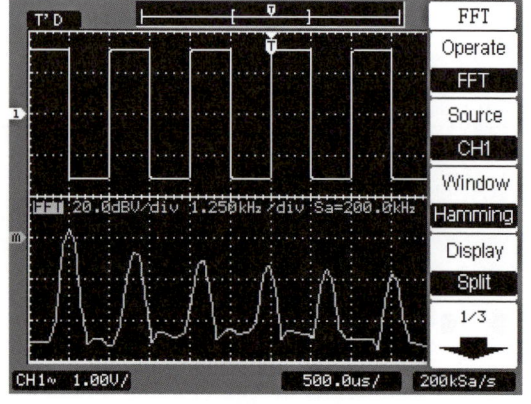

写真10 1kHz方形波にBlackman窓関数をかけてFFT解析した結果

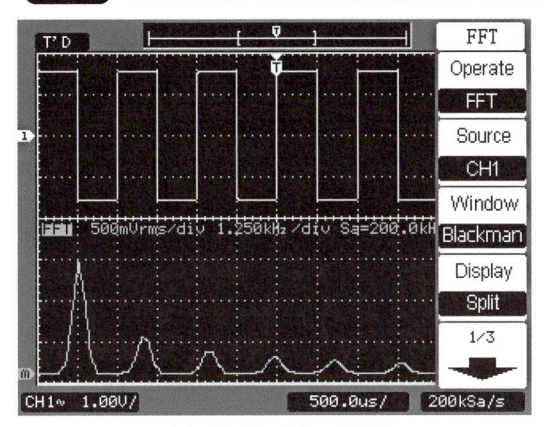

(a) リニア・スケール表示

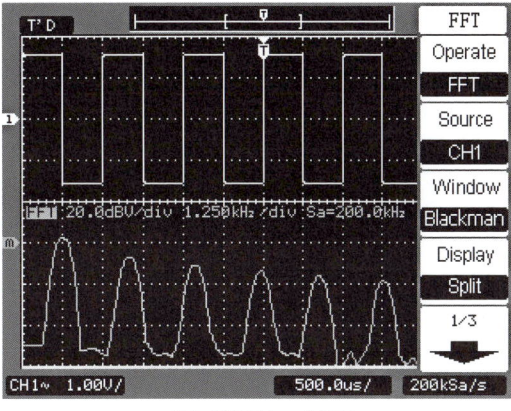

(b) 対数スケール表示

- ハニング(Hanning)
- ハミング(Hamming, 写真9)
- ブラックマン(Blackman, 写真10)

FFT変換後の波形を広いダイナミック・レンジで観測したい場合は，縦軸をdBV_{RMS}スケールに設定します．周波数成分の振幅は対数スケールで表示されます．

● **直流成分をもつ信号はAC結合で**

直流のバイアスがかけられたオフセットのある信号には直流成分が含まれています．このような波形の場合は，入力信号をAC結合で取り込む必要があります．DC結合で取り込んで，FFTを実行すると振幅が正しく表示されません．

● **ランダム・ノイズはアベレージングして観測**

ランダム・ノイズとエイリアシング成分を減らしたい場合は，オシロスコープの測定モードをアベレージングにします．

FFT機能を使うときは，エイリアシングの発生に注意する必要があります．ナイキスト周波数は，サンプリング・レートの1/2の周波数で定義されます．

ナイキスト周波数より上の周波数はアンダー・サンプリングされ，エイリアシングを発生します．

ディジタル・オシロスコープにナイキスト周波数を越える信号が入ってくると，エイリアシングが発生します．

● **周波数分解能を上げるには**

FFTの分解能は，FFTポイント数をサンプリング・レートで割ったものになります．FFTポイント数が固定の場合は，サンプリング・レートが低いほど分解能が高くなります．

バッテリ・バックアップ column

電源を切断すると，バッテリ・バックアップ機能が働いて，切断直前のパネルの設定条件，日付，時計，GP-IBアドレス，波形データが本体メモリに自動的に保存されます．

バッテリ・バックアップは，これらのデータを保存するメモリを内蔵の充電式の電池で動作させていることからこう呼ばれます．

電源を投入すると，前回測定時のパネルの設定条件が呼び出されて測定が開始されます．

初期状態から測定を開始したい場合は，[Save/Recall] - [Default Setup]で初期状態(工場出荷時の設定)に戻します．

6-2 差動信号の観測などに威力を発揮！ 波形の加減算

図7 CH-1とCH-2に方形波を入力して互いに加算した結果

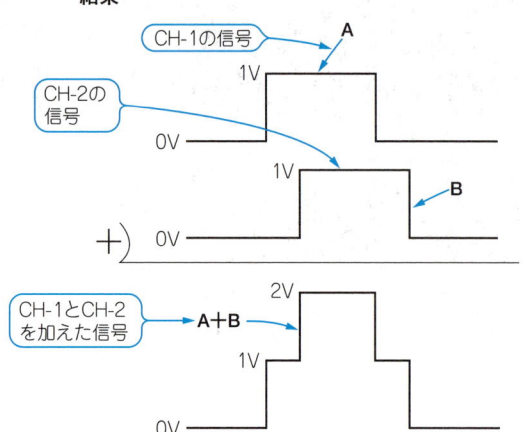

図8 CH-1とCH-2に方形波を入力して減算した結果

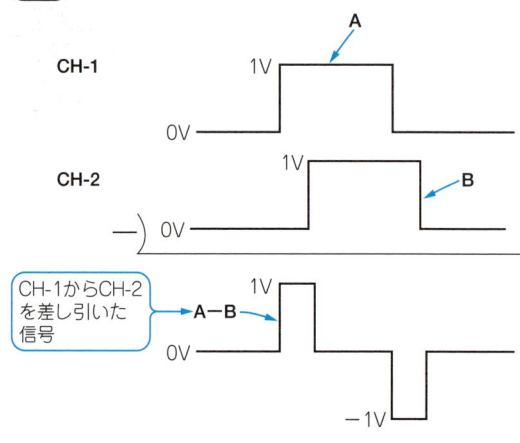

図9 CH-2の信号を反転してからCH-1と加算した結果

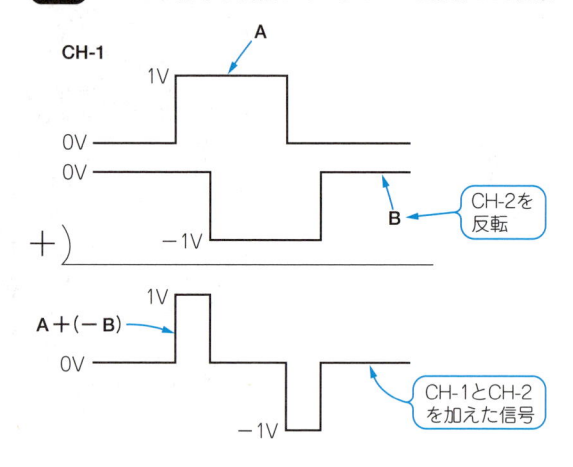

● 加減算によって得られる波形

オシロスコープには，CH-1とCH-2の信号を加算したり減算する機能があります．

図7〜図9を見てください．CH-1とCH-2の波形をそれぞれA，Bとします．

AとBは位相の異なる矩形波で，振幅は1Vです．

図7に示すように，波形を加算すると，波形の振幅が足し合わされ，$A+B$の波形は，0V，1V，2Vの階段状になります．

図8に示すように，波形どうしを減算すると，0V，1V，−1Vの値をもつ幅の狭いパルスになります．

図9に示すのは，一方の信号（B）を反転して波形の上下をひっくり返してから加算した例です．$A-B=A+(-B)$が成立するので，図8と同じ波形になります．

● 差動シリアル伝送ラインの信号成分の抽出に応用

USBの通信波形を観測してみます．

USBの2本の伝送ラインは，どちらかがグラウンドになっているわけではありません．

USBは，互いに位相が180°異なる二つの伝送ライン（D_+とD_-）で，データを送受信しています．

D_+もD_-も信号ラインですから，いずれかをグラウンドに接続することはできません．

差動プローブを使用するか，CH-1とCH-2を使って減算を行う必要があります．

▶直流成分を観測

加算機能を利用して，D_+とD_-の信号の差分を観測してみます．

［Math］ボタンを押して，加算（$A+B$）を選択します．信号源は，$A=$ CH-1，$B=$ CH-2に設定します．［Invert］はOFFとします．写真11に示すのは，この二つの信号を加算した結果です．

下の段に示されているのが，

D_+ と D_- の差分です．波形の最後の部分が負方向に大きく振れています．

▶データ成分を観測

減算 ($A - B$) を選択すると，**写真12** のような波形になります．

これは，USBの通信データです．

＊

図10 に示すように，USB機器 (USBマウスなど) のコネクタからピン配置表にしたがって信号を取り出すか，**図11** に示すように，USB機器との接続ケーブルを切断してプローブを接続します．

垂直と水平のスケールを調整して，波形を表示させます．トリガ・レベルは，CH-1の波形の50％に設定します．

写真11 USBの差動信号 D_+ と D_- を加算すると差動成分が消えて同相成分だけが現れる

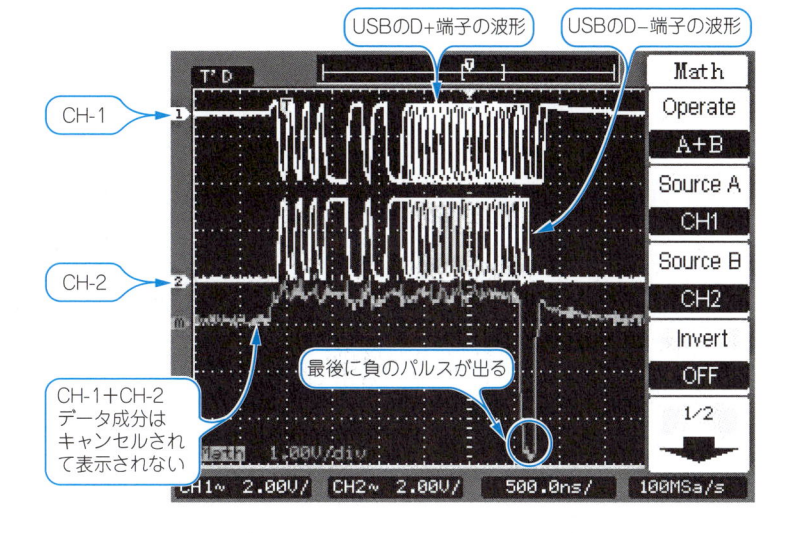

写真12 USBの差動信号 D_+ と D_- を減算すると同相成分が消えて差動成分だけが現れる

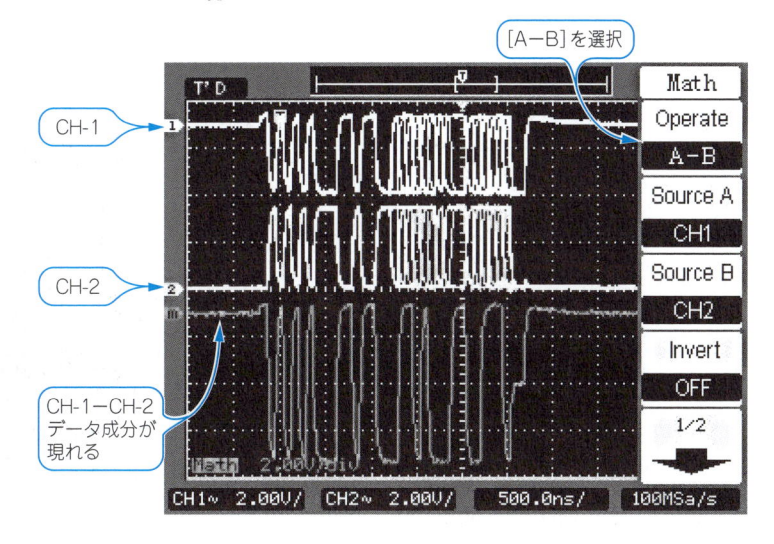

図10 USBコネクタの信号

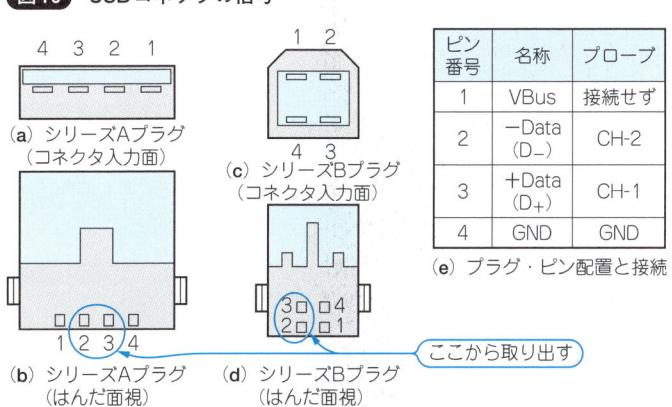

ピン番号	名称	プローブ
1	VBus	接続せず
2	−Data (D_-)	CH-2
3	+Data (D_+)	CH-1
4	GND	GND

(e) プラグ・ピン配置と接続

(a) シリーズAプラグ (コネクタ入力面)
(b) シリーズAプラグ (はんだ面視)
(c) シリーズBプラグ (コネクタ入力面)
(d) シリーズBプラグ (はんだ面視)

図11 USBケーブルの途中から信号を取り出して観測する

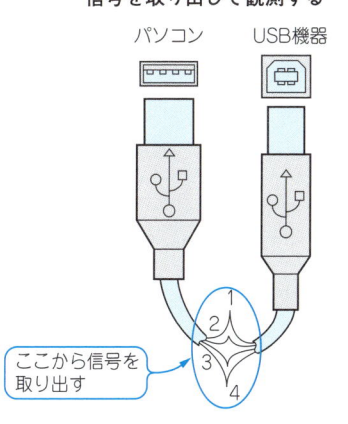

6-3 波形の乗算 — 電力波形の観測などに利用する

波形A(CH-1)と波形B(CH-2)の積($A \times B$)の演算も可能です．

例えば，CH-1に電圧V[V]，CH-2に電流I[A]を加えれば電力Pは次の計算を行ったうえで表示させることができます．

$$P = VI \text{ [W]}$$

● 実験1…同位相，同振幅の信号どうしを掛け合わせる

CH-1とCH-2に$1V_{RMS}$，1kHzを入力して乗算結果（自乗波形）を表示させてみます．

[Math]ボタンを押して$A \times B$を選択してください．

写真13 に結果を示します．一番下の波形が，乗算した結果です．

入力信号は正負に振動していますが，乗算すると正になります．

また周波数が2倍になります．これは三角関数の公式から求まる結果と一致します．

● 実験2…電流と電圧を掛け合わせて電力を求める

図12 に示すように，トランス（12V，0.2A程度），蛍光灯安定器（20W程度），抵抗（10Ω，1W）を結線して，CH-1にトランスの出力電圧を，CH-2に電流検出用抵抗両端の電圧を接続します．

では，乗算機能により電力の波形を表示させてみます．[Math]ボタンを押して，[A×B]を選択します．

結果を 写真14 に示します．

写真13 同相，同レベルの二つの正弦波を掛け合わせると周波数が2倍で正の成分だけの信号になる

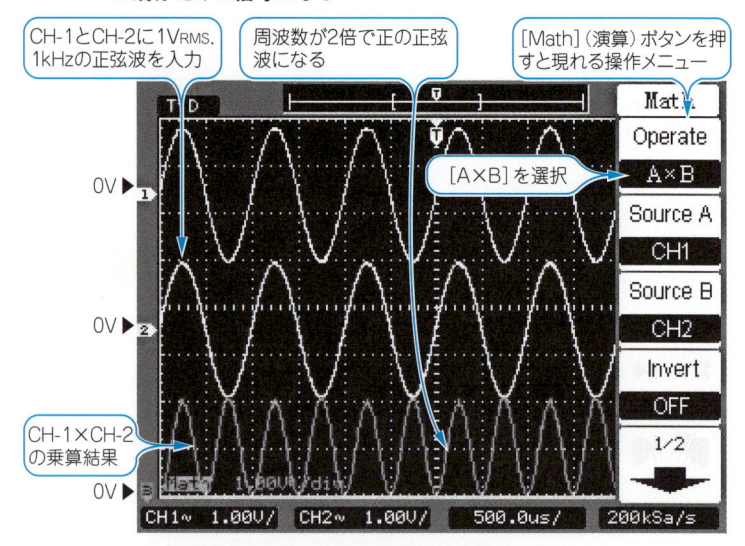

- CH-1とCH-2に$1V_{RMS}$，1kHzの正弦波を入力
- 周波数が2倍で正の正弦波になる
- [Math]（演算）ボタンを押すと現れる操作メニュー
- [A×B]を選択
- CH-1×CH-2の乗算結果

図12 トランス2次側の出力電力波形を観測する実験

- オシロスコープのCH-1にトランスの出力を入力する
- オシロスコープのCH-2に，抵抗両端に発生する電圧（この回路の電流）を入力する
- プローブ（CH-1）
- AC100V, 50/60Hz
- 蛍光灯安定器
- 電源トランス 12V, 0.2A
- プローブのグラウンド・リード
- 抵抗 10Ω 1W
- プローブ（CH-2）
- GND

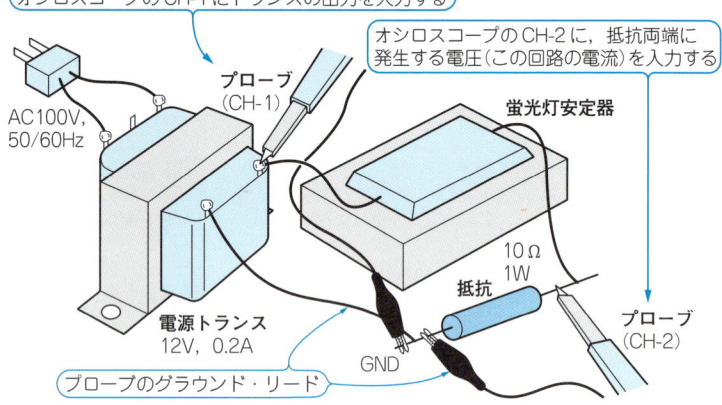

写真14 図12 の蛍光灯安定器の消費電力の波形を観測

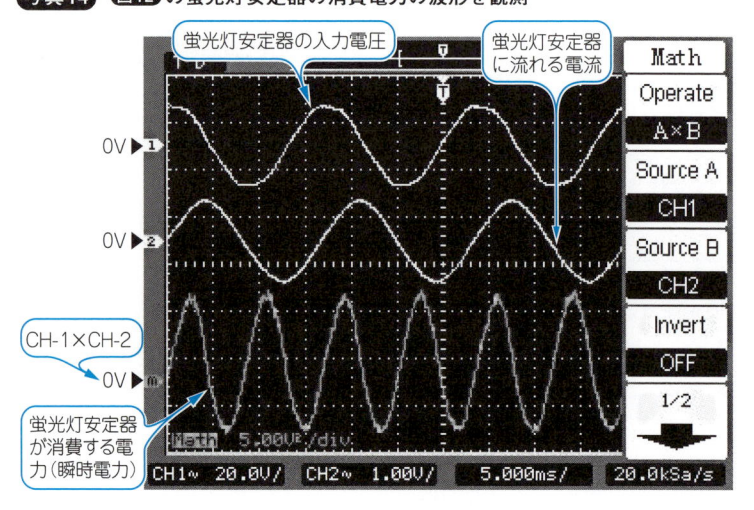

- 蛍光灯安定器の入力電圧
- 蛍光灯安定器に流れる電流
- CH-1×CH-2
- 蛍光灯安定器が消費する電力（瞬時電力）

6-4 雑音を除去して精度良く観測する

アベレージング機能や帯域制限機能を駆使する

1 必要十分な測定帯域で正確に観測する

写真15 フィルタリング機能の効果…帯域制限をしない場合（200MHz）

シュートだけを除去したい…

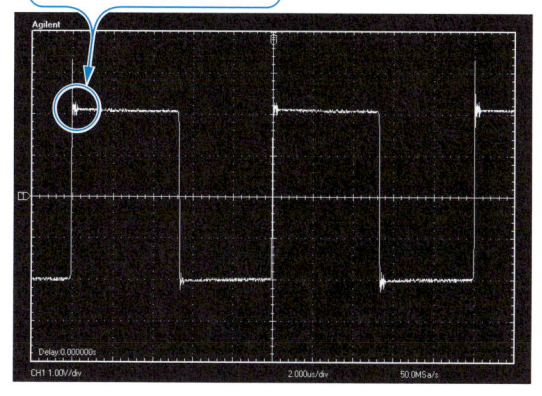

写真16 フィルタリング機能の効果…帯域制限をする場合（20MHz）

帯域制限するとシュートがなくなり観測しやすくなる

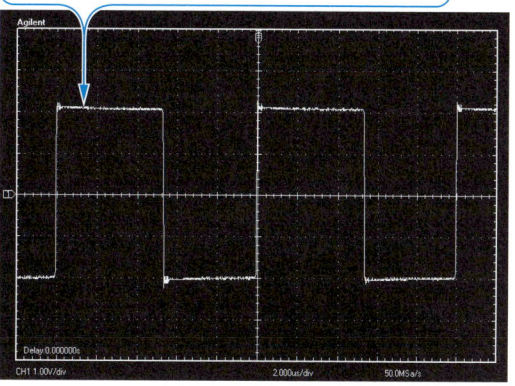

オシロスコープが測定できる入力信号の周波数には限度（帯域幅）があります．購入するときの第一の指標はこの帯域幅です．

帯域幅は広いほど良いように思うかもしれませんが，広すぎるがゆえに使いにくくなるケースもあります．ノイズなどの不要な高周波成分も拾ってしまい，広帯域特性があだになることがあるのです．

このような場合，帯域幅をあえて狭くして，ノイズを拾わないように設定すると，目的の波形だけがきれいに表示されます．

写真15 に示すのは，帯域幅200MHzのオシロスコープを使って，100kHzの矩形波を観測したところです．エッジ部分に目障りな高周波成分（シュート）が見られます．このような場合は，帯域を制限すると，**写真16**

写真17 フィルタリング機能を呼び出す方法

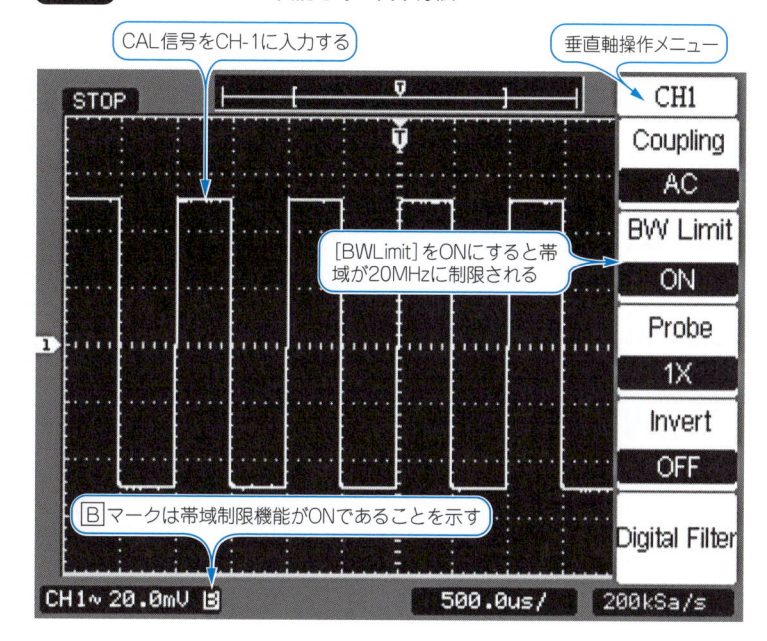

CAL信号をCH-1に入力する

垂直軸操作メニュー

[BWLimit]をONにすると帯域が20MHzに制限される

Bマークは帯域制限機能がONであることを示す

に示すように除去されて見やすくなります．

CAL信号を表示して帯域を制限してみます．

CAL信号が表示されたら，フロント・パネルの［1］ボタン（CH-1選択）を押します．

写真17 に示すように，ディスプレイの右側に垂直軸のコントロール・メニューが現れます．この中の［BW Limit］ボタンを押してONを表示させます．これで20MHzより上の周波数成分が除去されます．

2　ディジタル・フィルタを使った特定の周波数成分の抽出

図13 周波数特性で分類した4タイプのフィルタ

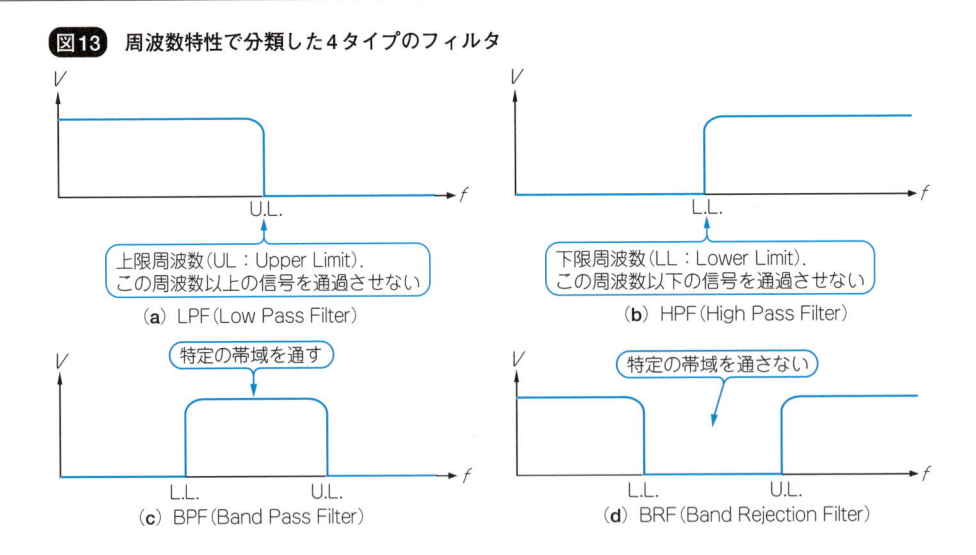

(a) LPF (Low Pass Filter)
上限周波数(UL : Upper Limit)．この周波数以上の信号を通過させない

(b) HPF (High Pass Filter)
下限周波数(LL : Lower Limit)．この周波数以下の信号を通過させない

(c) BPF (Band Pass Filter)
特定の帯域を通す

(d) BRF (Band Rejection Filter)
特定の帯域を通さない

● 4種類のフィルタリングが可能

ディジタル・オシロスコープには，ディジタル・フィルタ機能があり，**図13**に示す4種類のフィルタリングが可能です．

LPF(ロー・パス・フィルタ)とは，ある周波数(上限周波数，Upper Limit)以下を通過させるフィルタです．上限周波数以上は通さないフィルタともいえます．

入力信号の周波数分布が低域に集中していることが分かっている信号をLPFに通すと，不要な高域雑音を除去でき，波形を明瞭に表示できます．

HPF(ハイ・パス・フィルタ)とは，ある周波数(下限周波数，Lower Limit)以上を通過させるフィルタです．下限周波数以下は通さないフィルタともいえます．入力信号の周波数分布が高域に集中していることが分かっている場合にHPFを通すと，波形に重畳する低域雑音を除去できます．

BPF(バンド・パス・フィルタ)とは，ある周波数範囲(下限周波数と上限周波数の間の周波数)の信号を通過させるフィルタです．信号がある周波数範囲に存在することが分かっている場合に使います．

BRF(バンド・リジェクト・フィルタ)とは，ある周波数範囲の信号を除去するフィルタで

写真18 LPF機能を呼び出す①

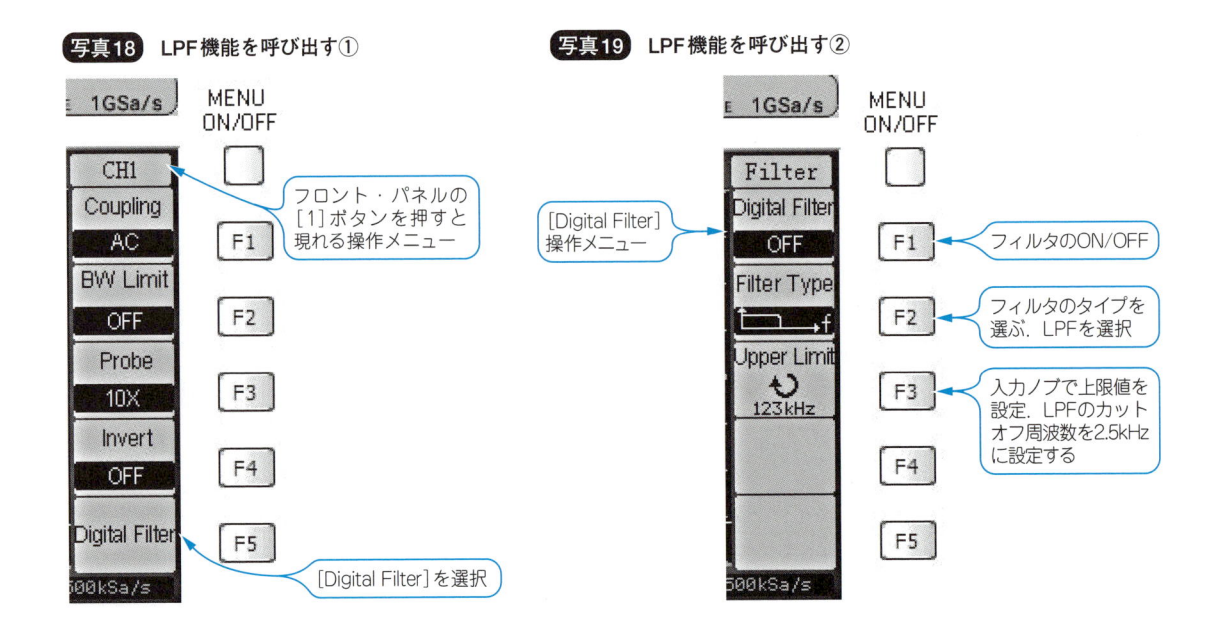

フロント・パネルの[1]ボタンを押すと現れる操作メニュー

[Digital Filter]を選択

写真19 LPF機能を呼び出す②

[Digital Filter]操作メニュー

F1：フィルタのON/OFF
F2：フィルタのタイプを選ぶ．LPFを選択
F3：入力ノブで上限値を設定．LPFのカットオフ周波数を2.5kHzに設定する

116　第6章　ディジタルならではの便利な機能

写真20 LPFをかける前のCAL信号

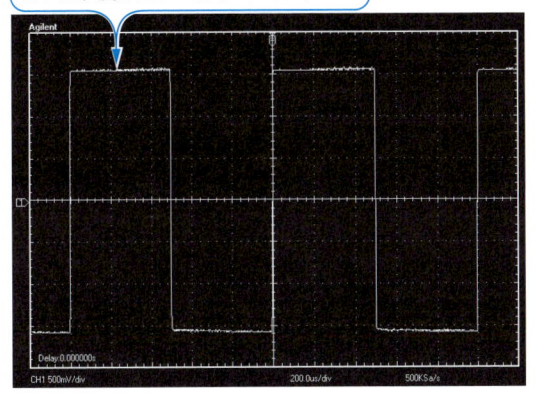

CH-1に入力したCAL信号．フィルタOFF

写真21 LPFをかけた後のCAL信号

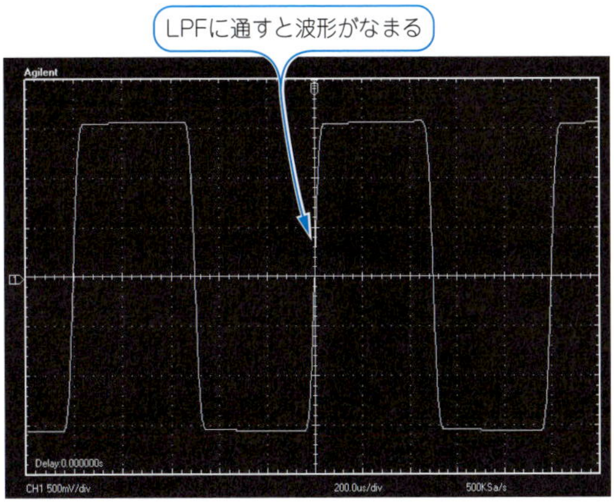

LPFに通すと波形がなまる

す．雑音や不要信号が，ある周波数範囲に集中している場合，これを除去できます．

上限周波数と下限周波数の設定値には限界があり，その値は水平軸の掃引周波数によって決まります．

● **CAL信号にLPFをかける**

フロント・パネルの［1］キーを押してCH-1を選択すると，**写真18** に示すような選択画面が現れます．ここで［Digital Filter］ボタンを押すと，**写真19** に示す［Filter］コントロールが表示されます．

フィルタのタイプを［LPF］に設定します．［Upper Limit］ボタンを押して，ノブを回して設定できる最低の周波数にします．水平軸が200μs/div.の場合は，［Upper Limit］は2.5kHzになります．

フィルタをかける前後の波形を **写真20** と **写真21** に示します．LPFをかけるとエッジがなまった形になります．LPFをかけると高域の雑音を除去することができますが，このように本来の波形をゆがめてしまうこともあります．

ランダム・ノイズとホワイト・ノイズ　　column

偶発的で，ある時間の振幅が予測できない雑音をランダム雑音と言います．

例えば抵抗からは，熱雑音と呼ばれる雑音が発生しています．また，トランジスタのキャリアの変動によってもショット・ノイズが発生します．**図B** に示すように，ランダム・ノイズの振幅は，正規分布(ガウス分布)します．

ランダム・ノイズの一つにホワイト・ノイズ(白色雑音)があります．ホワイト・ノイズは，特定の周波数範囲内で，振幅の平均値が周波数に関係なく一定です．

図B ランダム・ノイズのレベルは正規分布する

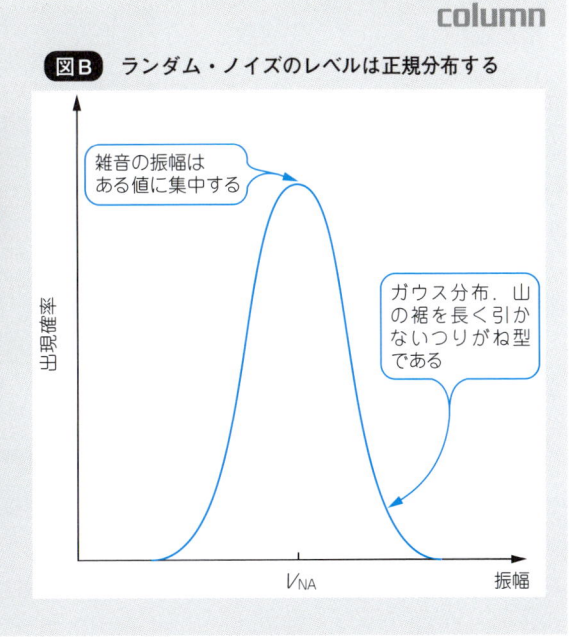

雑音の振幅はある値に集中する

ガウス分布．山の裾を長く引かないつりがね型である

縦軸：出現頻度　横軸：振幅　中心：V_{NA}

6-4 雑音を除去して精度良く観測する

3 ランダム・ノイズを除去するアベレージング

アベレージングとは，2～256の範囲で指定した回数だけデータを取り込み，平均をとる機能です．

平均化することで，波形に含まれているランダム・ノイズが除去されます．平均化回数をnとすると，S/N [dB] は，$20\log_{10}\sqrt{n}$ 改善されます．例えば64回平均化すると，18dBのS/N改善を期待できます．

写真22 のように，ACコードに電線を20回程度巻きつけて，コードから漏洩するノイズの乗った電圧波形を観測し，アベレージングの効果を調べてみます．S/Nは何dB改善されるでしょうか．

［Auto-Scale］ボタンを押して，水平スケール・ノブを調整すると，写真23 のような波形が表示されます．

次に，波形コントロール部の［Acquire］ボタンを押し，モード［Mode］をAverage（平均化）に設定します．

写真24 のように平均化回数［Averages］を押すたびに，2，4，16，32…と回数が増えていき，それとともに波形に重畳されたノイズが減少していきます．16回平均したのでS/Nは，

$20\log_{10}\sqrt{16} = 12$dB

改善されています．

アベレージングの弊害もあります．平均化回数を増やすとその分データ収集に時間がかかり，画面の更新時間が長くなります．波形の細かい変化を捕らえることができなくなりますから，必要以上に平均化回数を増やさないようにします．電源に乗るノイズであれば，4回くらいの平均化で十分な効果が得られます．

写真22 ACケーブルに電線を巻き付けてノイズの乗った交流信号をオシロスコープに入力
- 電線を20回ほど巻き付ける
- 電線の端はオープン
- プローブで電線をつかむ
- グラウンドはどこにも接続しない
- ACコード
- コンセント

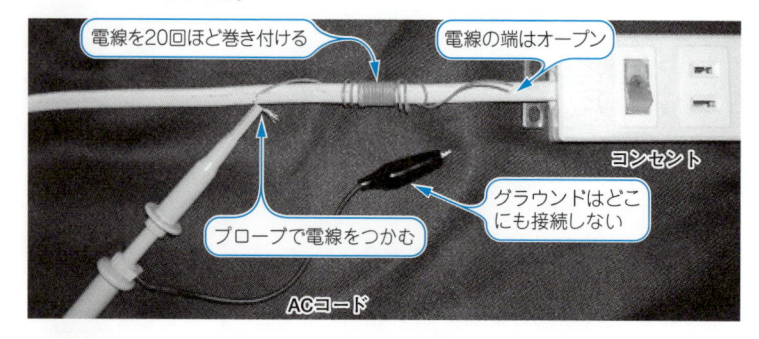

写真23 ノイズが乗った交流信号が観測される
- ［Acquire］（収集）ボタンを押すと現れる操作メニュー
- モードは［Normal］になっている

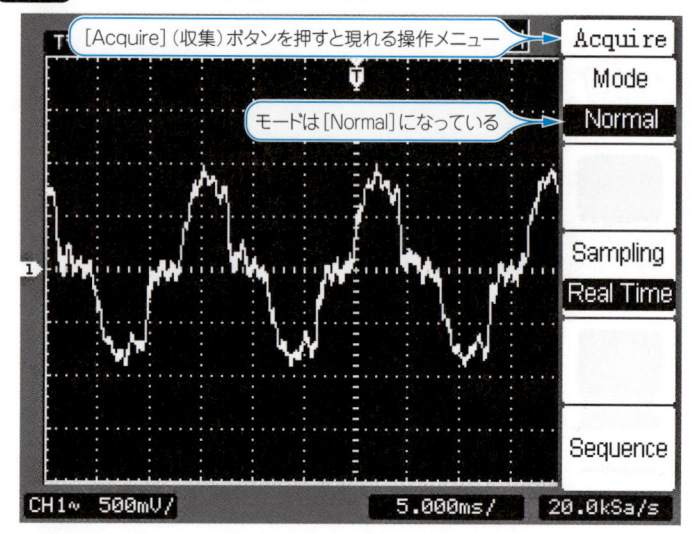

写真24 アベレージングをかけるとノイズが減る
- 細かいノイズがなくなる
- ［Average］を選択
- 平均化回数を増やすとノイズが消えていく．ただし，画面の更新速度は遅くなる．16回平均すると，S/Nは20dB（$=20\log_{10}\sqrt{16}$）改善される

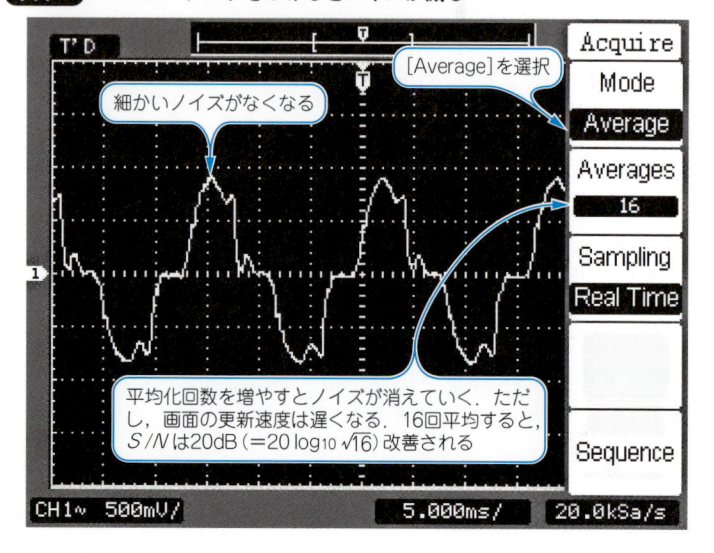

6-5 ハード・ディスクに保存したりExcelでデータ整理
パソコンに波形データを取り込む

写真25 ディジタル・オシロスコープとパソコンの接続方法

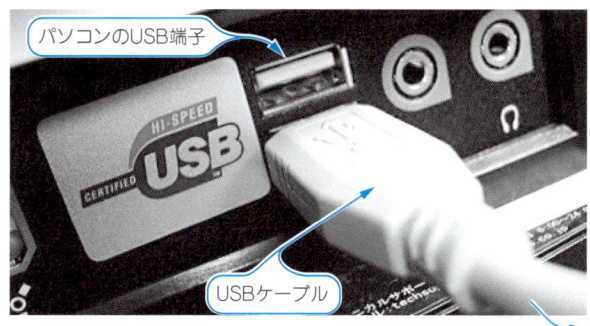

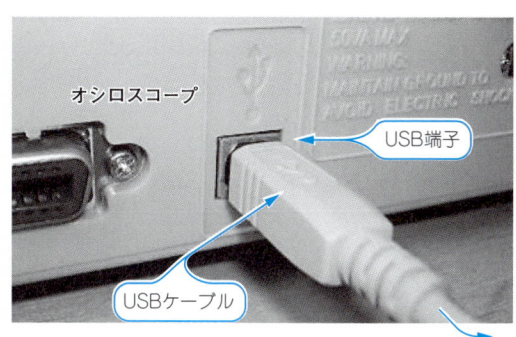

（a）パソコン側　　（b）オシロスコープ側

ディジタル・オシロスコープは，パソコンと接続することで，波形データをハード・ディスクに保存したり，モニタ・ディスプレイに波形を表示させたりすることができます．

モニタ・ディスプレイにオシロスコープの画面と操作パネルを表示させて，マウスでリモート操作することも可能です．

ディジタル・オシロスコープのメーカは，便利なソフトウェアを揃えています．ここではDSO3000シリーズ（アジレント・テクノロジー）のオシロス

図14 ディジタル・オシロスコープに付属しているPCアプリケーション・ソフトウェアの起動画面

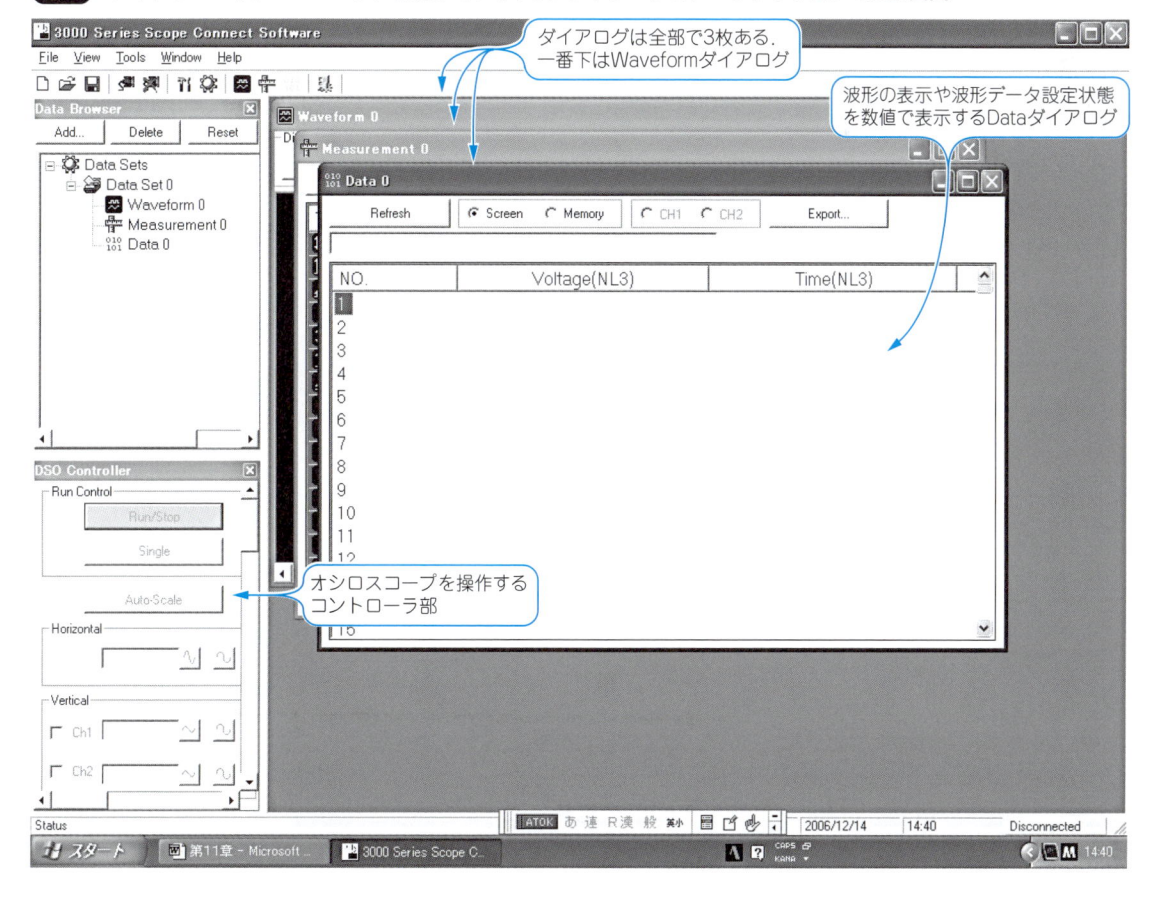

6-5 パソコンに波形データを取り込む　119

図15 パソコンとオシロスコープを接続する

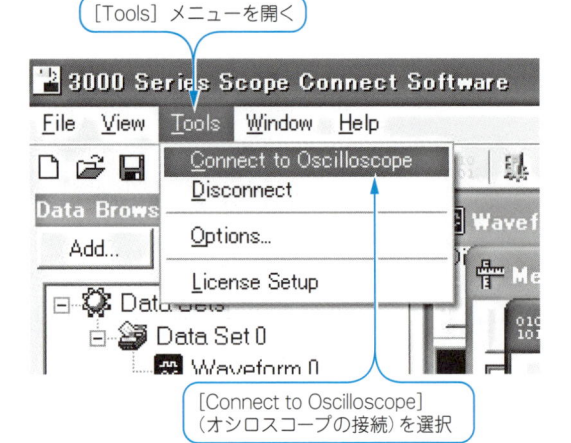

[Tools] メニューを開く

[Connect to Oscilloscope]（オシロスコープの接続）を選択

図16 トリガ・コントロールや電圧軸スケール，時間軸スケールの設定画面が現れる

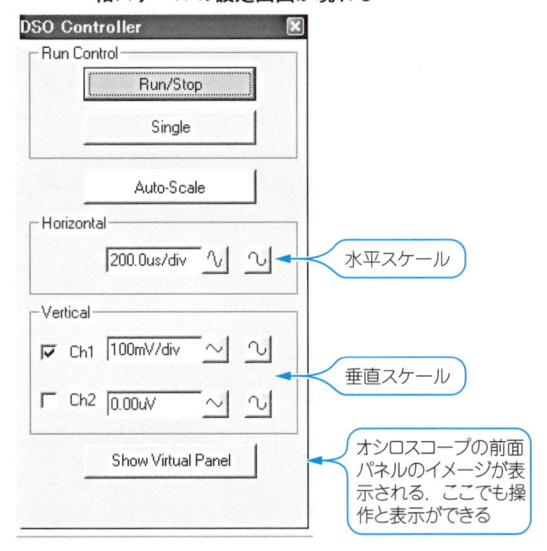

水平スケール

垂直スケール

オシロスコープの前面パネルのイメージが表示される．ここでも操作と表示ができる

図17 オシロスコープに表示されている波形をパソコンに取り込んだところ（Waveformダイアログの画面）

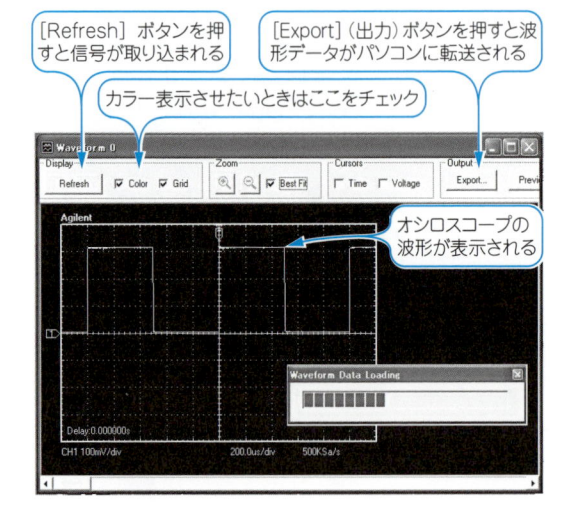

[Refresh] ボタンを押すと信号が取り込まれる

[Export]（出力）ボタンを押すと波形データがパソコンに転送される

カラー表示させたいときはここをチェック

オシロスコープの波形が表示される

図18 [Color] のチェック・ボックスをはずすと白黒表示になる

[Color]のチェックをはずすと白黒表示になる

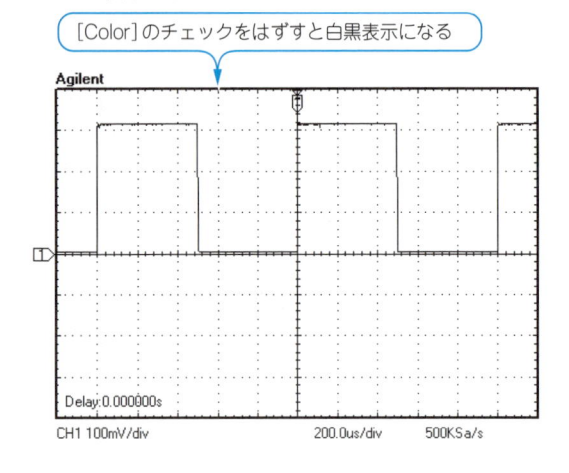

コープ接続ソフトウェアを例に，その使い方と機能を紹介します．

写真25のようにオシロスコープとパソコンをUSBケーブルで接続します．

オシロスコープに付属している接続ソフトウェアをパソコンにインストールして実行すると，**図14**のような初期画面が表示されます．[Tools] メニューから [Connect to Oscilloscope] を選択（**図15**）すると，**図16**に示すコントローラ画面が有効になります．

この画面から垂直スケールや水平スケールの調整，実行/停止，オート・スケールなどを実行できます．コントローラの右の三つの欄には，波形やデータを表示できます．

図14の一番下にあるWaveformダイアログで，[Refresh] ボタンを押すと，オシロスコープに現在表示されている波形が取り込まれます．この波形は，[Export] ボタンを押すと，ビット・マップ・ファイルでパソコンに保存されます．

図17 [Color] チェック・ボックスをOFFにすると，**図18**のように白と黒が反転します．

図14の2枚目のダイアログは測定データです．[Refresh] ボタンを押すと，即自動測定が実行され，**図19**のようなデータ・テーブルが表示されます．この表は [Export] ボタンを押すと，**表2**に示すようなエクセル・ファイル（.xls）やテキスト形式（.txt）で出力されます．

図14の1枚目のダイアログ（**図20**）は，波形データを数値で取り出したものです．表示波

図19 オシロスコープから送られてきたデータ・テーブル(Measuremnetダイアログの画面)

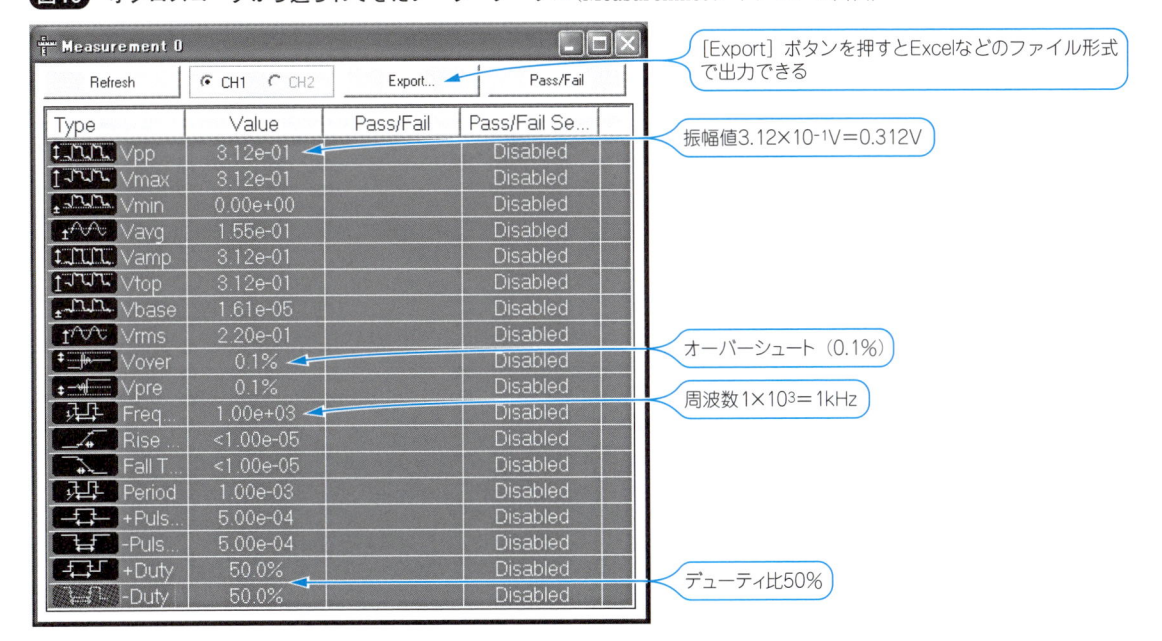

Type	Value	Pass/Fail	Pass/Fail Se...
Vpp	3.12e-01		Disabled
Vmax	3.12e-01		Disabled
Vmin	0.00e+00		Disabled
Vavg	1.55e-01		Disabled
Vamp	3.12e-01		Disabled
Vtop	3.12e-01		Disabled
Vbase	1.61e-05		Disabled
Vrms	2.20e-01		Disabled
Vover	0.1%		Disabled
Vpre	0.1%		Disabled
Freq.	1.00e+03		Disabled
Rise ...	<1.00e-05		Disabled
Fall T...	<1.00e-05		Disabled
Period	1.00e-03		Disabled
+Puls...	5.00e-04		Disabled
-Puls...	5.00e-04		Disabled
+Duty	50.0%		Disabled
-Duty	50.0%		Disabled

- [Export]ボタンを押すとExcelなどのファイル形式で出力できる
- 振幅値 3.12×10^{-1} V = 0.312V
- オーバーシュート(0.1%)
- 周波数 1×10^3 = 1kHz
- デューティ比50%

図20 オシロスコープから送られてきた波形蓄積メモリの全データ(Dataダイアログの画面)

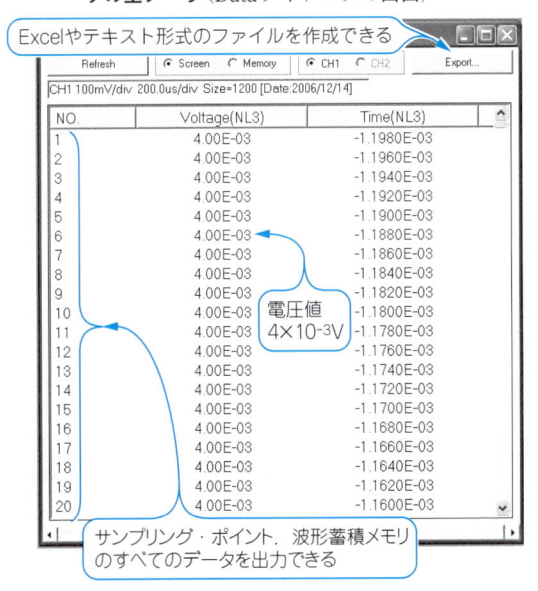

Excelやテキスト形式のファイルを作成できる

CH1 100mV/div 200.0us/div Size=1200 [Date:2006/12/14]

NO.	Voltage(NL3)	Time(NL3)
1	4.00E-03	-1.1980E-03
2	4.00E-03	-1.1960E-03
3	4.00E-03	-1.1940E-03
4	4.00E-03	-1.1920E-03
5	4.00E-03	-1.1900E-03
6	4.00E-03	-1.1880E-03
7	4.00E-03	-1.1860E-03
8	4.00E-03	-1.1840E-03
9	4.00E-03	-1.1820E-03
10	4.00E-03	-1.1800E-03
11	4.00E-03	-1.1780E-03
12	4.00E-03	-1.1760E-03
13	4.00E-03	-1.1740E-03
14	4.00E-03	-1.1720E-03
15	4.00E-03	-1.1700E-03
16	4.00E-03	-1.1680E-03
17	4.00E-03	-1.1660E-03
18	4.00E-03	-1.1640E-03
19	4.00E-03	-1.1620E-03
20	4.00E-03	-1.1600E-03

電圧値 4×10^{-3} V

サンプリング・ポイント.波形蓄積メモリのすべてのデータを出力できる

図21 図20のデータをExcelに出力した結果

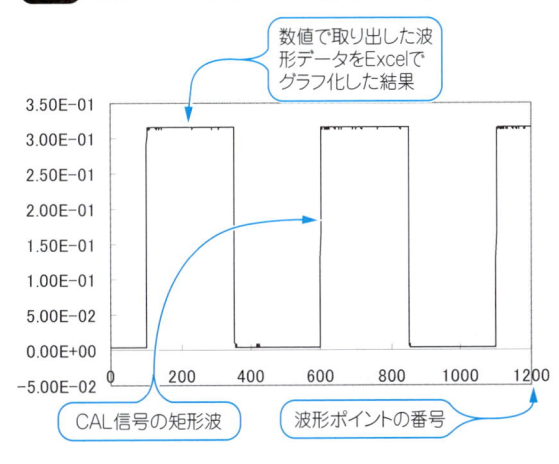

- 数値で取り出した波形データをExcelでグラフ化した結果
- CAL信号の矩形波
- 波形ポイントの番号

表2 ディジタル・オシロスコープから取り出したデータ・テーブルをExcelに出力した結果

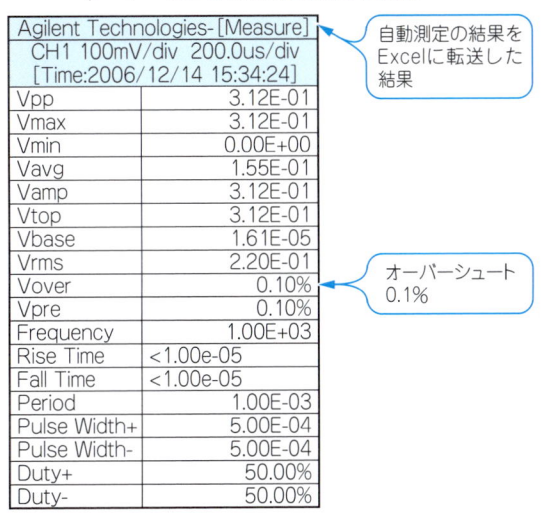

Agilent Technologies-[Measure]	
CH1 100mV/div 200.0us/div [Time:2006/12/14 15:34:24]	
Vpp	3.12E-01
Vmax	3.12E-01
Vmin	0.00E+00
Vavg	1.55E-01
Vamp	3.12E-01
Vtop	3.12E-01
Vbase	1.61E-05
Vrms	2.20E-01
Vover	0.10%
Vpre	0.10%
Frequency	1.00E+03
Rise Time	<1.00e-05
Fall Time	<1.00e-05
Period	1.00E-03
Pulse Width+	5.00E-04
Pulse Width-	5.00E-04
Duty+	50.00%
Duty-	50.00%

自動測定の結果をExcelに転送した結果

オーバーシュート 0.1%

形のサンプリング値だけでなく,メモリ全体のデータを取り出すことができます.[Export]ボタンを押すと,.xls,.bin,.hex,.decの各ファイル形式で保存できます.

　図21は,.xls形式で出力して,Excelでグラフ表示したものです.横軸はポイント番号を選んでいます.

6-6 オシロスコープを自動運転する
BASICやCでプログラミング

1　GP-IBやEIA-232-E経由でオシロスコープを遠隔操作

図22 ディジタル・オシロスコープはパソコンのプログラミングで自動操縦できる

　ディジタル・オシロスコープは，BASICやC言語を使ったプログラミングにより自動運転することができます．

　ディジタル・オシロスコープの設定やデータ収集をシーケンス的に自動実行する場合は，GP-IB，EIA-232-Eなどのインターフェースでオシロスコープとパソコンを接続し，パソコン側でオシロスコープの動作をプログラミングします．

　プログラミングの方法は国際規格で標準化されているので，どのメーカのオシロスコープでも同じように操縦できます．

　プログラミングする項目には次のようなものがあります．
（1）オシロスコープの設定
（2）測定操作
（3）オシロスコープからのデータ（波形，測定条件）収集
（4）オシロスコープへのデータ転送

　パソコンで操縦する前に，オシロスコープのフロント・パネルを直接操作してテスト測定を十分行っておくことが成功の秘訣です．

不滅の？ GP-IB　　　　　　　　　　　　　　　　column

　測定器をパソコンで制御するには，測定器を相互に接続するための共通のインターフェースと，同一の通信プロトコルが必要です．

　GP-IB（IEEE-488.2）は，接続台数が最大15，ケーブル長は最大20mと制限があります．コネクタが大きく時代に合わない点が多くあります．

　現在のところ，あらゆる測定器に備えられているインターフェースはGP-IBです．実験室やFAの現場で欠かせない古くからあるインターフェースです．

　PCIバス接続のGP-IBボードも容易に入手でき，GP-IBとUSBやイーサネットとのメディア・コンバータも市販されています．

2 アドレスを使って測定器を指定する

図23 パソコンは測定器に割り付けられたアドレスを呼び出しながら通信する

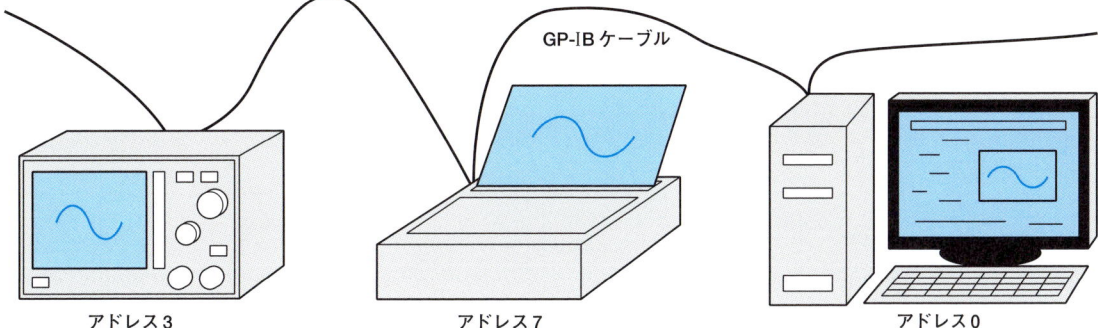

アドレス3　　アドレス7　　アドレス0

　プログラミング用の指示文は，ASCII文字で書きます．指示文は，

(1) デバイス・アドレス
(2) プログラム
(3) ターミネータ（終端語）

で構成されます．

　(2)のプログラム文は，命令語を使って機器の動作を指示するものです．

　(1)のデバイス・アドレスは，バスにつながれた複数の機器の中から一つを特定し通信するときに利用するデータです（**図23**）．

　デバイス・アドレスは，次の二つの部分から成ります．

- インターフェース選択コード（ISCアドレス）
- 機器のアドレス

　ISCアドレスは，GP-IBインターフェース・カード固有の番号です．GP-IBインターフェース上の機器は，0から30までのアドレスを付けて区別します．オシロスコープでは，GP-IBメニューの中でアドレスを設定します．

　デバイス・アドレスは次の式で計算します．

　デバイス・アドレス ＝ ISC × 100 ＋ 機器アドレス

　アドレス0のパソコンで，アドレス3のオシロスコープを制御するときは，

　デバイス・アドレス ＝ 0 × 100 ＋ 3 ＝ 3

になります．

　パソコンとやりとりする前に，フロント・パネルの［Utility］ボタンを押すと表れるメニューで，GP-IBのアドレス応答を有効にしておく必要があります．

オシロスコープを制御するプログラム　　column

　オシロスコープの制御プログラムをC言語で書くと，**リストA**のようになります．ここでは関数だけを示しました．このプログラムでは，最初にGP-IBインターフェースとオシロスコープを初期化し，入力信号をA-D変換して電圧や周波数を測定しています．続いて，波形データとプリ・アンプルをパソコンに転送して，ハード・ディスクに保存しています．最後に，波形データとスケールをハード・ディスクから呼び出して，パソコンのディスプレイに表示したのち積分を行っています．コマンドは各関数の中で，

```
send(":digitize channel1");
```

というふうに記述します．

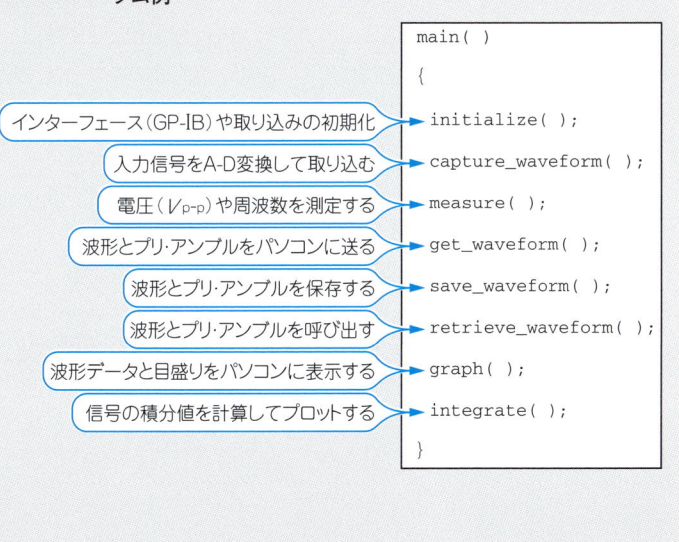

リストA C言語で記述したディジタル・オシロスコープの制御プログラム例

```
main( )
{
    initialize( );              ← インターフェース(GP-IB)や取り込みの初期化
    capture_waveform( );        ← 入力信号をA-D変換して取り込む
    measure( );                 ← 電圧(Vp-p)や周波数を測定する
    get_waveform( );            ← 波形とプリ・アンプルをパソコンに送る
    save_waveform( );           ← 波形とプリ・アンプルを保存する
    retrieve_waveform( );       ← 波形とプリ・アンプルを呼び出す
    graph( );                   ← 波形データと目盛りをパソコンに表示する
    integrate( );               ← 信号の積分値を計算してプロットする
}
```

3 スケール/トリガの設定やデータ取り込み用の指示文

図24 ディジタル・オシロスコープ操作用の指示文

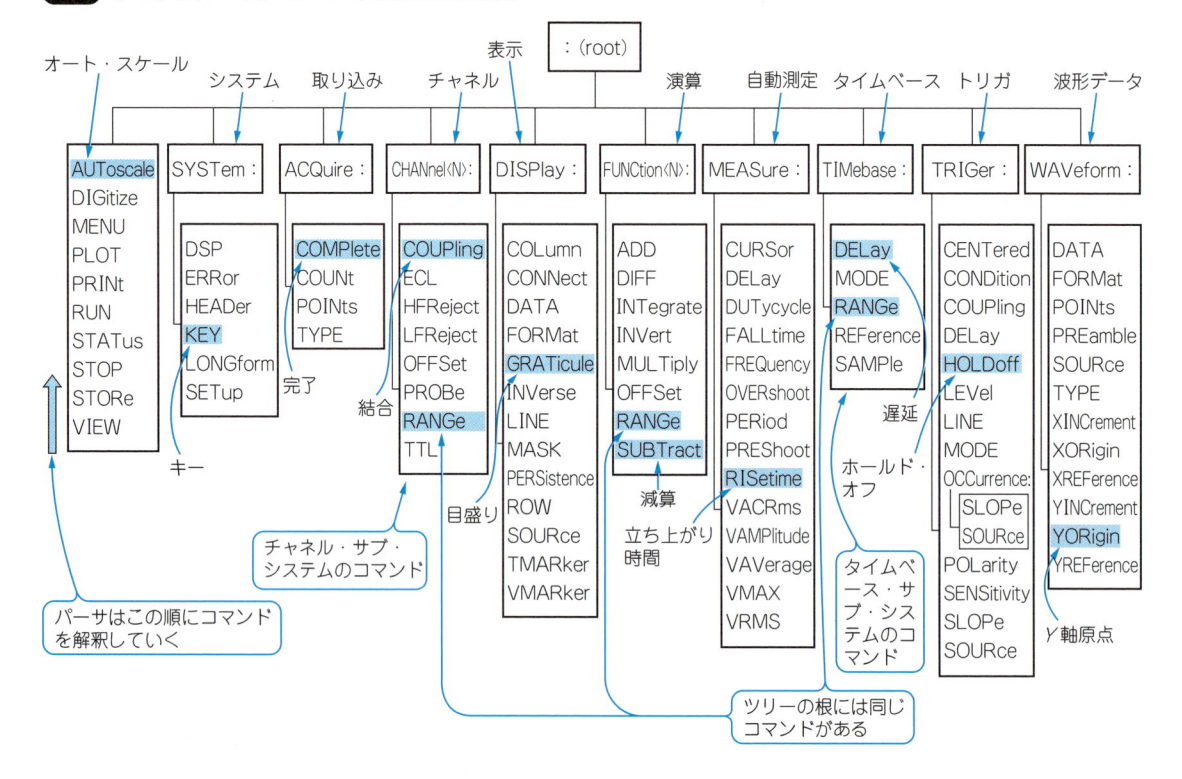

```
                                                    :(root)
オート・スケール  システム  取り込み  チャネル  表示      演算        自動測定    タイムベース  トリガ     波形データ
    │           │         │        │      │         │          │           │          │          │
  AUToscale   SYSTem:   ACQuire:  CHANnel<N>: DISPlay: FUNCtion<N>: MEASure:   TIMebase:   TRIGer:   WAVeform:
  DIGitize                                                                                
  MENU                                                                                   
  PLOT         DSP      COMPlete  COUPling   COLumn    ADD         CURSor     DELay      CENTered   DATA
  PRINt        ECL      COUNt     ECL        CONNect   DIFF        DELay      MODE       CONDition  FORMat
  RUN          ERRor    HFReject  HFReject   DATA      INTegrate   DUTycycle  RANGe      COUPling   POINts
  STATus       HEADer   LFReject  LFReject   FORMat    INVert      FALLtime   REFerence  DELay      PREamble
  STOP         KEY      POINts    OFFSet     GRATicule MULTiply    FREQuency  SAMPle     HOLDoff    SOURce
  STORe        LONGform TYPE      PROBe      INVerse   OFFSet      OVERshoot             LEVel      TYPE
  VIEW         SETup              RANGe      LINE      RANGe       PERiod                LINE       XINCrement
                                  TTL        MASK      SUBTract    PREShoot              MODE       XORigin
                                             PERSistence           RISetime              OCCurrence: XREFerence
                                             ROW                   VACRms                 SLOPe     YINCrement
                                             SOURce                VAMPlitude             SOURce    YORigin
                                             TMARker               VAVerage              POLarity   YREFerence
                                             VMARker               VMAX                  SENSitivity
                                                                   VRMS                  SLOPe
                                                                                          SOURce
```

- パーサはこの順にコマンドを解釈していく
- キー
- 完了
- 結合
- 目盛り
- 減算
- 立ち上がり時間
- ホールド・オフ
- タイムベース・サブ・システムのコマンド
- チャネル・サブ・システムのコマンド
- ツリーの根には同じコマンドがある
- Y軸原点

● **指示文には命令用と問い合わせ用がある**

指示文には，命令用と問い合わせ用があります．どちらも形式は同じですが，問い合わせ用は末尾に"?"が付きます．

命令文ではオシロスコープの設定と動作を指示します．問い合わせは，オシロスコープの設定状態と波形データの取得に使います．

オシロスコープは，問い合わせ文により，出力バッファにデータを送ります．パソコン側では入力文を使ってこのデータを読み取ります．

指示文は，次の三つのタイプがIEEE488.2で定められています．

① 共通コマンド
② 基本コマンド
③ サブ・コマンド

①はすべての測定器に備わっているコマンドです．オシロスコープのリセット命令や動作完了の問い合わせなどです．

②は，オシロスコープの基本動作に関するもので，オート・スケールなどがあります．ルート・コマンドとも言います．

③は，**図24**の枝項目です．同じRANGe命令でも「チャネル1の感度をフル・レンジ20mV/div.に設定せよ」は，**図24**のチャネル・サブ・システムのRANGeを指します．また「タイムベースをフル・レンジ200μs/div.に設定せよ」は，タイムベース・サブ・システムのRANGeの命令を指します．

● **オシロスコープが指示文を解釈するしくみ**

オシロスコープには，指示文を解釈するソフトウェア（パーサという）が組み込まれています．

パーサは，与えられた命令を解釈するために，ツリーの枝に分け入っていきますが，共通コマンドだけはこのツリーとは無関係に処理されます．

基本（ルート）コマンドは，このツリーの根の部分に相当します．

4 オシロスコープを解析モードにする

オシロスコープを初期化したら測定に移ります．ここで言う測定とは，パソコンによるプログラミング操作によって，捕捉したデータをオシロスコープで解析するという意味です．

オシロスコープのセットアップが終わったら，ディジタル化コマンド（DIGITIZE）を送ります．オシロスコープはこのコマンドを受けとると，波形蓄積メモリをクリアし，アクイジション（データの取り込み）を開始します．

アクイジションは，平均化数，補間，サンプリング点数などの基準が満たされるまで継続されます．

アクイジションが停止すると，波形がオシロスコープに表示され，捕捉データの解析が可能になります．波形データはメモリに保存，またはパソコンに転送されます．

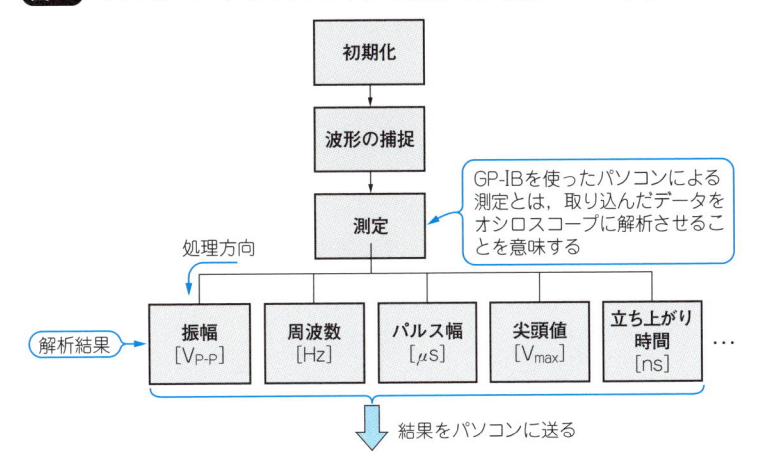

ディジタル化コマンドを送らず，解析を開始するまでオシロスコープを RUN 状態にしておく方法もあります．この方法は，アクイジションが始まるまでの時間が一定しないのでお薦めしません．

図25 のように測定可能な項目は，IEEE標準の項目（ピーク・ツー・ピーク電圧，周波数，正パルス幅など），位置決め，電圧読み取り，時間間隔などです．

図25 オシロスコープをセットアップしたら，次に解析モードに移行させる

GP-IBを使ったパソコンによる測定とは，取り込んだデータをオシロスコープに解析させることを意味する

オシロスコープが出力する波形データのフォーマット　　column

オシロスコープから出力される波形データの例を**図C**に示します．データは500ポイント，8ビットです．

図Cは，ブロック・データ形式です．ヘッダ部分にブロック長が示されています．ブロックの終わりはライン・フィードです．この波形データは，オシロスコープ内部で使われている数値なので，単位は[V]ではありません．プリアンブルも同時にパソコンに送られます．

プリアンブル（preamble）とは，一般にフレームの同期を取るためにデータの先頭におくビット列のことですが，GP-IBでは次のような定義になります．

オシロスコープからパソコンに送られてくる波形データは，[V]ではなく単なる数値（無名数）で表されています．パソコンは，波形データと分けて送られてくる係数テーブルを元にして，波形データに各種の演算を施し，実際の波形の振幅や表示位置を割り出します．この係数テーブルをプリアンブルと言います．

プリアンブルには，蓄積データ・ポイント数，平均回数などのカウント数，X軸とY軸のサンプリング点の間隔や原点などが含まれています．

図C オシロスコープが出力する波形データの例

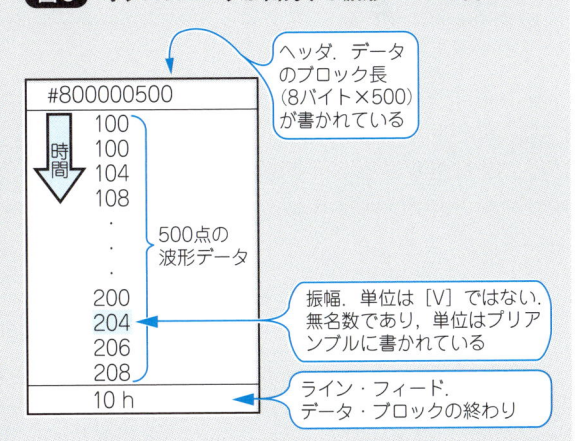

ヘッダ．データのブロック長（8バイト×500）が書かれている

振幅．単位は[V]ではない．無名数であり，単位はプリアンブルに書かれている

ライン・フィード．データ・ブロックの終わり

6-7 振幅や立ち上がり時間の自動測定機能
目視よりも高精度＆手間要らず

1 自動測定コントロール

表3 自動測定機能の設定メニュー

Measure（自動測定）メニュー	アイコン	意味	詳細
信号源（Source）	Source CH1	CH-1	測定対象の波形としてCH-1を選択する
	Source CH2	CH-2	測定対象の波形としてCH-2を選択する
電圧（Voltage）	Voltage	電圧測定	電圧を自動測定する
時間（Time）	Time	時間測定	時間を自動測定する
クリア（Clear）	Clear	クリア	画面上の測定結果をクリアする
測定値表示（Display All）	Display All OFF	OFF	測定値表示をOFFにする
	Display All ON	ON	測定値表示をONにする

（測定する入力チャネル）
（時間と電圧のすべての測定結果を表示する）

　波形は，振幅，周期，立ち上がり時間，オーバーシュートなどのパラメータを使って定量的に表すことができます．

　ディジタル・オシロスコープには，これらのパラメータの値を自動的に求める機能があります．

　自動測定できる項目は，
- 電圧値
- 時間値

の二つに大別できます．電圧値の測定は，波形の各部の電圧，また，時間値の測定は，波形の各部の時間幅を測定します．

● ディジタル・オシロスコープを自動測定モードにする

　自動測定を行うには，フロント・パネルの［Measure］ボタンを押します．

　フロント・パネルの［Measure］ボタンを押したとき現れるメニューを表3に示します．

　まず，測定するチャネルをCH-1またはCH-2から選択します．時間と電圧のすべての測定結果を表示するには，［Display All］ボタンをONにします．Display All機能は，Delay測定以外のすべての測定結果を同時に表示します．

　どちらかだけを表示させたい場合は，［Voltage］ボタンまたは［Time］ボタンを選択して測定項目の一覧を表示させ，必要な測定メニューを選択します．

　測定結果は，画面の下部に表示されます．オプションなどの制約で測定ができない場合は，"＊＊＊＊＊"と表示されます．自動測定結果を画面から消去するには，［Clear］を選択します．

　測定を個別に選択した場合，三つまでの結果を同時に表示できます．

　次に新しい測定結果を選択すると，前の測定結果が左に移動し，最初の測定結果が画面から消えます．

　ハードウェア・カウンタは周波数カウンタに相当し，結果は画面の右上隅に表示されます．

2　自動測定できる電圧パラメータ

図26 波形の振幅を表現するパラメータのいろいろ

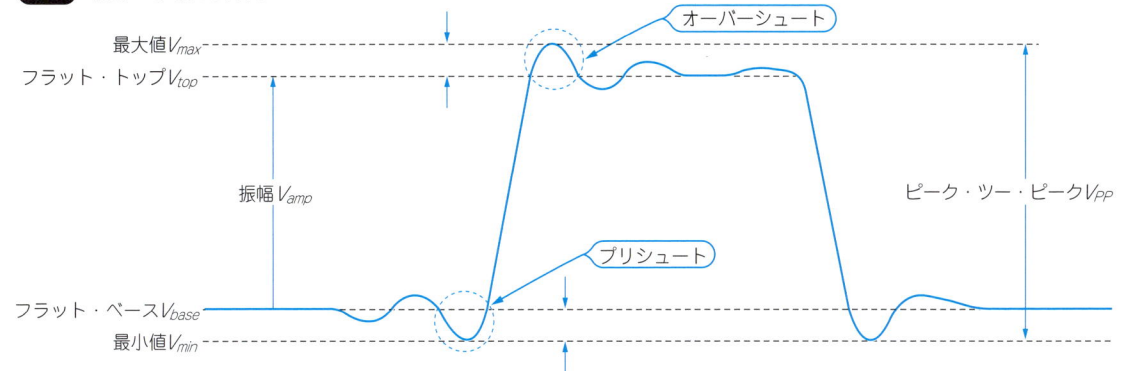

図27 直流を含む正弦波の平均電圧

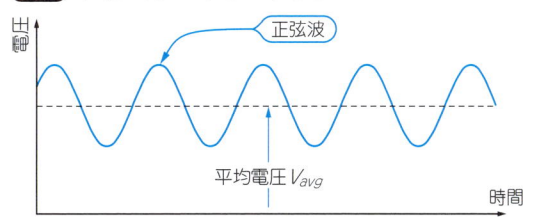

● 自動測定できる電圧パラメータ

電圧値の測定項目は，次のようなものです．

- ピーク・ツー・ピーク電圧（V_{PP}）
- 最大電圧（V_{max}）
- 最小電圧（V_{min}）
- 平均電圧（V_{avg}）
- 振幅（V_{amp}）
- トップ電圧（V_{top}）
- ベース電圧（V_{base}）
- 実効値（V_{RMS}）
- オーバーシュート（Overshoot）
- プリシュート（Preshoot）

図26に波形各部の電圧値の定義を示します．ピーク・ツー・ピーク電圧（V_{PP}）は，波形の最大値（V_{max}）と最小値（V_{min}）の間の電圧です．

$$V_{PP} = V_{max} - V_{min}$$

平均値（V_{avg}）は，電圧の時間平均で，直流を含んだ正弦波の場合は，**図27**のようになります．

オーバーシュートとは，波形が立ち上がったあとに見られるヒゲのように振動している部分です．その大きさは，立ち上がった直後に現れる振動部の最大値で定義されます．これに対して，立ち下がり部分に見られるものをアンダーシュートと言います．

振幅値（V_{amp}）は，

$$V_{amp} = V_{top} - V_{base}$$

で定義されます．

フラット・トップ電圧値（V_{top}）とフラット・ベース電圧値（V_{base}）は，波形にオーバーシュートなどの瞬間的な変動を含む場合，変動が最終的に落ち着く値のことです．

実効値［V_{RMS}］は，正弦波の場合，ゼロ・ツー・ピーク（V_{peak}）の$1/\sqrt{2}$で算出できますが，正弦波以外の場合は簡単には計算できません．

電圧値の表現方法はいろいろ　　　　column

商用電源の電圧であるAC100Vは，実効値（RMS値）です．また，15Aのブレーカの遮断電流も実効値です．

実効値を使うと交流の電力P［W］を，

$$P = VI$$

ただし，V：実効電圧値［V_{RMS}］，I：実効電流値［A_{RMS}］

という簡単な式で算出できます．15Aのブレーカが遮断した場合は，

$$P = 100V_{RMS} \times 15A_{RMS} = 1500W$$

以上の電力の消費があったわけです．

$100V_{RMS}$の電圧ピーク［V_{peak}］は，

$$100 \times \sqrt{2} = 144V_{peak}$$

です．これは0Vから正のピークまでの電圧です．負のピークから正のピークまでの電圧，つまりピーク・ツー・ピーク電圧は2倍の$288V_{P-P}$です．

3　電圧値の自動測定の例

写真26　ピーク・ツー・ピーク電圧値を自動測定する①…CAL信号を表示させる

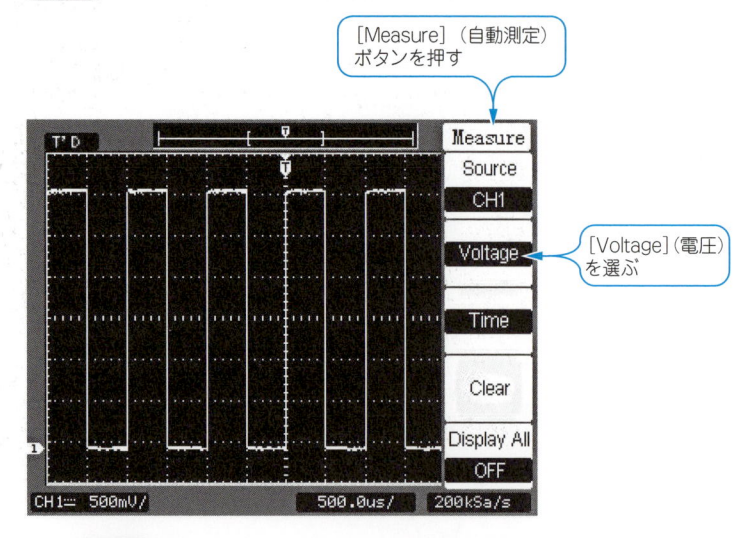

- [Measure]（自動測定）ボタンを押す
- [Voltage]（電圧）を選ぶ

写真27　ピーク・ツー・ピーク電圧値を自動測定する②…[V_{PP}]を選ぶとピーク・ツー・ピーク電圧が表示される

- ピーク・ツー・ピーク電圧が表示される
- ピーク・ツー・ピーク[Vpp]を選ぶ
- Vpp(1)= 3.16V

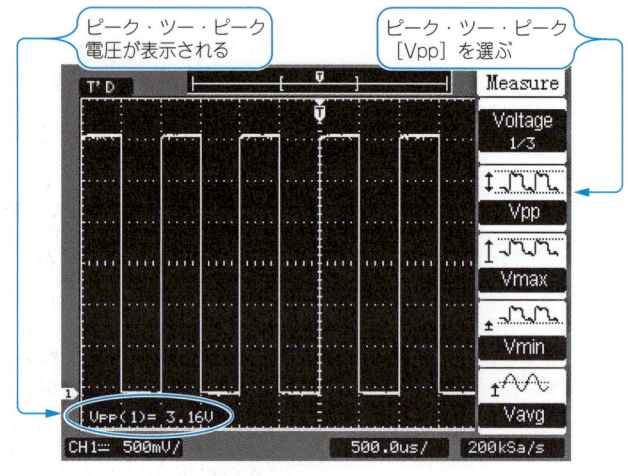

写真28　[Overshoot]を選ぶとオーバーシュート値が表示される

- CAL信号のオーバーシュートを知りたい
- [Measure]（測定）ボタンを押す
- [Overshoot]（オーバーシュート）を選ぶ
- オーバーシュート値が表示される
- Vpp(1)= 3.16V　Vovr(1)=1.0%

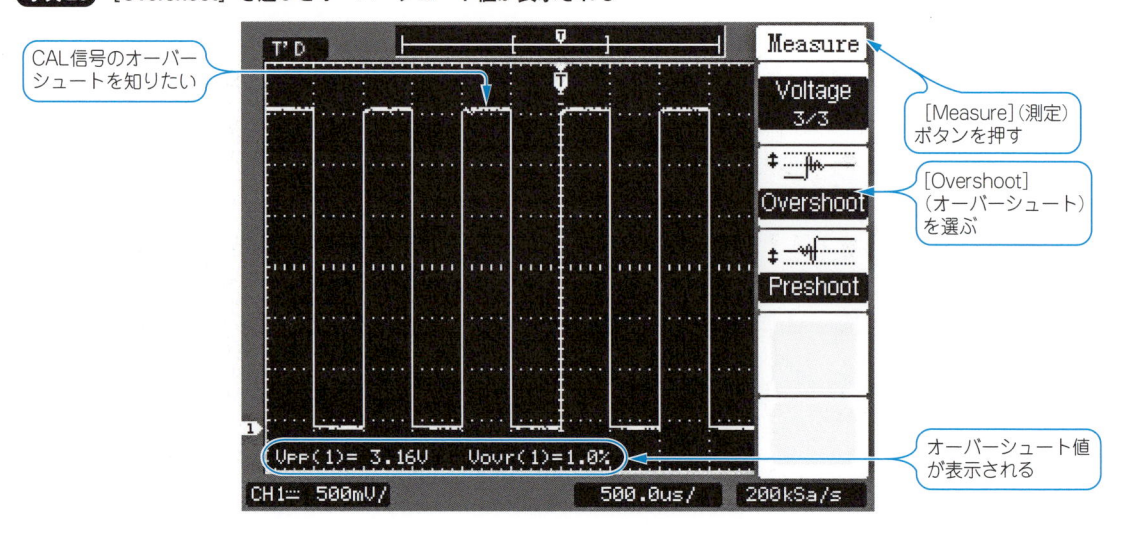

[Voltage]メニューには**表4**のような項目があります．

● CAL信号のピーク・ツー・ピークを自動測定する

写真26のように，フロント・パネルの[Measure]ボタンを押して，[Voltage]を選択します．次に[V_{PP}]を選択します．ピーク・ツー・ピーク（V_{PP}）値が画面左下に表示されます（**写真27**）．

最後に[Clear]を選択して自動測定を終了します．

● CAL信号のオーバーシュートを自動測定する

前項と同様に，フロント・パネルの[Measure]ボタンを押して，[Voltage]を選択します．次に[Overshoot]を選択します．

写真28のように画面下部にオーバーシュート値が表示されます．オーバーシュートは余分な信号成分ですから，できるだけ小さいほうがベターです．

写真28の1.0％という値は十分小さな値と言えます．

写真29 [Display All]を選ぶと電圧情報だけでなく時間情報も表示される

- CAL信号の電圧の自動測定結果をすべて表示させたい
- 振幅の全パラメータが表示される
- [Measure](測定)ボタンを押す
- [Voltage](電圧)を選ぶ
- [Display All](全項目表示)を選ぶ

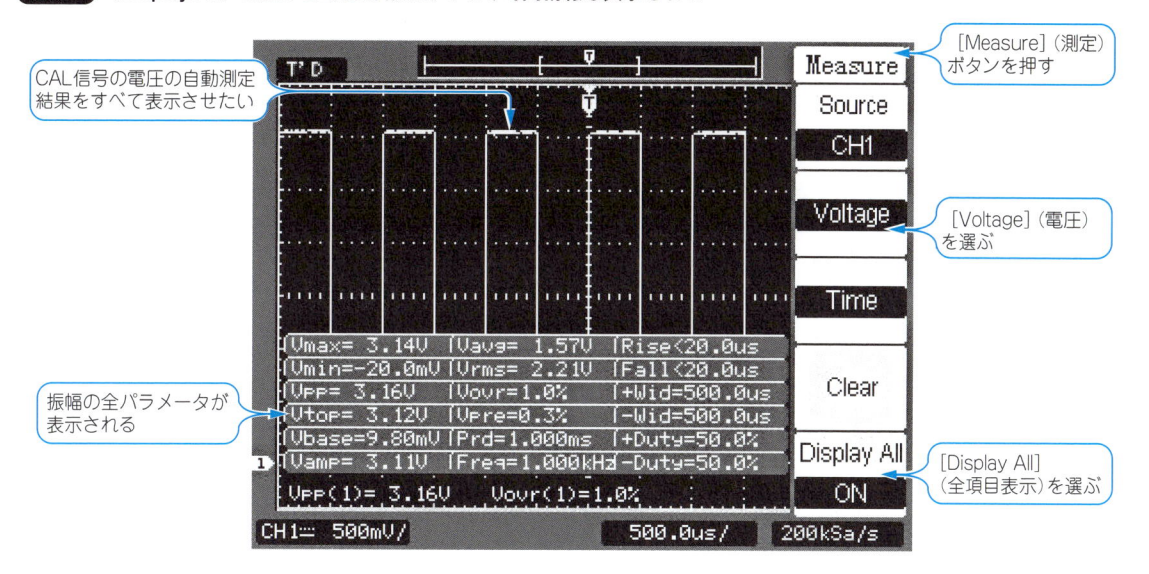

表4 自動測定機能が利用できる電圧パラメータ

[Measure](自動設定)の中の[Voltage](電圧)の測定項目

メニュー	アイコン	意味	詳細
尖頭値(V_{pp})	Vpp	尖頭電圧値 (peak to peak)	波形のピーク・ツー・ピーク電圧を測定する
最大値(V_{max})	Vmax	最大電圧値 (V maximum)	波形の最大電圧を測定する
最小値(V_{min})	Vmin	最小電圧値 (V minimum)	波形の最小電圧を測定する
平均値(V_{avg})	Vavg	平均電圧値 (V average)	波形の平均電圧を測定する
振幅(V_{amp})	Vamp	振幅 (amplitude)	波形のV_{top}とV_{base}間の電圧を測定する
トップ(V_{top})	Vtop	フラット・トップ (flat top)	波形のフラット・トップ電圧を測定する
ベース(V_{base})	Vbase	フラット・ベース (flat base)	波形のフラット・ベース電圧を測定する
実効値(V_{RMS})	Vrms	実効値 (Root Mean Square)	波形の実効値電圧を測定する
オーバーシュート(Overshoot)	Overshoot	オーバーシュート (over shoot)	オーバーシュート電圧を測定する(%単位)
プリシュート(Preshoot)	Preshoot	プリシュート (pre shoot)	プリシュート電圧を測定する(%単位)

● CAL信号の電圧値の全項目を自動測定する

フロント・パネルの[Measure]ボタンを押して，[Voltage]を選択します．

次に[Display All]ボタンをONにします．**写真29**のように，電圧波形の全測定値が表示されます．電圧だけでなく，時間値も自動測定され表示されています．

6-7 振幅や立ち上がり時間の自動測定機能

4　時間幅の自動測定

表5 自動測定機能が利用できる時間パラメータ

[Measure]（自動測定）の中の [Time]（時間）の測定項目

メニュー	アイコン	意味	詳細
周波数（Freq）	Freq	Frequency	波形の周波数を測定する
周期（Period）	Period	Period	波形の周期を測定する
立ち上がり時間（Rise Time）	Rise Time	Rise Time	波形の立ち上がり時間を測定する
立ち下がり時間（Fall Time）	Fall Time	Fall Time	波形の立ち下がり時間を測定する
正パルス幅（+Width）	+Width	Plus Width	波形の正のパルス幅を測定する
負パルス幅（-Width）	-Width	Minus Width	波形の負のパルス幅を測定する
正デューティ（+Duty）	+Duty	Plus Duty	波形の正のデューティ比を測定する
負デューティ（-Duty）	-Duty	Minus Duty	波形の負のデューティ比を測定する
遅延時間↑（Delay 1→2↑）	Delay 1→2↑	Delay between rising edge	二つの波形間の遅延を立ち上がりエッジを使って測定する
遅延時間↓（Delay 1→2↓）	Delay 1→2↓	Delay between falling edge	二つの波形間の遅延を立ち下がりエッジを使って測定する
カウンタ（counter）	Counter ON	Counter ON	ハードウェア・カウンタをONにする
	Counter OFF	Counter OFF	ハードウェア・カウンタをOFFにする

図28 自動測定における矩形波の周期の定義

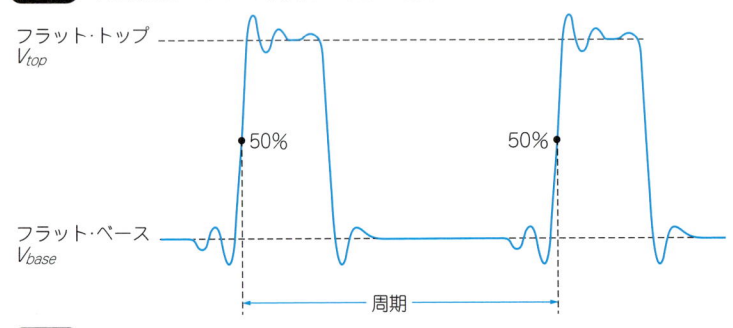

図29 自動測定における立ち上がり時間と立ち下がり時間の定義

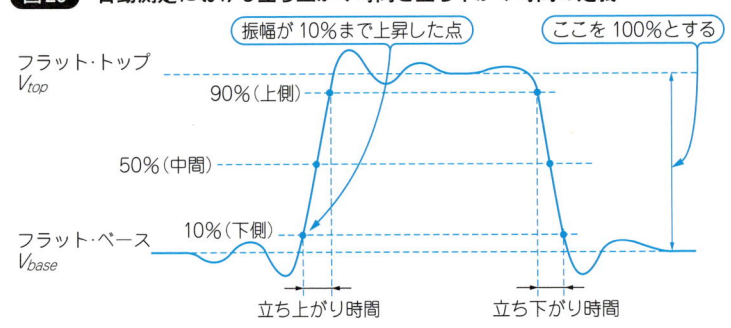

[Time] メニューを開くと，自動測定可能なパラメータの一覧が表示されます（表5）．

● 自動測定における周期の意味

図28 に周期の定義を示します．一つ目の波の最大振幅の50％から二つ目の波の最大振幅の50％までの時間です．

● 自動測定における立ち上がり時間と立ち下がり時間の意味

定義を図29 に示します．

立ち上がり時間（rising edge）は，フラット・トップ（V_{top}）とフラット・ベース（V_{base}）の間を100％としたとき，振幅が0％から10％まで上昇した点を

図30 自動測定におけるプラス・パルス信号のパルス幅の定義

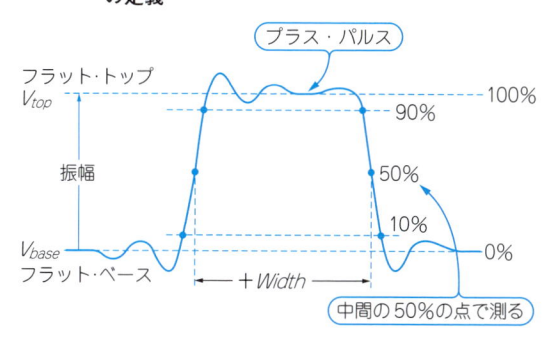

図31 自動測定におけるマイナス・パルス信号のパルス幅の定義

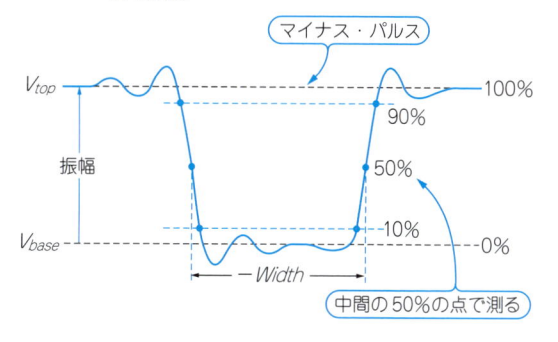

図32 自動測定における立ち上がり遅延時間と立ち下がり遅延時間の定義

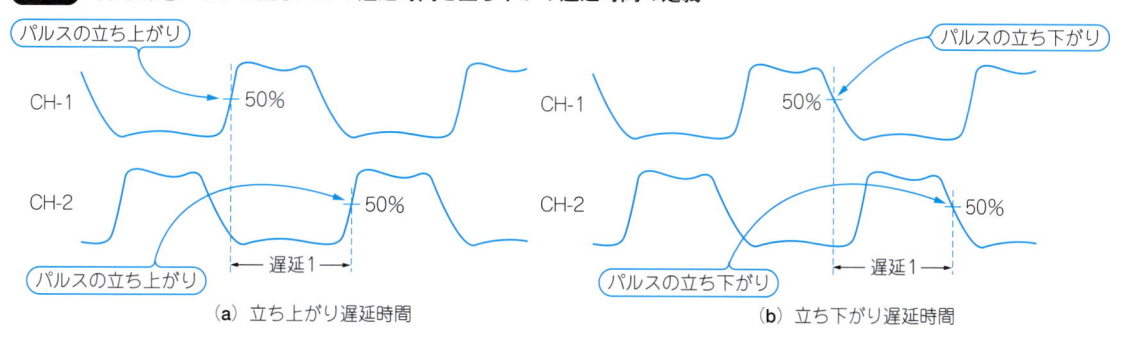

（a）立ち上がり遅延時間　　（b）立ち下がり遅延時間

図33 自動測定におけるデューティ比の定義

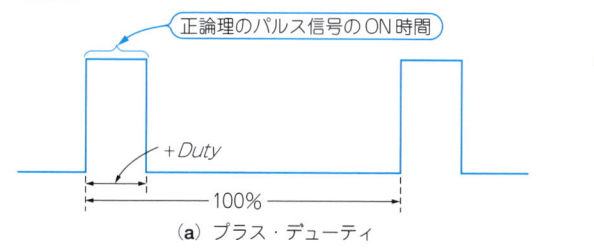

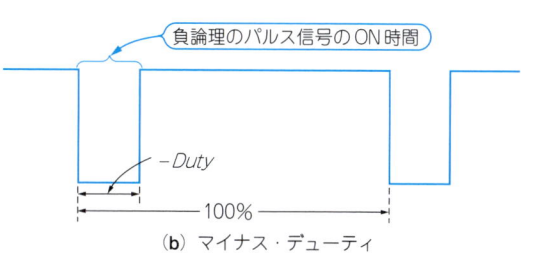

（a）プラス・デューティ　　（b）マイナス・デューティ

起点にして，90％に達するまでの時間幅です．

立ち下がり時間（falling edge）は，同じく90％まで下降した時間から10％になるまでの時間幅です．

● **自動測定におけるパルス幅の意味**

プラス・パルス幅とマイナス・パルス幅があります．ディジタル・オシロスコープは，プラス・パルスとマイナス・パルスの両方に対して自動測定することができます．

図30に，プラス・パルスのパルス幅の定義を示します．

プラス・パルス幅は，フラット・ベースとフラット・トップ中間の50％レベル部分の幅です．マイナス・パルスについても同様に図31のような定義になります．

● **自動測定における立ち上がり遅延時間と立ち下がり遅延時間の意味**

図32に示すのは，立ち上がり遅延時間と立ち下がり遅延時間の定義です．パルスの立ち上がりの間を測定する場合と，立ち下がりの間を測定する場合があります．入力は，CH-1とCH-2を利用します．

● **自動測定におけるデューティ比の意味**

図33に定義を示します．

パルス信号のON時間のパルス全体に対する幅を言います．正論理と負論理でONの定義が異なります．それぞれプラス・デューティ比，マイナス・デューティ比と呼びます．

5 自動測定は手動よりも高精度

写真30 CAL信号の立ち上がり時間を測定する①…立ち上がり部を拡大して目視で測定

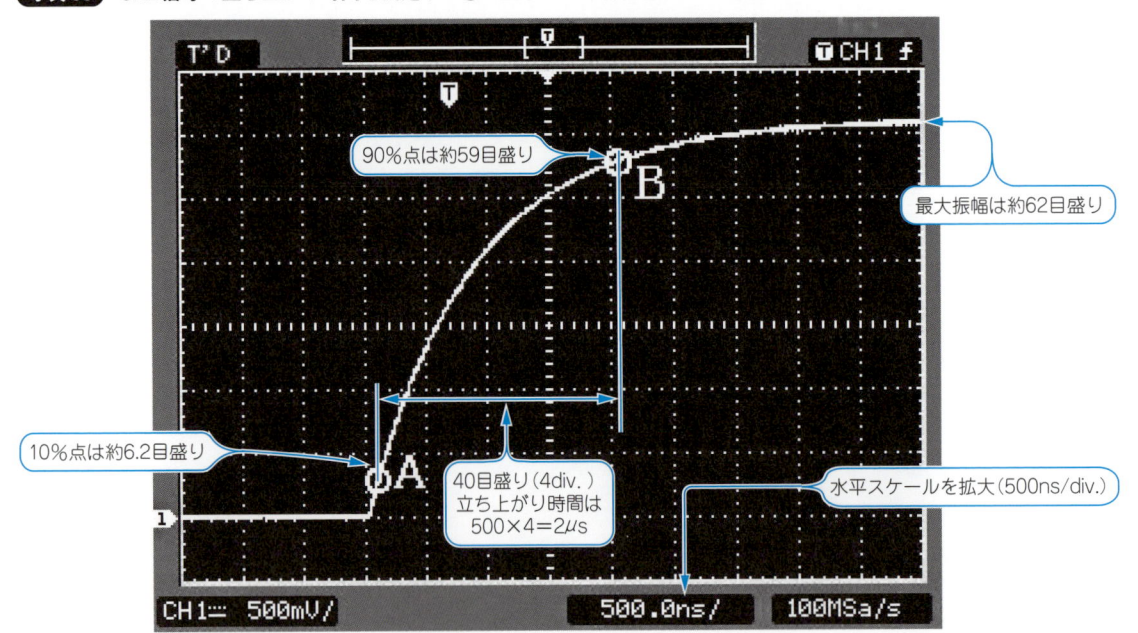

- 90%点は約59目盛り
- 最大振幅は約62目盛り
- 10%点は約6.2目盛り
- 40目盛り(4div.) 立ち上がり時間は 500×4=2μs
- 水平スケールを拡大(500ns/div.)

写真31 CAL信号の立ち上がり時間を測定する②…[Measure]を押すと自動測定が行われる

- 立ち上がり時間が1.88μsと表示された
- [Measure]を押すと現れる操作メニュー

● 自動測定の方が正確

CAL信号の立ち上がり時間を手動と自動で測定し，その精度を比較してみます．

▶手動測定

写真30のようにCAL信号をCH-1に入力し，水平軸スケールを調整して，立ち上がり部分を拡大します．

目視で最大振幅を読み取ると62目盛りです．最大振幅の10％(6.2目盛り)は点**A**の位置です．同じく90％(59目盛り)は点**B**の位置です．

今度は，点**A**から点**B**までの時間を読み取ると40目盛りで，ちょうど4div.です．水平軸のスケールは500ns/div.ですから，

500×4＝2000ns＝2μs

になります．

▶自動測定

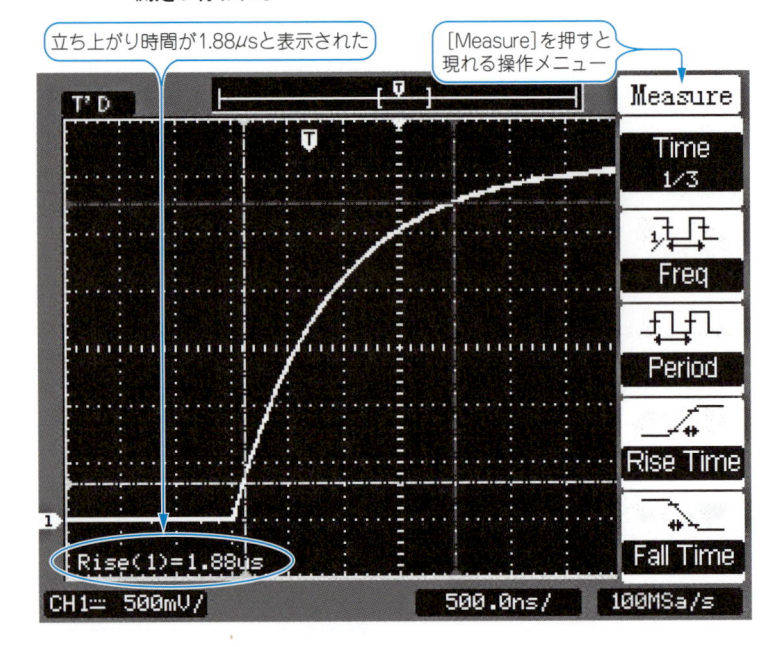

自動測定機能を利用すると，**写真31**のように，立ち上がり時間の測定結果が，

Rise(1)＝1.88μs

と画面左下に表示されます．

＊

このように自動測定機能を利用すると，目視よりも正確な値を得ることができます．

この実験では，自動測定と手動測定の間に約6％の差が出ました．

6 CR回路のパルス応答波形の自動測定

写真32 立ち上がり遅延時間の自動測定①…コンデンサと抵抗を組み合わせてLPFを製作

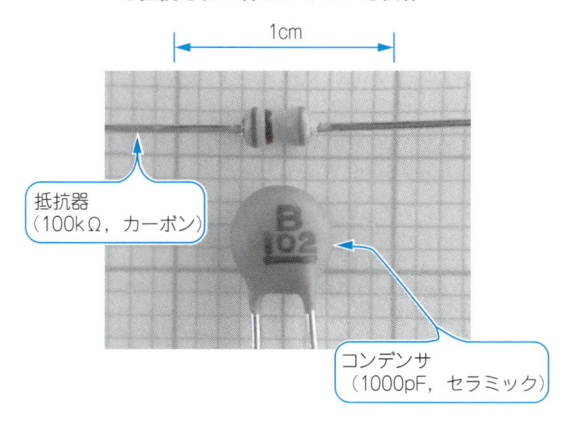

図34 デューティ比の自動測定の実験をするために製作したLPF回路

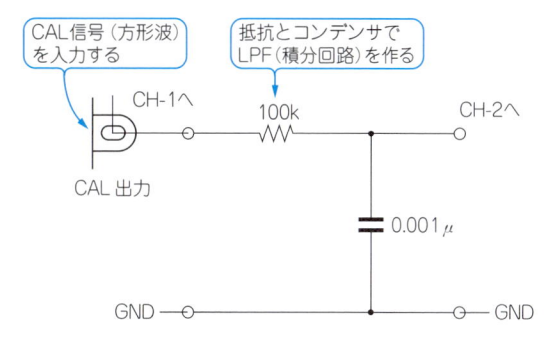

抵抗とコンデンサを使ったLPFに方形波を入力し，その出力波形の時間パラメータを自動測定します．

100kΩの抵抗と1000pFのコンデンサ（**写真32**）を準備して，**図34**のように接続します（**写真33**）．

● 立ち上がり遅延時間と立ち下がり遅延時間

まず立ち上がり遅延時間を自動測定します．

写真34のようにCH-1とCH-2のスケールを調整します．［Measure］ボタンを押してメニューを表示させます．［Time］を選択します（**写真35**）．

次に［Delay1→2↑］を選びます．**写真36**のように，画面下に測定結果が"Dly_A = 72.0 μs"と表示されます．

次に立ち下がり遅延時間を測定します．［Delay1→2↓］を選ぶと，**写真37**のようにその右に測定結果が"Dly_B = 66.0 μs"と表示されます．

● プラス・デューティとマイナス・デューティ

CH-1（CAL信号）とCH-2

写真33 立ち上がり遅延時間の自動測定②…CAL信号をLPFに加えてその出力をCH-2に入力．CH-1にはCAL信号を入力

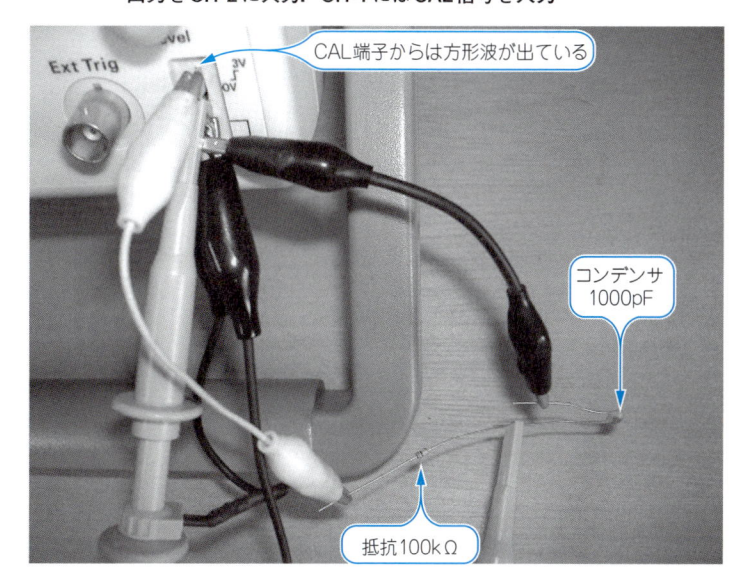

（LPFを通過した信号）のデューティを自動測定します．

続けて［Measure］ボタンを押します．［Measure］ボタンを押すたびにメニューが一つ前に戻ります．最後にこの測定モードはOFFになります．

［Source］がCH-1であることを確認します．CH-1でなければ，［Source］をCH-1にしてください．

［Clear］で，遅延時間のデータ表示を消去します．次に［Time］を選択します．［+Duty］を選択すると，**写真38**のように画面下部に"+Duty(1) = 50.0％"と表示されます．続けて［−Duty］を選ぶと，その右に"−Duty(1) = 50.0％"と表示されます．

写真39は，CH-2のデューティ比を測定した結果です．LPF

写真34 立ち上がり遅延時間の自動測定③…［Measure］を選択

- 立ち上がりと立ち下がりの遅延時間を自動測定する
- 自動測定［Measure］を選択
- CH-1：CAL信号の波形．LPFの入力
- CH-2：LPFを通った波形
- 時間［Time］を選択
- 水平スケールを調整する

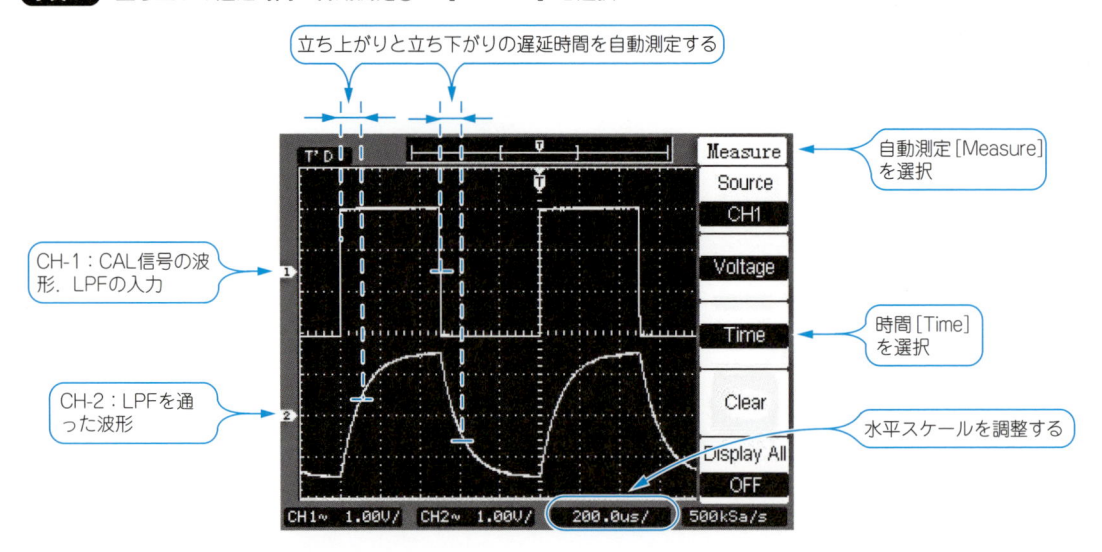

写真35 立ち上がり遅延時間の自動測定④…［Time］を選択

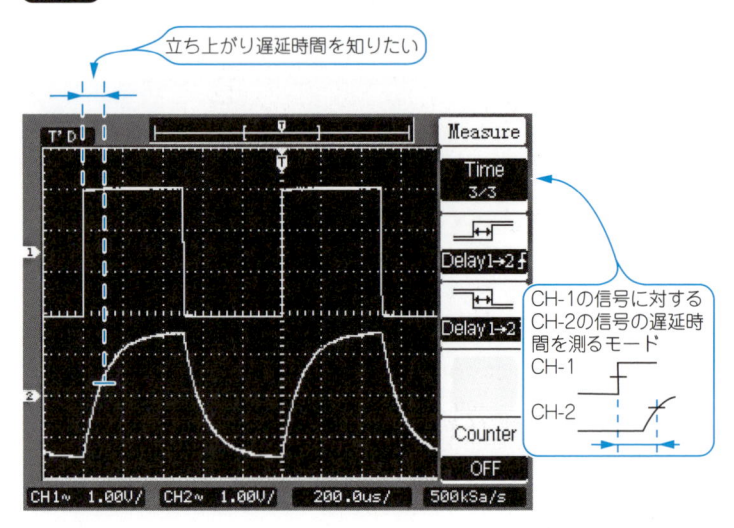

- 立ち上がり遅延時間を知りたい
- CH-1の信号に対するCH-2の信号の遅延時間を測るモード

によって，デューティ比が変化したのがわかります．

▶ **CR回路を通過するとなぜデューティ比が変わるのか**

写真38 と **写真39** を見るとわかるように，50％だった方形波信号（CAL信号）のデューティ比が，CR回路通過後に49.4％と少し小さくなりました．

方形波の形状は，CR回路を通過した後に大きく変化していますが，原理的には立ち上がりも立ち下がりも同じように長く

写真36 立ち上がり遅延時間の自動測定⑤…［Delay1→2↑］を選択

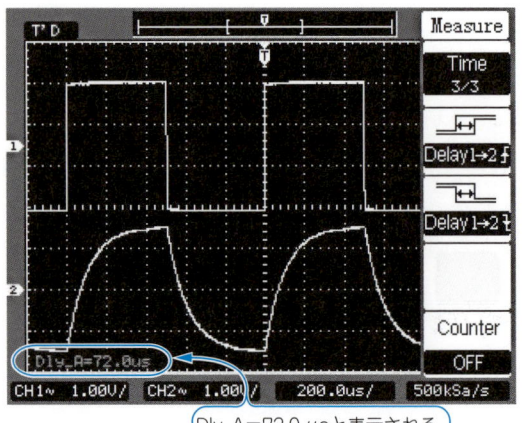

Dly_A=72.0μsと表示される

写真37 立ち下がり遅延時間の自動測定

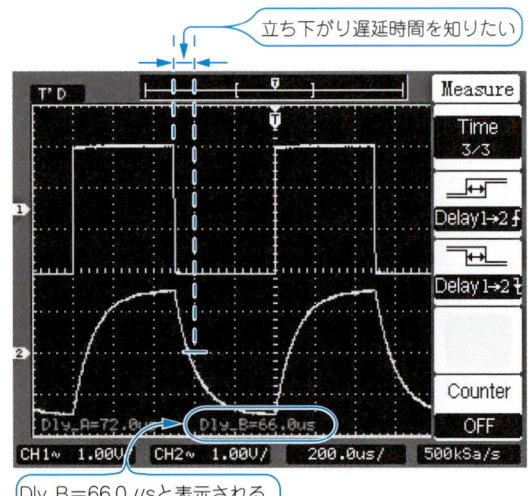

- 立ち下がり遅延時間を知りたい

Dly_B=66.0μsと表示される

写真38 CR回路の入力（CH-1）のデューティ比の自動測定

- CH-1波形のデューティ比を測ってみる
- [Measure]ボタンを続けて押して，SourceをCH-1とする
- [Time]を選択
- [+Duty]と[−Duty]を選択
- −Duty＝50.0％と表示される
- ＋Duty＝50.0％と表示される

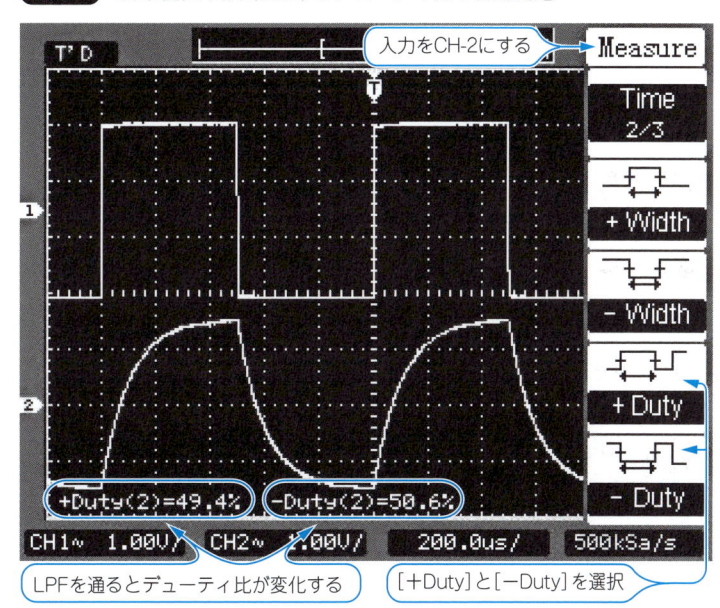

なり，デューティ比は入力方形波と同じ（50％）になるはずと考えた人もいると思います．この理由は，CR回路の周辺も含めて動作を考えると理解できます．

図35に示すのは，CR回路とその周辺を含めて描いた回路図です．

信号源は内部インピーダンス0Ωの電圧源と内部抵抗1kΩの直列回路です．プローブには9MΩが，オシロスコープの入力端子には1MΩが接続されています．

方形波が立ち上がるときは①の経路で電流が流れて，101kΩ（＝1kΩ＋100kΩ）を通して C_1 が充電されます．一方，方形波が立ち下がるときは②の経路で電流が流れます．101kΩと10MΩ（＝1MΩ＋9MΩ）を通じて C_1 が放電されます．

この結果，充電（経路①）よりも放電（経路②）の方がいくぶん短時間に行われ，立ち上がりと立ち下がり時間に差を生じま．これがデューティ比が変化する理由です．

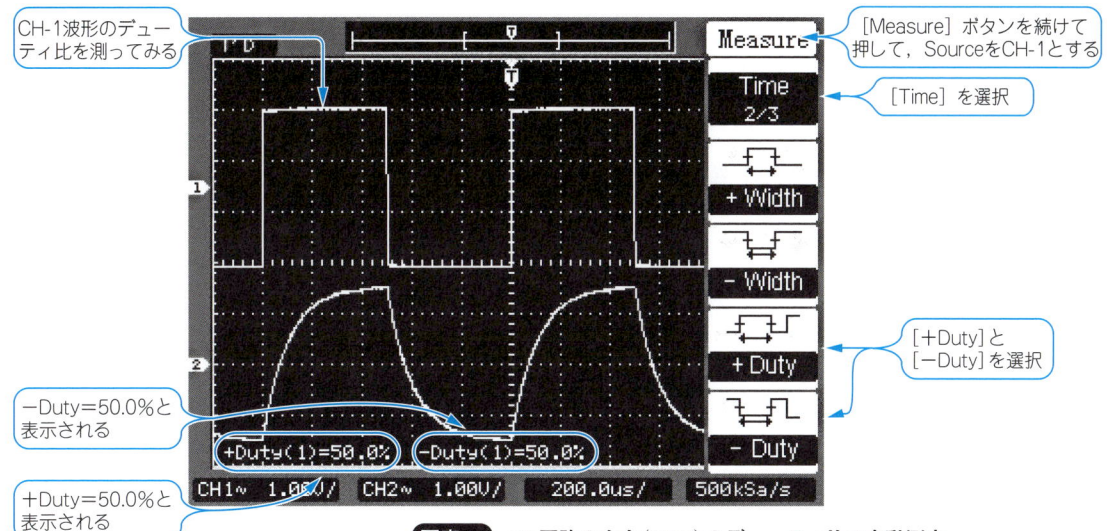

写真39 CR回路の出力（CH-2）のデューティ比の自動測定

- 入力をCH-2にする
- LPFを通るとデューティ比が変化する
- [＋Duty]と[−Duty]を選択

図35 LPF通過後のデューティ比が50％にならない理由は測定器にある

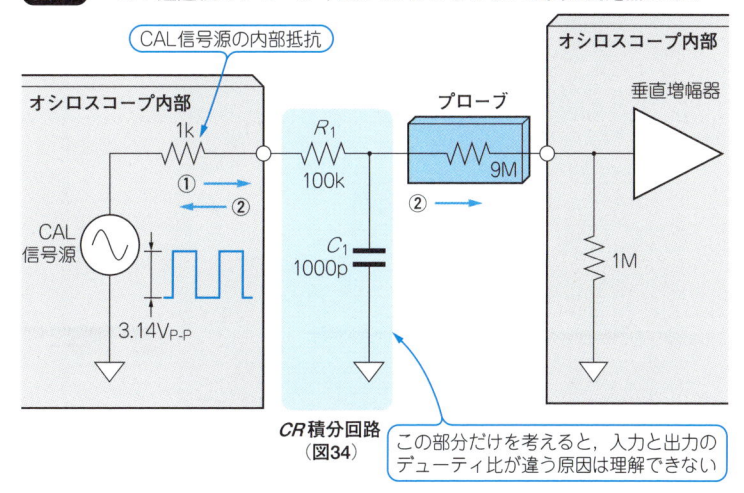

- CAL信号源の内部抵抗
- オシロスコープ内部
- プローブ
- オシロスコープ内部
- 垂直増幅器
- CAL信号源
- 3.14V_{P-P}
- R_1 100k
- 9M
- C_1 1000p
- 1M
- CR積分回路（図34）
- この部分だけを考えると，入力と出力のデューティ比が違う原因は理解できない

6-7 振幅や立ち上がり時間の自動測定機能

6-8 信号が規格内にあるかどうか自動判定するマスク・テスト
モデル波形と実測波形を重ね描きして一発チェック

1 信号品質を自動判定するマスク機能

表6 マスク・テストはユーティリティ機能のなかにある

ユーティリティのメニュー	アイコン	意味	詳細	
マスク・テスト	Mask Test	マスク・テスト (Mask Test)	マスク・テストを設定する	波形品質の合否判定に利用する
I/Oセットアップ	I/O Setup	I/O機能設定 (I/O Setup)	I/Oセットアップ・メニューを表示する	外部機器との接続の設定を行う
ランゲージ	Language English	使用言語 (Language)	言語を選択する．英語，日本語など	メニューは日本語で表示することもできる
サウンド	Sound	ビープ音 (Sound)	ビープ音をON／OFFする	
システム・インフォ	System Info	システム情報 (System Info)	モデル番号，シリアル番号，ソフトウェア・バージョン情報を表示する	
セルフ・キャル	Self-Cal	自己校正 (Self-Cal)	自己校正を実行する	
セルフ・テスト	Self-Test	自己テスト (Self-Test)	セルフ・テストを実行する	故障診断を自分で行う

ディジタル・オシロスコープには，マスク・テストやGP-IBなどのインターフェース，ビープ音，セルフ・テストなど，波形表示のコントロール以外にさまざまな機能があります．これをユーティリティ機能と呼びます．

写真40に示す［Utility］ボタンを押すと，ユーティリティ機能の一覧（**表6**）を呼び出すことができます．操作メニューは，日本語にすることもできます．

● 信号が規格内にあるかどうかをオシロスコープに判定してもらう

マスク・テストとは，モデル波形を定義してこれと比較することを言います．

規格やスペックが決められた波形を参照用のモデルとして設定したのち，観測波形を重ね描きすれば，設計した回路が規格

写真40 マスク・テスト機能を呼び出す…［Utility］ボタンを押すと現れる機能から選択

［Utility］によりメニューを日本語に切り換えた

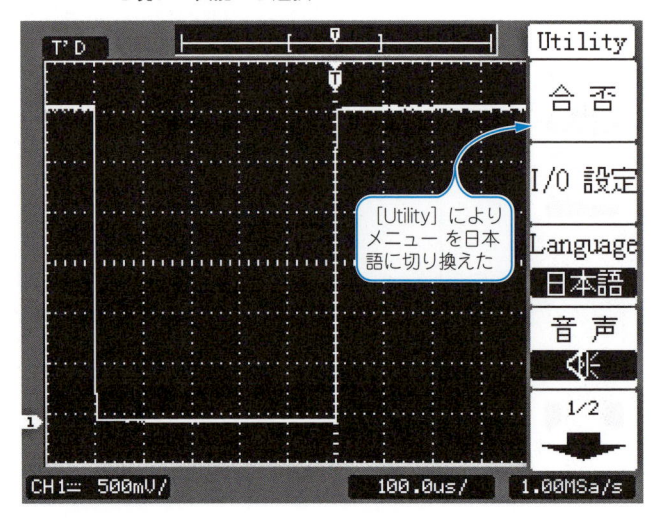

図36 波形品質が規格内か規格外かを調べるマスク・テスト

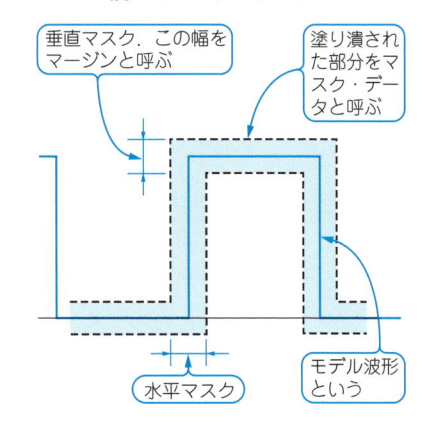

垂直マスク．この幅をマージンと呼ぶ

塗り潰された部分をマスク・データと呼ぶ

水平マスク

モデル波形という

内で動作しているかどうかは一目瞭然です．

機器の出力パルスの波形が，**図36**に示す範囲にあるかどうかを確認したいとき，このマスク・データをいったんディジタル・オシロスコープに記憶させます．観測された波形が，このマスク・データからはみ出たら不合格判定をします．

● ディジタル・オシロスコープの操作

［Mask Test］キーを押すと，**表7**に示すようなメニューが表示されます．

マスク・テストは，多数の部品や機器の性能とばらつきをチェックするのに適しています．

マスク・テストの合否をオシロスコープの端子から出力できる機種もあります．マスク・テスト機能は，X-Yモードでは使用できません．

表7 マスク・テストの設定メニュー

マスク・テストのメニュー	アイコン	意味	詳細
マスク・テスト (Enable Test)	Enable Test ON	ON	マスク・テストをONにする
	Enable Test OFF	OFF	マスク・テストをOFFにする
信号源 (Source)	Source CH1	チャネル1	CH-1でのマスク・テストを選択する
	Source CH2	チャネル2	CH-2でのマスク・テストを選択する
操作 (Operation)	Operate ▶	実行	マスク・テストを実行する
	Operate	停止	マスク・テストを停止する
メッセージ表示 (Msg Display)	Msg Display ON	ON	マスク・テスト情報の表示をONにする
	Msg Display OFF	OFF	マスク・テスト情報の表示をOFFにする
出力 (Output)	Output Fail	不合格	フェイル条件が検出された場合に通知する
	Output Fail + ◁⋮	不合格（ビープ音）	フェイル条件が検出された場合に通知してブザーを鳴らす
	Output Pass	合格	パス条件が検出された場合に通知する
	Output Pass + ◁⋮	合格（ビープ音）	パス条件が検出された場合に通知してブザーを鳴らす
出力時停止 (Stop on Output)	Stop On Output ON	ON	出力条件が発生した場合に波形表示を停止する
	Stop On Output OFF	OFF	出力条件が発生した場合でも波形表示を継続する
ロード (Load)	Load	呼び出し	保存されているマスクを呼び出す
Xマスク (X Mask)	X Mask 0.20div	水平マスク	マスクの水平フェイル・マージンを設定する（0.04〜4.00div.）
Yマスク (Y Mask)	Y Mask 0.20div	垂直マスク	マスクの垂直フェイル・マージンを設定する（0.04〜4.00div.）
マスク作成 (Create Mask)	Create Mask	作成	現在の波形から上記のフェイル・マージンを使ってマスクを作成する
保存 (Save)	Save	保存	作成したマスクを保存する

システム情報とI/Oセットアップ column

● システム情報の表示

［Utility］ボタンを押すと現れる**表6**のメニューから［System Info］を選ぶと，**写真A**に示すような画面が現れます．ここには，オシロスコープのモデル番号，シリアル番号，ソフトウェアのバージョン，オプションでインストールされているモジュールなどのシステム情報が表示されます．

● データ入出力ポートのデータ・レートなどの設定

［Utility］ボタンを押すと現れる**表6**のメニューから［I/O Setup］を選ぶと，GP-IBのアドレスやRS-232のボー・レートを設定することができます．いずれもパソコンと接続してデータのやりとりを行うためのインターフェースです．最近はより高速なUSBのほうが一般的です．USBの場合はアドレスやボー・レートの設定は必要ありません．

写真A ［System Info］を選ぶと使用中のオシロスコープのシステム情報が表示される

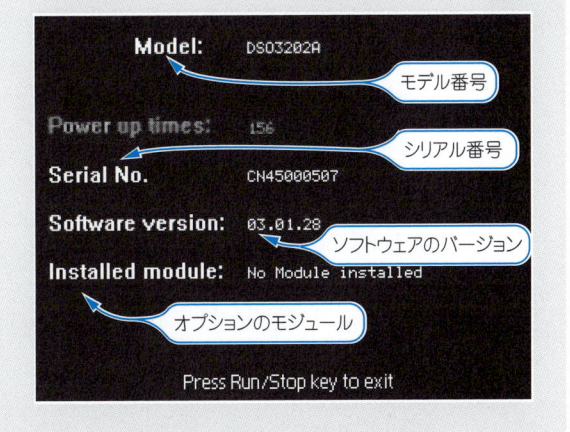

Model: DSO3202A — モデル番号
Power up times: 156
Serial No. CN45000507 — シリアル番号
Software version: 03.01.28 — ソフトウェアのバージョン
Installed module: No Module installed — オプションのモジュール

Press Run/Stop key to exit

2 マスク・テスト機能を使ってみる

写真41 マスク・テストの合格通知機能を利用する①…CAL信号を表示する

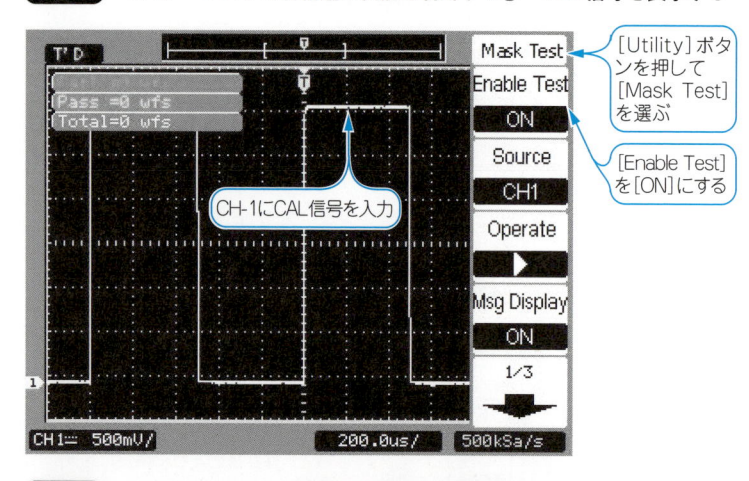

(画面注釈) CH-1にCAL信号を入力／[Utility]ボタンを押して[Mask Test]を選ぶ／[Enable Test]を[ON]にする

写真42 マスク・テストの合格通知機能を利用する②…[Mask Test]-[Enable Test]を選択するとマスク部分が現れる

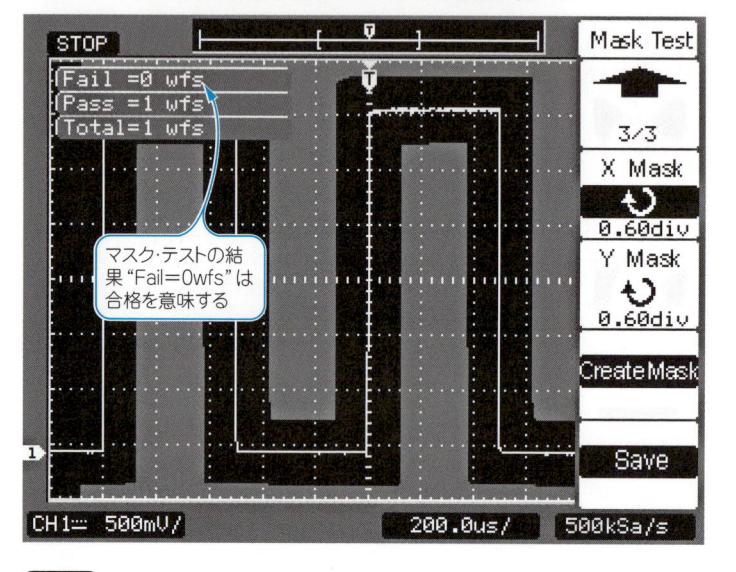

(画面注釈) マスク・テストの結果"Fail=0wfs"は合格を意味する

写真43 マスク・テストの合格通知機能を利用する③…[Operate]をONにする

(画面注釈) [Operate]をONにする／マスク・テスト結果が表示される. "Pass"と表示されているので合格

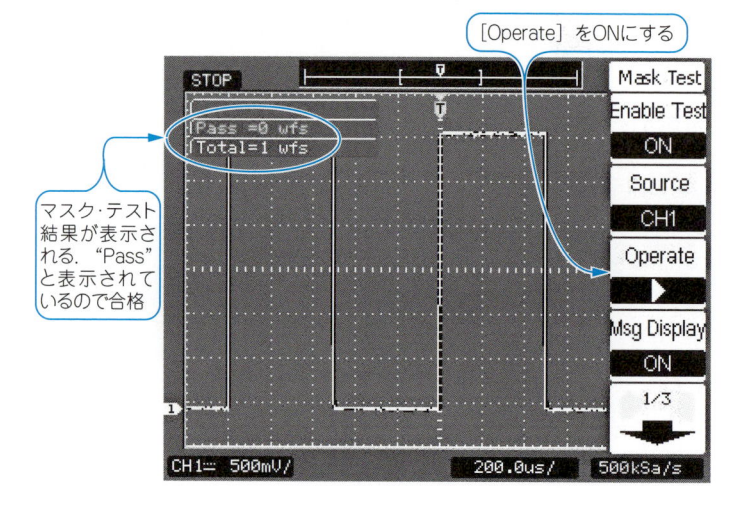

● 実験1…合格通知機能を利用する

CH-1にCAL信号を表示させます.

写真41のように[Utility]ボタンを押して[Mask Test]を選んだ後, [Enable]ボタンをONにします.

合格したらビープ音が出る[Pass + Beep]に[Output]を設定します.

[X Mask]と[Y Mask]は, 例えば0.6Vdiv.に設定し, マスク作成[Create Mask]を押します.

すると, **写真42**のようにマスク部分が表示されます. 操作[Operate]をONにすると, マスク・テスト情報に合格通知"Pass = 1wfs"が表示されます.

● 実験2…不合格通知機能を利用する

マスクを広げて, もっと厳しい規格に設定してみます.

Xマージンを0.04div.に, Yマージンを0.04div.に設定します**写真43**. また, 不合格(フェイル)時に通知+ビープ音が出る設定にし, マスク・テストを実行します.

実験1と同様にマスク・テストを実行すると, **写真44**に示すように, "Fail = 1wfs"と表示されて不合格と通知されます. CAL信号に含まれているノイズが原因で, 0.04div.というマージンを越えたのでしょう.

ロード[Load]を押して, 実験1で作成したマスクを呼び出し, マスク・テストを実行すると, 再び合格します.

写真44 マスク・テストの合格通知機能を利用する③…マスクを広げると不合格通知が出される

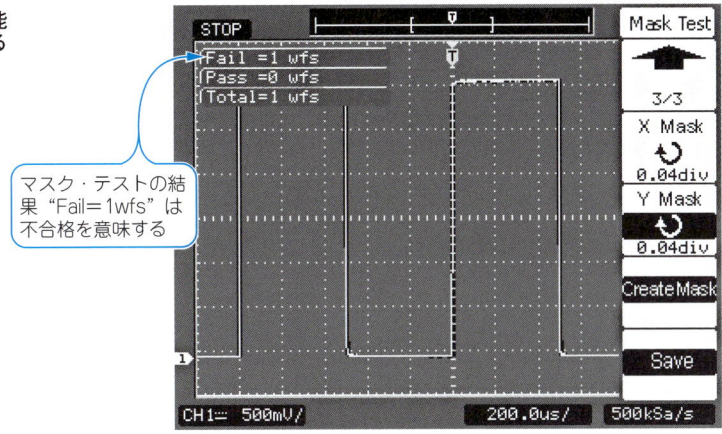

マスク・テストの結果 "Fail=1wfs" は不合格を意味する

振幅ばらつきが一目でわかるピーク検出機能

column

写真B 雑音の混じった交流信号をピーク検出機能で観察

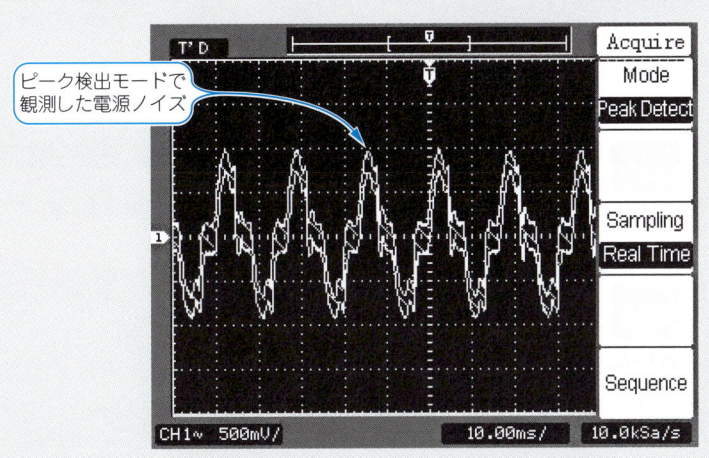

ピーク検出モードで観測した電源ノイズ

写真C 写真Bの時間軸スケールを拡大

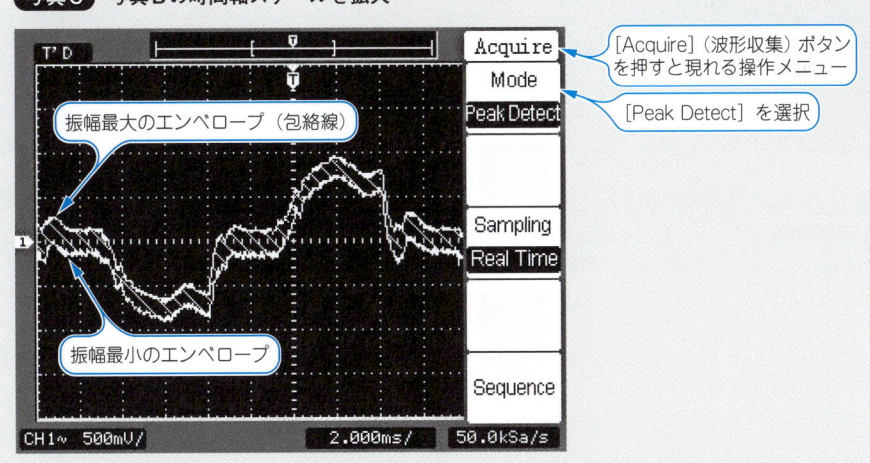

[Acquire]（波形収集）ボタンを押すと現れる操作メニュー

振幅最大のエンベロープ（包絡線）

[Peak Detect]を選択

振幅最小のエンベロープ

波形の振幅の最大値や最小値が一定せず，変化している場合があります．ピーク検出モードを使えば，取り込んだ波形の中から，振幅が最大のものと最小のものを画面に表示させることができます．

写真23のノイズの混じった交流信号をピーク検出モードで観測してみましょう．

波形コントロール部の［Acquire］ボタンを押します．モード［Mode］をピーク検出に設定します．

結果を**写真B**と**写真C**（水平スケールを拡大）に示します．このようにピーク検出モードにしてみると，振幅が変動していることがわかります．

6-8 信号が規格内にあるかどうか自動判定するマスク・テスト

6-9 状態を表示したり診断, 校正する機能

温度や経時変化による特性のずれを見つけ出して元に戻す

1 自己校正

写真45 セルフ・キャリブレーション機能を動かす①…［Self-Cal］を選択

- ［Utility］ボタンを押す
- ［Self-Cal］（自己校正）を選んで［Run/Stop］ボタンを押す

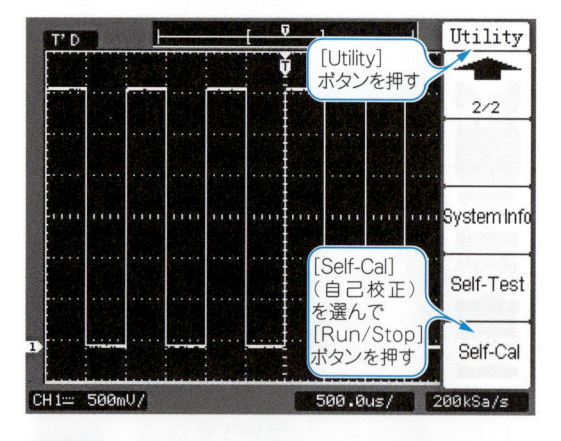

写真46 セルフ・キャリブレーション機能を動かす②…校正が始まったところ

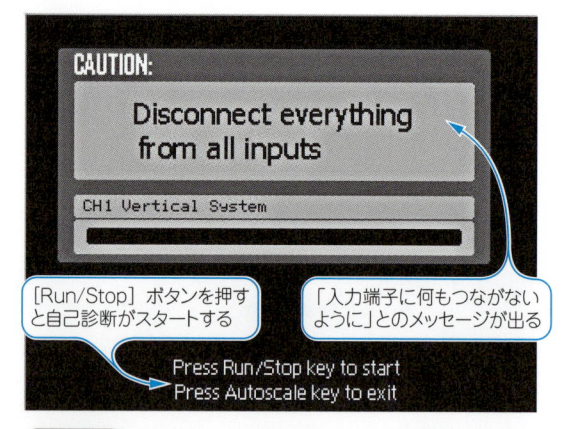

- ［Run/Stop］ボタンを押すと自己診断がスタートする
- 「入力端子に何もつながないように」とのメッセージが出る

写真47 セルフ・キャリブレーション機能を動かす③…CH-1の垂直システムを校正中

- CH-1の垂直システムを校正中

写真48 セルフ・キャリブレーション機能を動かす③…水平システムを校正終了

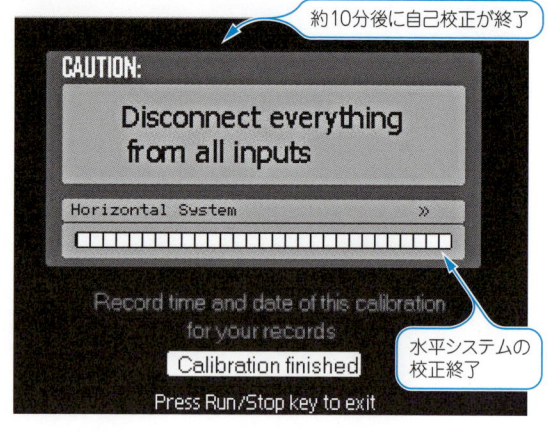

- 約10分後に自己校正が終了
- 水平システムの校正終了

　オシロスコープは，環境の変化，特に温度や経時変化によって，内部の回路の特性がわずかながら変化し，測定精度が悪化してきます．

　自己校正（セルフ・キャリブレーション）は，オシロスコープの内部に保存されている既知の電圧や周波数に，内部回路の特性を合わせ込む機能です．

　使用環境を変えたときはもちろん，定期的にこの機能を利用して校正します．校正はオシロスコープを30分以上通電して，ウォームアップ（暖気運転）した後に行います．

　具体的な操作方法を説明します．まずオシロスコープを30分通電したまま放置します．入力端子からプローブを外します．［Utility］ボタンを押すと現れる**写真45**の画面で［Self-Cal］を選択し，［Run/Stop］ボタンを押すと，校正が始まります（**写真46**）．

　校正は，
(1) CH-1の垂直軸システム（CH-1 Vertical System）
(2) CH-2の垂直軸システム（CH-2 Vertical System）
(3) 水平軸システム（Horizontal System）

の順に行われます（**写真47**）．

　10分程度経過すると**写真48**の画面になり校正終了です．

　CAL信号の振幅は精度が保証されているとは限りませんし，スケールとの少々の不一致は気にする必要はありません．自動校正は精度が高く，人の目でその差を識別できるような低いものではありません．

2 セルフ・テスト

セルフ・テストは，オシロスコープの機能を自動的にチェックする自己診断機能です．

[Self-Test］ボタンを押すと，**表8**のようなセルフ・テスト関連のメニューが表示されます．

● 液晶ディスプレイのドット欠陥テスト

スクリーン・テスト［Screen Test］は，画面に液晶表示の欠陥（ドット欠け）がないかどうかをチェックする機能です．液晶は，赤色，青色，緑色のドット（画素）から構成されており，欠けているとその画素は発光しません．

操作法は，次のとおりです．

［Utility］ボタンを押すと現れるメニューから［Self-Test］を選び，**表8**の［Screen Test］を押すと，**写真49**のような画面になり，セルフ・テストが実行されます．[Run/Stop]ボタンを押すたびに，表示画面全面が黒色→赤色→緑色→青色と色が変わるので，液晶の色が正確に出ているかを目視でチェックします．

● キーやノブの診断

表8の［Key Test］は，フロント・パネルのキーやノブが正常に機能するかを診断する機能です．［Utility］の［Self-Test］を選びます．

表8の［Key Test］を押すと，**写真50**のような図形が表示されます．すべてのキーとノブを操作して，該当する図形が緑に変わることを確認します．[Run/Stop]ボタンを続けて3回押してキー・テストを終了し

表8 セルフ・テストのメニュー

セルフ・テストのメニュー	アイコン	意味	詳細
スクリーン・テスト（Screen Test）	ScreenTest	画面テスト	表示画面のテストを実行する
キー・テスト（Key Test）	Key Test	キー・テスト	フロント・パネルのキーとノブのテストを実行する

（液晶パネルのドット欠けのチェック）

写真49 セルフ・テスト機能を動かす①…ディスプレイのドット欠けをチェックする画面

（[Run/Stop]ボタンを押すたびに画面が黒色→赤色→緑色→青色と変わる）

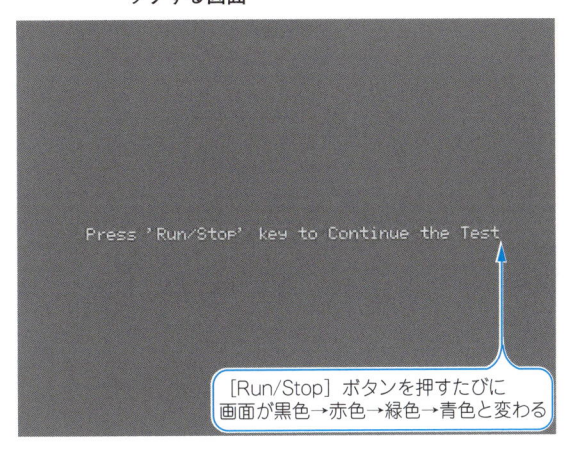

写真50 セルフ・テスト機能を動かす②…キーとノブの効きをチェックする画面

（キー・チェック(Key Test)を行ったときの画面．オシロスコープのフロント・パネルのキー配置イメージ）

（キーやノブを操作すると対応する図形の色が変わる）

ます．

写真50に示す図形は，フロント・パネルのキーを表しています．キーの両側に矢印の三角が付いた図形は，フロント・パネルのノブを表します．正方形は，スケール・ノブを押すことを意味します．キーやノブを操作すると該当する図形が緑色に変わります．

徹底図解★ディジタル・オシロスコープ活用ノート

第**7**章
測定器は万能じゃない！

誤差の原因や測定限界

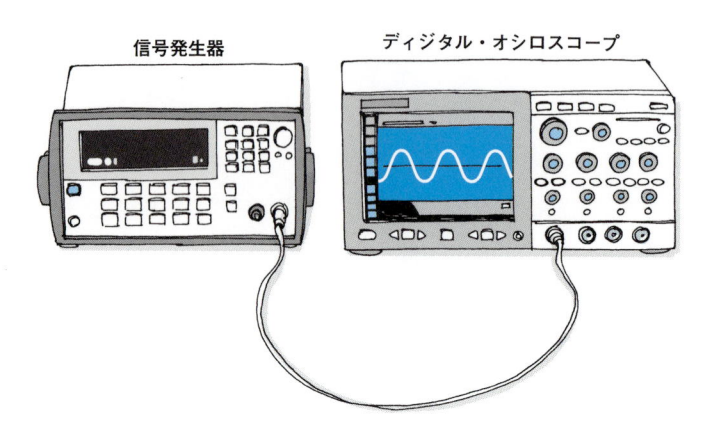

先輩：「どうした？測定器におかしいところでもあるのか？」
A君：「はい．この信号発生器，壊れているみたいなんです．信号発生器を矩形波モードに設定したのに，オシロスコープで観ると正弦波になっているんです」
先輩：「矩形波がひずんでこんな形になっているようだな．振幅もずいぶん減衰している」
A君：「オシロスコープの帯域は十分広いですし，接続ケーブルも50Ωタイプを使いましたから，測定系の周波数特性は問題ないはずです．トラ技SPECIALを参考にしたんだけどなぁ」
先輩：「ところで，その50Ωケーブルはどこから持ってきたの？」

A君：「イーサネット・ケーブルが置いてあった棚からです」
先輩：「高周波ケーブルの棚にあるものに代えてみてくれるかな」
A君：「あれ!? 矩形波になりました．なんでだろう？」
先輩：「コネクタ部の接触不良だよ．まず気づいたのは，インピーダンス・マッチングが正しく取られていないこと．接続用コネクタのインピーダンスは75Ωだし，オシロスコープの入力インピーダンスも1MΩになっている．ただこの程度のことで，こんなにはひずまないから，接触不良を疑ってみたわけだよ．ネットワーク系の配線材料は痛みが激しいし，コネクタの寸法も微妙に違うんだ．高周波の実験に使うのは止めたほうが無難だよ」

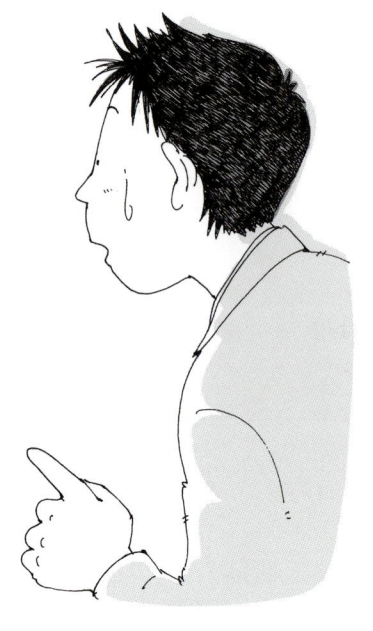

*

　測定に使うケーブルやコネクタだけでなく，測定器の中身も皆さんが開発した電子回路と同じ電子部品ですから，開発した電子回路を正しく評価するためには，測定系の理解が必要です．測定中は「自分は目の前にある回路の本当の動作波形を観測できているのだろうか?」と常に問題意識をもつことが，測定技術を磨くうえでとても重要です．

　本章では，もう少しディジタル・オシロスコープの理解を深めます．電子回路の設計技術は，測定技術といっしょに磨かれていくのです．

7-1 ターゲットの信号を変化させる要因のいろいろ

オシロスコープの入力インピーダンスやプローブのグラウンド・リードが影響する

1 オシロスコープは本当の信号レベルより小さく表示する

被測定回路の出力インピーダンスとプローブの先からオシロスコープ側を見たときの，測定器側の入力インピーダンスの関係を理解することはとても重要です．

図1に示すのは，プローブを使わずにオシロスコープとある測定回路を接続したときのインピーダンスの関係です．R_{out}は被測定回路の出力インピーダンス，V_{out}は被測定電圧，R_{in}はオシロスコープの入力インピーダンスです．

オシロスコープの入力電圧V_{in}は，

$$V_{in} = \frac{V_{out} R_{in}}{R_{out} + R_{in}}$$

$$= \frac{V_{out}}{1 + R_{out}/R_{in}} \quad \cdots\cdots (7.1)$$

になります．$R_{in} \gg R_{out}$のときは，

$$V_{in} \fallingdotseq V_{out}$$

になります．オシロスコープの入力インピーダンスR_{in}は1MΩですから，測定精度を1%以下にしたい場合は，被測定回路の出力インピーダンス（R_{out}）は，

$R_{out} = 1\text{M}\Omega/100 = 10\text{k}\Omega$

から10kΩ以下である必要があります．

図2は，プローブを使ってオシロスコープと測定回路を接続したときの，インピーダンスの関係を表しています．プローブを使うことで，被測定回路からオシロスコープ（プローブ）側を見たときの入力インピーダンスは10MΩと約10倍に高まる

図1 オシロスコープと被測定回路を直結したときのインピーダンスの関係

被測定回路の出力インピーダンス．プローブを使わずに測定精度を1%以下にするには，10kΩ以下であることが必要．高周波を観測するときは50Ωがよい

この信号源の電圧波形を見たい

オシロスコープの入力インピーダンス

0.1GHz以上の高周波信号を観測するときは50Ωとするべき

被測定回路　オシロスコープ

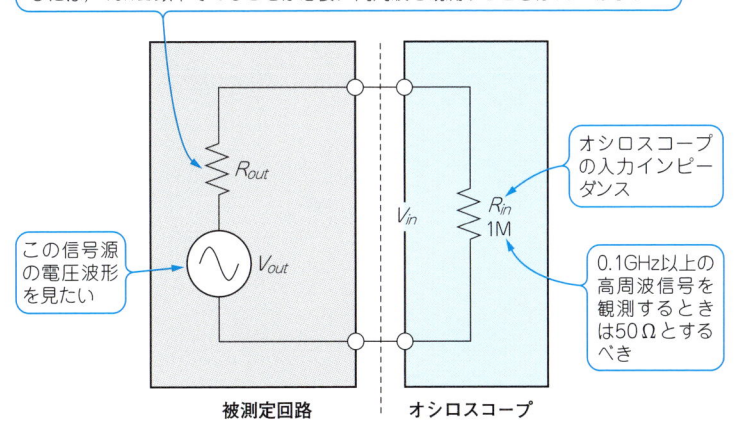

図2 プローブを挿入すると測定回路側のインピーダンスが上がって測定誤差が減る

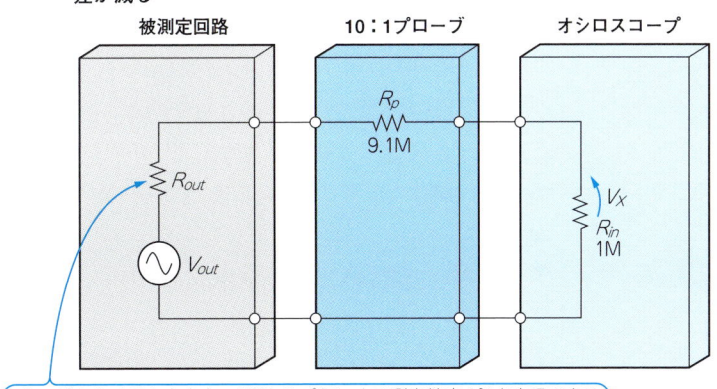

被測定回路　10:1プローブ　オシロスコープ

R_p 9.1M

V_x R_{in} 1M

R_{out}が大きくても大丈夫．100kΩぐらいまで測定精度1%を実現できる

ため，前述の測定誤差が小さくなります．

高周波信号を観測するときは，オシロスコープの入力インピーダンスを50〜75Ωに設定し，さらに$R_{in} = R_{out}$（**図1**）の状態にする必要があります．

このとき式(7.1)は，

$$V_{in} = \frac{V_{out} R_{in}}{R_{out} + R_{in}} = \frac{V_{out}}{2}$$

となり，オシロスコープのディスプレイに映し出される波形の

レベルは，被測定回路の出力電圧の1/2になります．振幅を読むときは，2倍に換算する必要があります．

FETプローブは，出力インピーダンスが50Ωですから，オシロスコープに映し出される波形の振幅はプローブ出力の1/2です．しかし，FETプローブには増幅器が内蔵されており，入力電圧を2倍に増幅するため換算は不要です．

2 オシロスコープの入力インピーダンスが波形レベルに影響を与える例

図3 被測定回路にプローブをつなぐとオシロスコープに電流が流れ込む

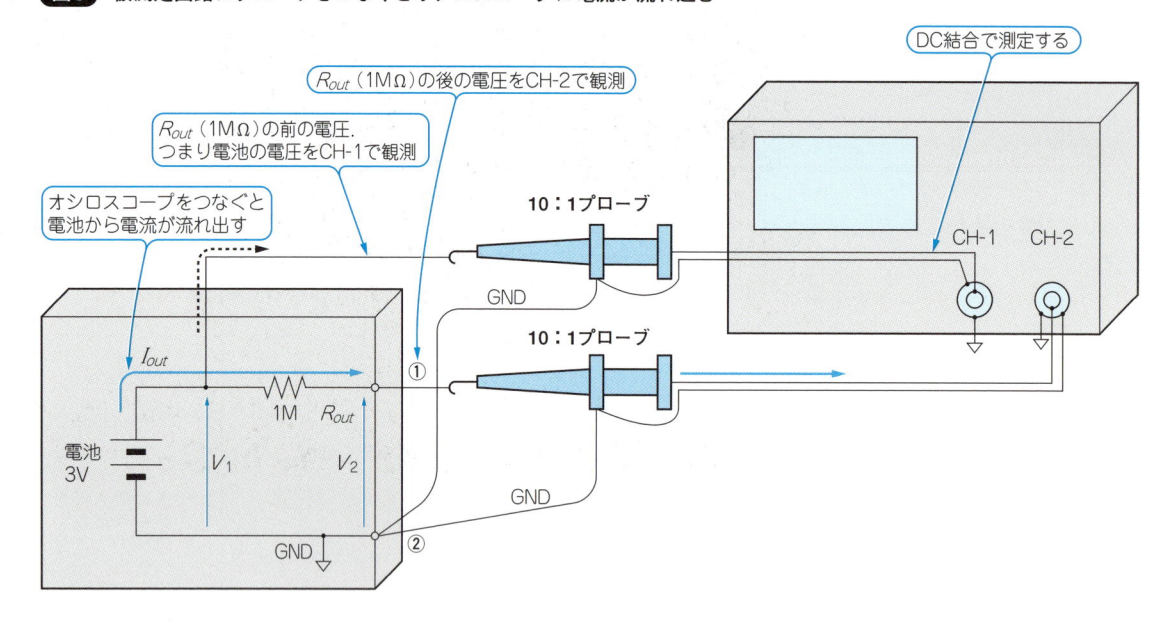

図3に示すように，電池（3V）に抵抗（1MΩ）を接続した回路を作り，抵抗器（R_{out}）の前後で電圧を測定してみました．プローブには10：1タイプを使用します．

この回路は，端子①に負荷が何も繋がれていないので，電流は流れないように見えます．とするなら，ディスプレイに表示されるCH-1とCH-2の電圧は同じ値になるはずです．では，やってみます．

CH-1に電池電圧（V_1），CH-2に抵抗を通した電池電圧（V_2）を接続し，ともにDC結合とします．トリガはオート，時間軸は1ms/div.にします．いったんグラウンド結合にして，CH-1とCH-2の基準レベル（グラウンド・レベル）を画面下部に同一に揃えます．自動測定機能［Measure］の［Vavg］を選択して電圧を表示させます．

写真1に観測された波形を示します．抵抗を通した電圧波形のレベルは電池電圧よりも低くなります．これは，プローブをつなぐことで，電池からオシロスコープに向かって電流（I_{out}）が流れるからです．

これは，プローブの入力インピーダンス（10MΩ）に対して，1MΩという抵抗値が無視できないことを示しています．

写真1から，CH-2の測定誤差は約10％もあることがわかります．

写真1 オシロスコープに電流が流れ込んでいる証拠

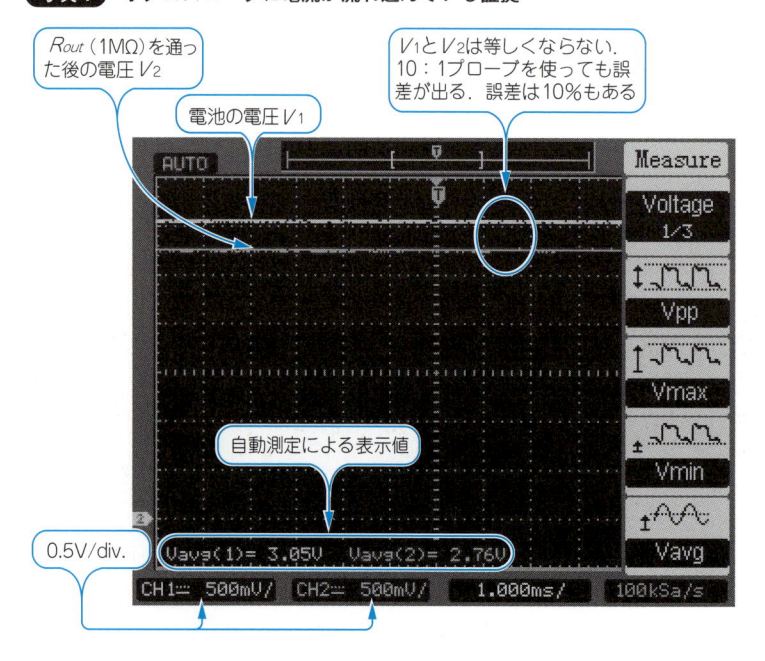

3 プローブのグラウンド・リードが表示波形を変化させる

● グラウンド・リードの長さを変えながら10MHzの方形波を観測

最近の高機能なディジタル回路の動作クロックは，100MHzを超えています．ここでは，それよりもかなり低い10MHzクロック信号（方形波）の波形を観測してみます．

方形波は，その立ち上がり部と立ち下がり部に高い周波数成分を含んでいます．もし，10MHz方形波の立ち上がり時間が100MHz方形波の立ち上がり時間よりも短いならば，10MHz方形波信号のほうが高い周波数成分を含んでいることになります．重要なのは，この立ち上がり部と立ち下がり部の波形をいかに正確に観測するかということです．

写真2 に示すのは，グラウンド・スプリング（第3章参照）を使って観測した方形波信号です．測定のようすを **写真3** に示します． **写真4** に示すのは，プローブに付属している15.2cmのグラウンド・リードを使ったときの10MHzの方形波信号の波形です．わずかながらリンギングが見られます． **写真5** に測定のようすを示します．

写真6 は，グラウンド・リードを50cmに延長したときの波形です．大きなリンギングが出ています．

これらのひずみ波形は被測定回路の本来の姿ではありません．プローブとオシロスコープの測定系によりゆがんで，表示

写真2 グラウンド・スプリングを使うとひずみのない波形が表示される

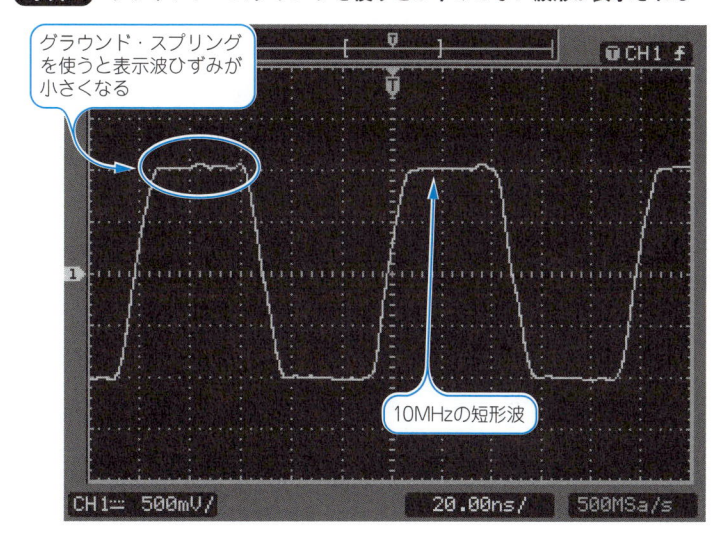

グラウンド・スプリングを使うと表示波ひずみが小さくなる

10MHzの短形波

CH1= 500mV/　　20.00ns/　　500MSa/s

写真3 グラウンド・スプリングを取り付けたプローブで10MHz方形波を観測

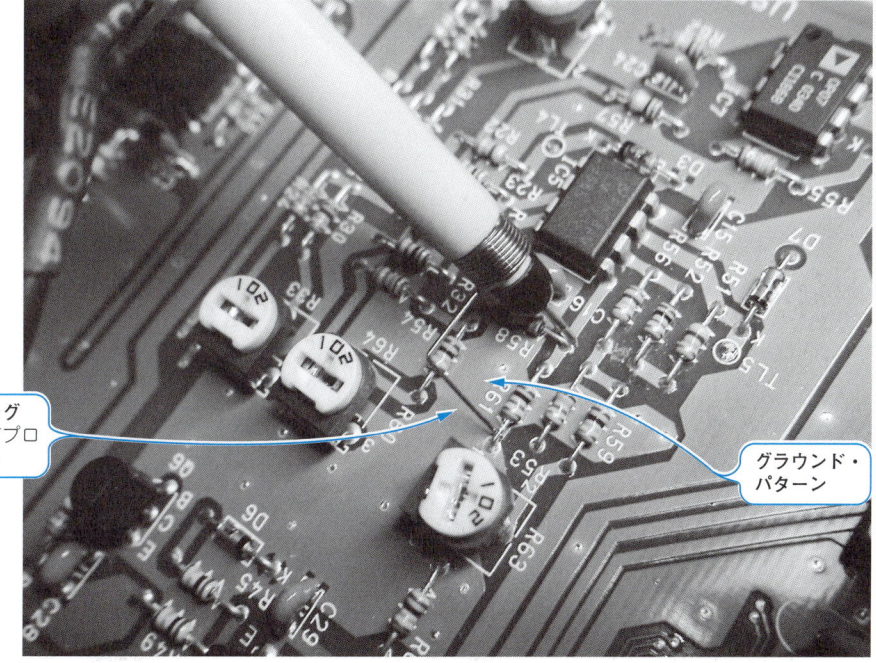

グラウンド・スプリング
スリーブを取り外してプローブ先端に取り付ける

グラウンド・パターン

7-1 ターゲットの信号を変化させる要因のいろいろ

写真4 15cmのグラウンド・リードを取り付けたプローブで観測した10MHz方形波

10MHz程度の方形波信号でもプローブのグラウンド・リード（15cm）を使うと，波形にひずみ（リンギング）が発生した

写真6 50cmのグラウンド・リードを取り付けたプローブで観測した10MHz方形波

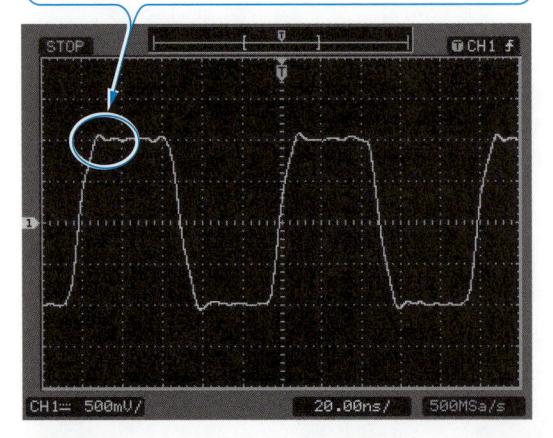

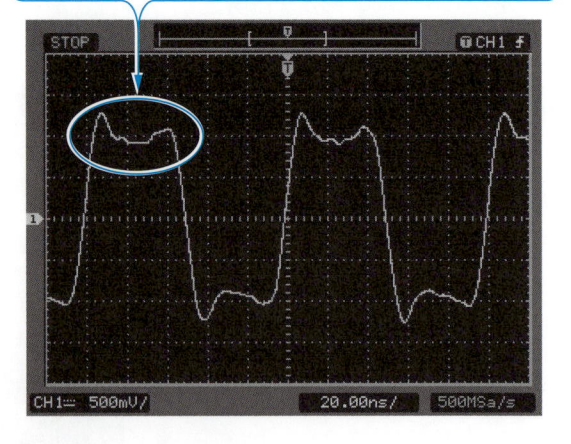

プローブのグラウンド・リードを50cmにすると，観測波形が大きくひずむ．被測定回路はきれいな方形波を出力しているのだが…

写真5 15cmのグラウンド・リードを使ったプロービング

プローブ・キットに付属しているグラウンド・リード

されているのです．「何か回路に問題があるのではないだろうか？」というふうに勘違いしないようにしましょう．

以上の実験から，パルスのピーク値を測定するときは，プローブのグラウンド・リードを極力短くする必要があることがわかります．

グラウンド・リードは観測信号の4分の1波長が目安　　column

「プローブのグラウンド・リードが長い」とは，いったい何に対して長いのでしょうか？

その答えは，観測する信号の周波数または波長です．

測定対象の信号がオーディオのように数十kHzの正弦波であれば，15cm程度のリード線が問題になることはありません．しかし，対象が鋭い立ち上がりのパルス信号は，立ち上がり部分に高い周波数成分（波長の短い信号）が含まれているため，グラウンド・リードの長さが無視できません．

グラウンド・リードの長さが，観測する信号の波長の$\lambda/4$程度かそれ以上の場合，そのグラウンド・リード線は長いと言ってよいでしょう．

4 低周波信号はDC結合で観測する

写真7 10Hzの方形波をAC結合とDC結合で観測した波形

- 10Hzの方形波．DC結合にすると正しく表示される
- AC結合だと波形が変形してしまう．平らであるべきところが減衰して傾く．この傾きの部分をサグと呼ぶ
- サグ
- CH-1はDC結合
- CH-2はAC結合

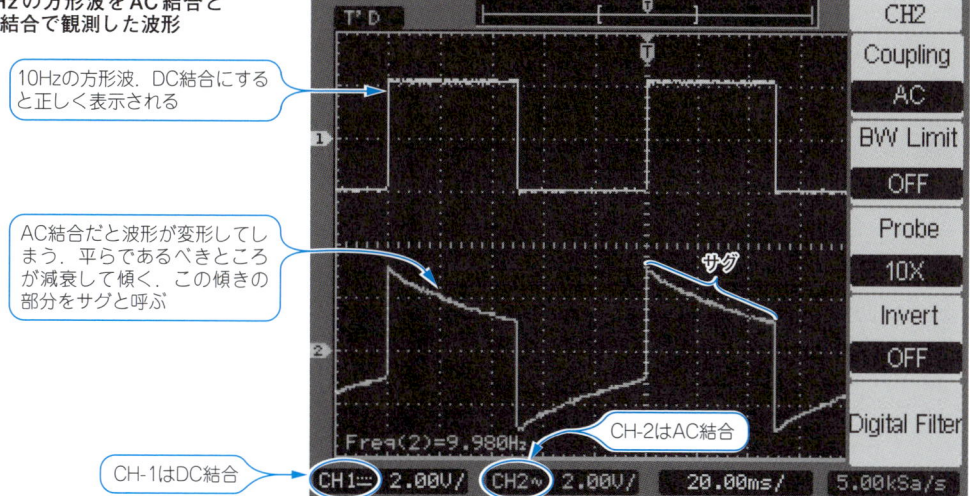

観測する信号の周波数が高ければ，AC結合でもDC結合でも，波形に大きな差はありません．

しかしAC結合に設定されていると，被測定信号の周波数が低い場合，実際の波形と違う形状で観測されます．

● 10Hz方形波の観測

写真7は，10Hzの矩形波をAC結合とDC結合で観測した結果です．CH-1にDC結合の波形を，CH-2にAC結合の波形を示します．本来の波形に近いのはCH-1です．CH-2の波形は，とても方形波とはいえないくらい変形しています．

● 0.数Hz方形波の観測

図4に示すように，電池，スイッチ，抵抗を接続した回路を準備して，実際に観測してみます．

CH-1とCH-2に同じ電圧を入力して，CH-1をDC結合に，CH-2をAC結合に設定します．掃引時間を1s/div.に設定して，スイッチを数秒ごとにON/OFFさせます．

トリガをオートにします．結

図4 数秒という長い周期H/Lが切り替わる信号を生成するために製作した回路

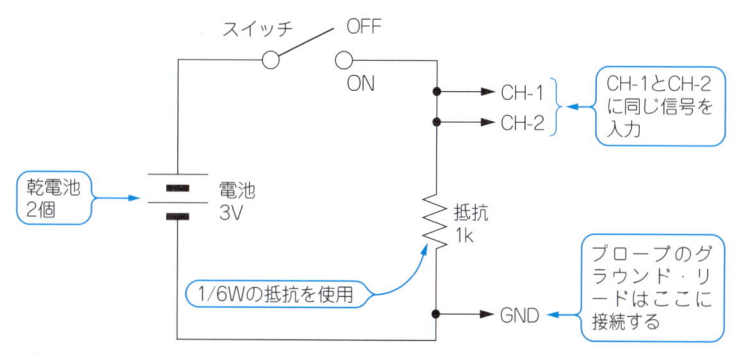

- スイッチ OFF / ON
- CH-1とCH-2に同じ信号を入力
- 乾電池2個 / 電池3V
- 1/6Wの抵抗を使用
- 抵抗 1k
- プローブのグラウンド・リードはここに接続する
- GND

写真8 被測定信号の周期が数秒にまで長くなるとAC結合で観測した波形は原形をとどめない

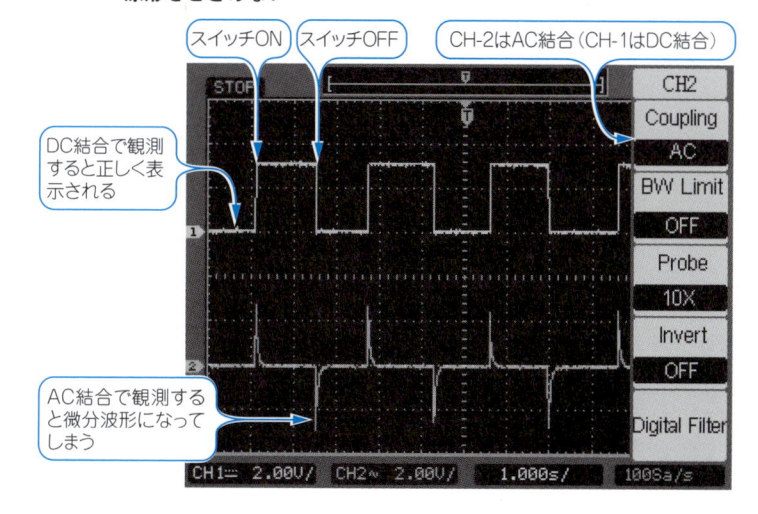

- スイッチON / スイッチOFF
- CH-2はAC結合（CH-1はDC結合）
- DC結合で観測すると正しく表示される
- AC結合で観測すると微分波形になってしまう

果を**写真8**に示します．本来の波形は，CH-1に示される方形波ですが，AC結合で観測したCH-2の波形は，微分されて尖ったインパルス状の波形になっています．

7-2 帯域の限界が与える波形への影響
オシロスコープにも周波数特性がある

1 精度良く振幅を観測できるのは帯域の70％程度

図5 オシロスコープにも周波数特性がある

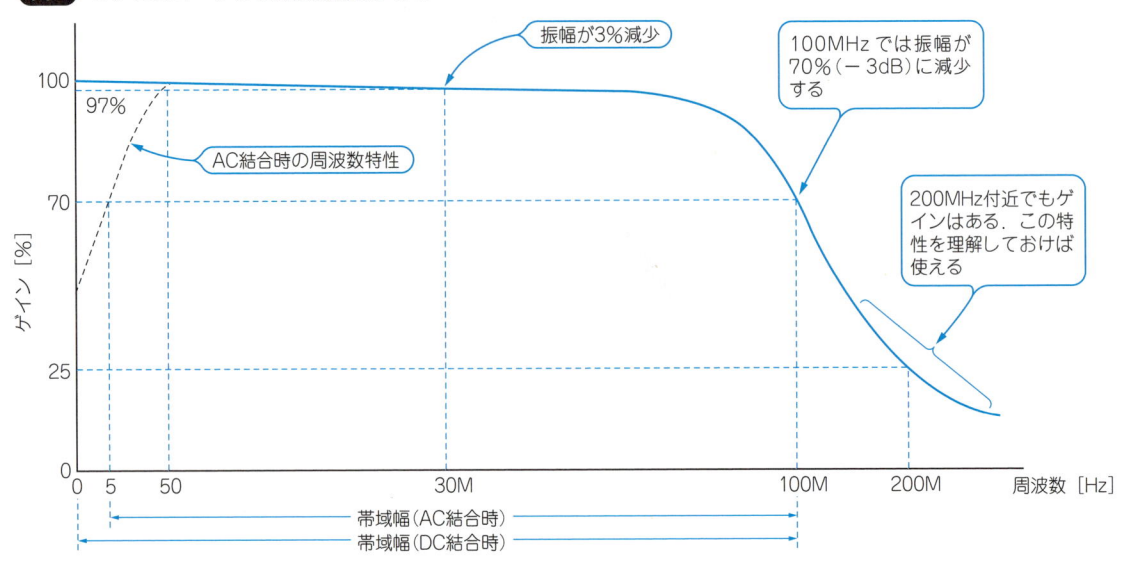

グラフ中の注釈：
- 97％
- AC結合時の周波数特性
- 振幅が3％減少
- 100MHzでは振幅が70％（−3dB）に減少する
- 200MHz付近でもゲインはある．この特性を理解しておけば使える
- 縦軸：ゲイン [％]（0, 25, 70, 100）
- 横軸：周波数 [Hz]（0, 5, 50, 30M, 100M, 200M）
- 帯域幅（AC結合時）
- 帯域幅（DC結合時）

電子回路と同様に，オシロスコープにも周波数特性があります．「帯域100MHz」と銘打ったオシロスコープを使えば，0Hz（直流）から100MHzまで誤差なく測定できるというわけではありません．

図5に示すのは，帯域100MHzのオシロスコープの周波数特性です．

p.147でも説明したように，0Hz付近の信号をAC結合で観測すると振幅誤差が発生します．高周波の部分では，振幅は70％に減少します．

オシロスコープの帯域幅は，レベルが一定の信号を入力して周波数を変えていき，表示される波形の振幅が3dB減衰する周波数です．−3dBは約70％に相当します．100MHz，$1V_{P-P}$の正弦波は$0.7V_{P-P}$で表示されるわけです．

図5から振幅を3％の確度で測定できる周波数の上限は，30MHzということになります．

オシロスコープの帯域幅が100MHzと示されていても，これ以上の周波数でまったく使えないわけではありません．200MHzで約25％のゲインがありますから，そのことを踏まえたうえで観測すれば，問題ありません．ただし，サンプリング周波数を超えた信号を観測する場合は，エイリアシングの発生を忘れてはいけません（pp.156～157参照）．

ワンポイントFAQ Column

● 高周波での減衰が大きくなってしまいます
　プローブの周波数帯域をチェックしてください．オシロスコープの帯域の1.5～3倍以上の帯域をもつプローブを使う必要があります．

● パルス波形にシュートやなまりが出ます
　プローブの調整を行いましたか？CH-1とCH-2のプローブを入れ替えたときも再調整が必要です．

● 測定波形にノイズが入ってきれいに表示されません
　プローブのグラウンドの取り方（グラウンド・リードの接続）が不適当な場合がほとんどです．信号源が繋がるグラウンドで信号源にできるだけ近い場所を選んでください．信号レベルが低く，オシロスコープのレンジで50mV/div.以下になるような場合は，1：1のプローブを使用します．

2 立ち上がり時間の測定限界

図6 帯域100MHzと帯域500MHzのオシロスコープで観測した立ち上がり時間1nsの方形波

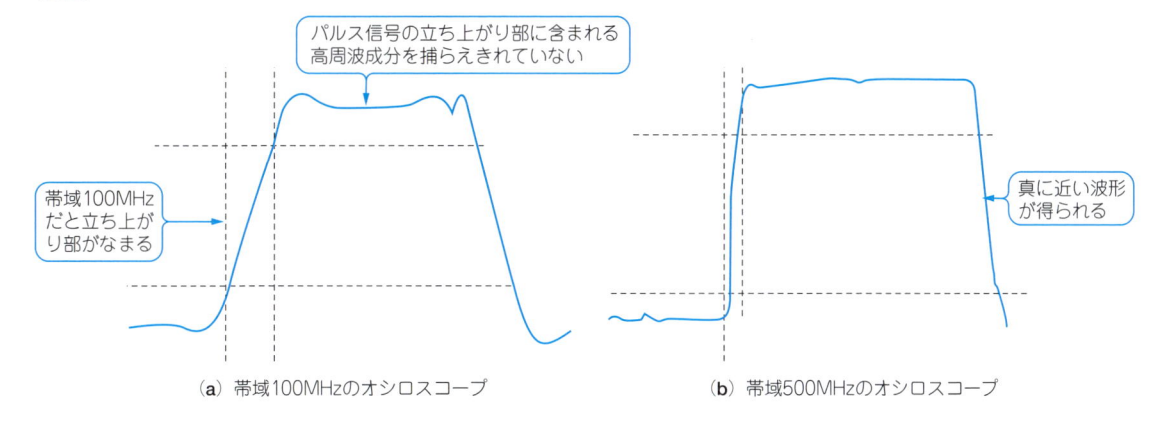

（a）帯域100MHzのオシロスコープ
- 帯域100MHzだと立ち上がり部がなまる
- パルス信号の立ち上がり部に含まれる高周波成分を捕らえきれていない

（b）帯域500MHzのオシロスコープ
- 真に近い波形が得られる

オシロスコープにとって，パルス信号の立ち上がりエッジは，正確に表示するのが難しい部分です．それは，この部分にとても高い周波数の成分が含まれているからです．立ち上がり時間が0secの理想矩形波は，無限の周波数成分を含みます．

図6は，立ち上がり時間1nsのパルス信号を入力したとき，オシロスコープの帯域幅の違いによって，どのように表示が変わるかを示したものです．

表示できる立ち上がり時間の最小値t_{rs}[s]と帯域幅f_{BW}[Hz]の関係を数式で表すと次のようになります．

$$t_{rs} = \frac{0.35}{f_{BW}}$$

t_{rs}を算定立ち上がり時間と呼びます．

例えば，帯域60MHzのオシロスコープの算定立ち上がり時間の限界は，

$$t_{rs} = \frac{0.35}{60 \times 10^6} \fallingdotseq 5.8\text{ns}$$

と求まります．

立ち上がり時間が長くなる原因は帯域幅が狭いことです．前述のようにオシロスコープには

表1 立ち上がり時間0secの方形波信号を入力したときに表示される波形の立ち上がり時間

オシロスコープの帯域幅f_{BW}[MHz]	算定立ち上がり時間t_{rs}[ns]
60	5.8
100	3.5
150	2.3
200	1.8
500	0.7

帯域幅が広いほど立ち上がりが速くなる

帯域がありますから，自ずと観測できる立ち上がり時間にも限度があります．帯域幅と算定立ち上がり時間の関係を**表1**に示します．

立ち上がり時間t_o[s]の信号を入力したときに，ディスプレイに表示される波形の立ち上がり時間t_r[s]は，算定立ち上がり時間をt_{rs}[s]とすると，

$$t_r = \sqrt{t_o^2 + t_{rs}^2}$$

で求まります．

例えば，立ち上がり時間5nsのパルス信号を帯域60MHzのオシロスコープに入力すると，ディスプレイには7.7nsで立ち上がるパルス信号が映し出されます．

オシロスコープの立ち上がり時間よりも急峻に変化する信号を入力した場合，画面に表示されるのは，観測波形の立ち上がりではなく，オシロスコープの立ち上がりであるわけです．

信号の立ち上がり時間を3%の確度で測定するためには，オシロスコープの算定立ち上がり時間は，測定信号の立ち上がり時間の数倍以上必要です．オシロスコープはプローブも含めた帯域ですからで，プローブもこれ以上の算定立ち上がり時間でなければなりません．

結論として，パルスの立ち上がりエッジや立ち下がりエッジを測定する場合は，オシロスコープの算定立ち上がり時間（t_{rs}）が無視できる範囲で使用すべきです．

例えば，帯域100MHzのオシロスコープで正しく観測できるパルスの立ち上がりエッジは，$t_{rs}=3.5$nsの10倍の35ns程度と考えておきましょう．

7-3 液晶ディスプレイの表示分解能による測定誤差

表示部にも誤差要因が潜んでいる

図7 表示用波形データの数と波形の映り方

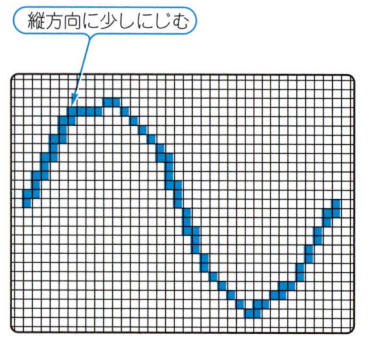

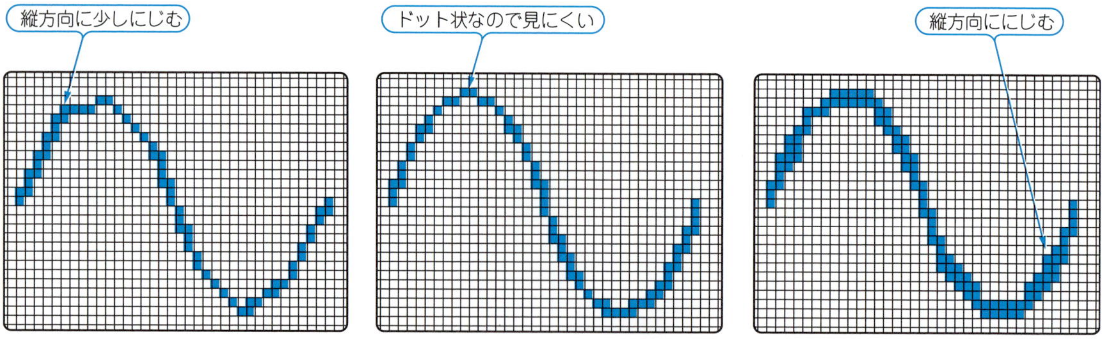

(a) 4画素おきに直線補間 — 縦方向に少しにじむ
(b) 1画素に1サンプリング点を表示 — ドット状なので見にくい
(c) 1画素に10サンプリング点を表示 — 縦方向ににじむ

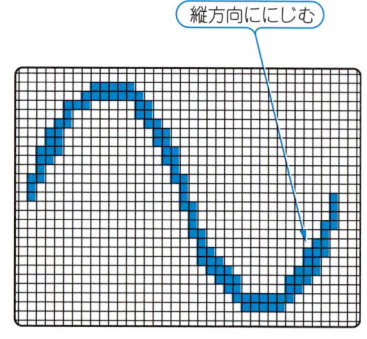

● ディスプレイの表示限界

ディジタル・オシロスコープには，次の二つの測定限界が存在します．

(1) 表示のための波形データ数（サンプリング数）
(2) 表示のための画素数

掃引速度によっては，(1)と(2)の影響で正しい波形が表示されません．このようすを図7に示します．

図7(a)は，水平画素数は十分にあるのにサンプリング数が少ないために，波形を表現するための輝点がとびとびになっている状態です．4画素おきに直線で結ぶ方法が考えられますが，それでも波形はゆがんで見えます．

図7(b)は，(1)と(2)が同じ数の場合です．1水平画素当たり1サンプリング点を表示できる状態です．縦方向と横方向に1画素だけ割り当てたのでは，波形を表現するドットがまばらで見にくくなります．そこで縦方向にドットを結んで見やすくします．

図7(c)は，サンプリング数は多いのに表示のための画素数が不足している場合です．図に示すように，サンプリング数分の最大値と最小値を表示すれば，波形に乗る細かなノイズは縦方向に映し出されます．パルス性のノイズなどの重要な情報を逃すことがありません．

このように，表示を見やすくする方法はディジタル・オシロ

図8 液晶ディスプレイの水平分解能より波形データが多い場合の表示①

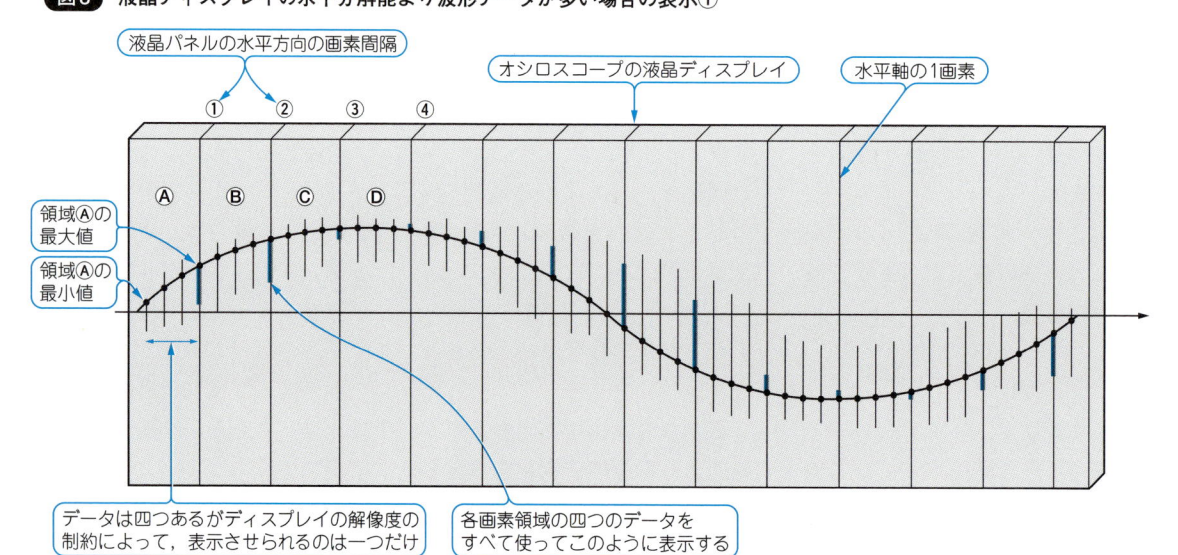

液晶パネルの水平方向の画素間隔／オシロスコープの液晶ディスプレイ／水平軸の1画素
領域Ⓐの最大値／領域Ⓐの最小値
データは四つあるがディスプレイの解像度の制約によって，表示させられるのは一つだけ
各画素領域の四つのデータをすべて使ってこのように表示する

スコープによって千差万別です．ただし，基本的な考え方は同じです．アナログ・オシロスコープの場合は，入力信号の電圧でディスプレイに当てる電子ビームを操って表示しますから，波形に乗った細かなノイズも残さず映し出されます．

● **画素数の少ない液晶ディスプレイに波形はどのように映るか**

ディジタル・オシロスコープの多くは液晶ディスプレイを使用しています．

液晶ディスプレイは，厚さが薄く，重量も軽く，消費電力も少なく，カラー・ディスプレイが標準であるなどメリットが多いからです．しかし，CRTほどきめの細かい画像が得られないという欠点があります．

普及型のオシロスコープの場合，5.7インチ（145mm）で，垂直240×水平320画素（ピクセル）程度です．CRTを使ったとしても，表示される波形は表示メモリ上のイメージを再現したものですから，やはり画素数があります．7インチで，垂直500×水平400ドット程度です．

水平軸や垂直軸のスケールを調整して，ディスプレイに表示された波形を拡大していくと，波形データ数の不足が原因でドットとドットの間隔が粗くなり波形がばらけてきます．

このような場合は，次の二つの補間機能を利用します．

（1）補間データを作り出す
（2）データ間を結ぶ

DSO3202Aには，ドット表示以外に，ドット間を直線や関数（$y = \sin x/x$）で補間して表示する方法を選択できます．X-Yモードはドット表示だけです．

図9 液晶ディスプレイの水平分解能より波形データが多い場合の表示②

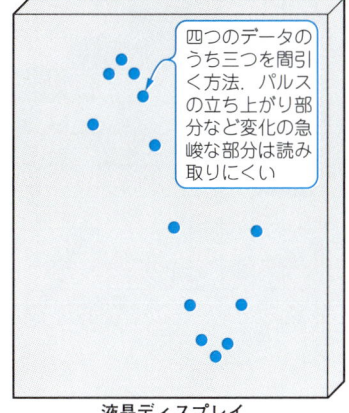

四つのデータのうち三つを間引く方法．パルスの立ち上がり部分など変化の急峻な部分は読み取りにくい

図10 液晶ディスプレイの水平分解能より波形データが多い場合の表示③

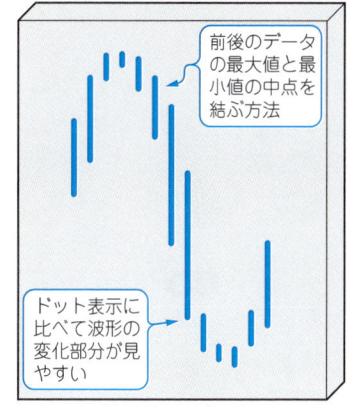

前後のデータの最大値と最小値の中点を結ぶ方法

ドット表示に比べて波形の変化部分が見やすい

図11 液晶ディスプレイの水平分解能より波形データが少ない場合の表示①

この間は直線で結ぶ．（直線補間）とドット間がつながって見やすくなる

■ 波形データ
□ 補間したデータ

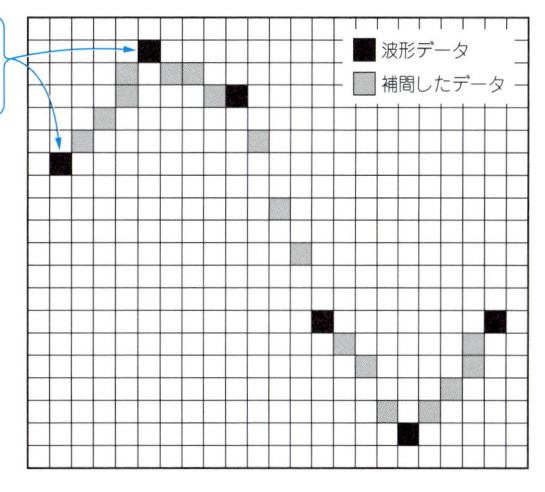

図7(a) に示すように，掃引速度によっては4画素おきに直線補間して表示したり，**図7(b)** のように1水平画素当たりに1サンプリング点を表示させたり，**図7(c)** に示すように1水平画素当たりに10サンプリング点を表示する場合があります．**図7**の場合は，10サンプリング点のデータの最大値と最小値を結んでいるので，縦方向ににじんで表示されます．

● **ディスプレイの水平分解能より蓄積データが多い場合**

表示用の蓄積データ数が2000個，ディスプレイの水平方向の分解能が500個あると仮定しましょう．

このように蓄積データより表示パネルの画素数が少ない場合でも，波形データは少しも無駄にせず表示させるほうがベターです．

図8は，あるオシロスコープの波形表示を拡大したものです．

領域Ⓐの四つのデータの最大値と最小値が，水平軸の1画素の部分（ライン①）に直線で示されます．ライン②に現れるのは，

7-3 液晶ディスプレイの表示分解能による測定誤差　151

領域Ⓑの四つのデータの最大値と領域Ⓐのライン①の直線の中央値を結んだ直線になります．波形のラインは太くなりますが，波形データは，極力無駄にしないで，すべて表示させることが重要です．

表示モードを切り替えることで，四つのデータのうち三つを間引いて，図9 のように表示させることもできますが，表示の精度は悪くなります．

図8 の例は，入力信号が正弦波の場合ですが，方形波などレベル変化が激しい部分のある信号を観測する場合，Ⓐの領域からⒷの領域がうまく繋がらないことがあります．このような場合は，前後のデータの最大値と最小値の中点を結びます．この規則で得られた直線を並べると，図10 のようになります．

● ディスプレイの水平分解能より蓄積データが少ない場合

表示用の蓄積データ数が200個しかなく，ディスプレイの水平方向の分解能が500個ある場合はどうでしょう．つまり蓄積データの数が，ディスプレイの水平方向の画素数（水平分解能）に満たない場合です．

図12 液晶ディスプレイの水平分解能より波形データが少ない場合の表示のさせ方②

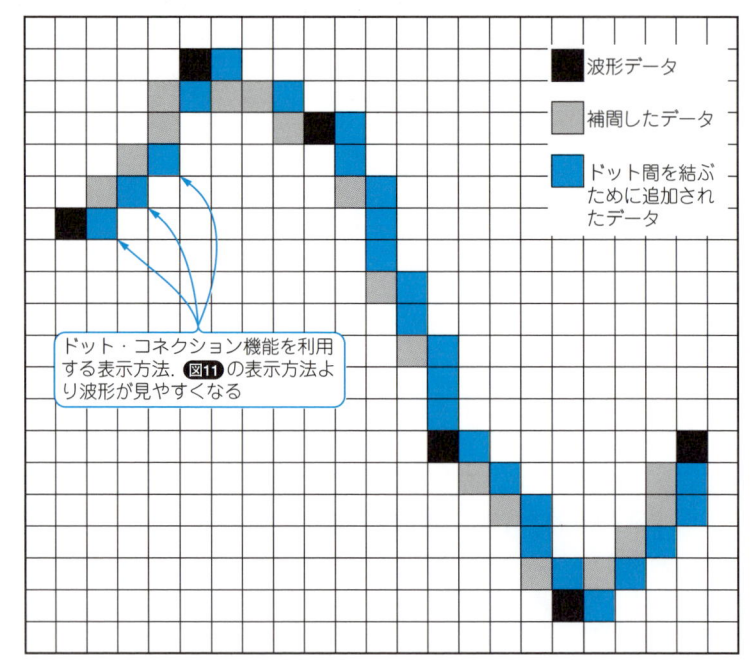

■ 波形データ
■ 補間したデータ
■ ドット間を結ぶために追加されたデータ

ドット・コネクション機能を利用する表示方法．図11 の表示方法より波形が見やすくなる

一つは，データとデータの間を補間しながら直線で結ぶ方法です．これを直線補間（line interpolation）と言います．

図11 は，蓄積データと補間したデータをドットで表示した表示波形です．図12 は，さらにこれらのドットを垂直方向に直線で結んだ波形で，これをドット・コネクションと呼ぶことがあります．

▶ 直線補間機能を利用するときの注意点

観測したい信号が正弦波の場合に直線補間機能を利用すると，表示波形のかどが目立ちます．なめらかに表示したい場合は，$y=\sin x/x$ で表される関数で補間するサイン補間（sine interpolation）を利用します．

なお，直線補間はアクイジションがエンベロープ・モードになっているときは無効です．

サンプリング・レートと帯域の関係

ディジタル・オシロスコープが表示できる信号の周波数の上限は，垂直増幅器が－3dB減衰する点の周波数，つまり帯域以外に，サンプリング・レートも制約を与えます．これは，ディジタル・オシロスコープを使うときに，つねに頭に入れておかなければならない重要な事柄です．

図Ⓐと図Ⓑを見てください．ディスプレイに表示されるのは，サンプリング点を結んだ波形です．図Ⓐでは，波形の周期の1/2よりやや短いサンプリング周期で波形を取り込んでいます．元の正弦波の面影はなくなっていますが，波形の繰り返し周期ぐらいはかろうじて判別できます．

図Ⓑは，サンプリング周期が波形の周期と同程度の場合を示しています．サンプリング点をつないだ表示波形には，元の波形の面影はありません．周期が失われているだけでなく，真の信号より低い周波数で繰り返される偽の信号が表示されています．四つの波が五つの点でサンプリングされており，4＋5＝9クロックで繰り返される正弦波になっています．

この現象をエイリアス（alias），または折り返し雑音などと呼んでいます．

7-4 サンプリング周波数，帯域，波形蓄積メモリ容量の関係
偽の表示波形にだまされないために

1 オシロスコープの波形取り込み部の特性

表2 オシロスコープの波形取り込み部のスペック例

項　目	値など
最大サンプリング・レート	1Gサンプル/s
垂直軸分解能	8ビット
ピーク検出	5ns
アベレージング	2〜256

- 帯域200MHzの5倍は必要
- ハイエンド・モデルでもこの程度
- 最小5ns幅のパルスを検出できる
- 平均化処理の回数

図13 サンプリング・レート500MS/sで100MHzの正弦波を観測したときの表示

- 1周期を五つの点（サンプリング点）で取り込める
- サンプリング点を直線で結ぶ．正弦波と判別できるぎりぎりの波形

波形取り込み部は，データ収集システムとも呼び，ディジタル・オシロスコープ特有の部分です．この部分の性能を **表2** に示します．

● サンプリング・レート

最大サンプリング・レートは，オシロスコープの帯域に対して十分余裕がある方がよく，帯域の5〜10倍が目安です．例えば，帯域100MHz，サンプリング・レート500MS/sのオシロスコープで周波数100MHzの正弦波を観測することを考えてみましょう． **図13** に示すように，1波形の1周期分を五つのサンプリング点で取り込むことになります．五つのサンプリング点を結んだ波形は，正弦波として確認できるぎりぎりの形状です．

● 垂直軸分解能

サンプリング・レートが時間軸（X軸）方向の分解能を表すのに対して，垂直軸分解能は振幅（Y軸）方向の分解能を表します．垂直軸分解能が8ビットのオシロスコープは，垂直軸のフルスケールが，

$$2^8 = 256段階$$

で分割されます．この分解能が高いほど波形のディテールを表現できます．しかし，液晶ディスプレイの縦方向の分解能が240ピクセル程度しかなければ，これ以上垂直軸の分解能を上げても意味がありません．

垂直軸の分解能を上げるためには，内蔵A-Dコンバータの分解能を上げ，さらに波形蓄積メモリの記憶容量を大きくする必要があります．メモリ容量が大きくなると，処理時間が長くなります．

特殊な用途でない限り，垂直軸分解能は8ビットで十分です．

column

図A 真の信号の周期より少し短い周期でサンプリング
- 真の信号（入力信号）
- 正弦波らしくはないが周期は正しい

図B 真の信号より少し長い周期でサンプリング
- 正弦波らしいが周期が非常に長く，元の波形とはまったく異なるものになっている

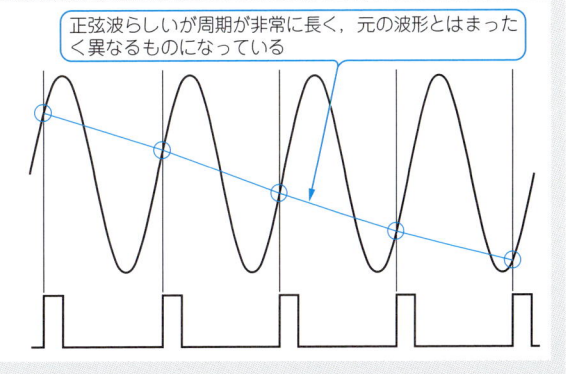

2 メモリ容量とサンプリング・レート

● サンプリング・クロックと表示できる信号の最高周波数

図14に示すように，波形蓄積メモリ（アクイジション・メモリ）の役割は，サンプリング点での電圧値を記憶することです．サンプリング点が多いほど波形のディテールまで表現できますから，メモリ容量は大きいにこしたことはありません．

サンプリング点の周期を決めるのがサンプリング・クロックです．サンプリング・クロックの周波数をサンプリング・レートと言います．

サンプリング・レートが1GS/sの場合，サンプリング・クロックの周期 T_S[ns]は，

$T_S = 10^{-9} = 1\text{ns}$

です．

波形の1周期分が10個のサンプリング点で表現できると想定すると，

$f = 1/10\text{ns} = 100\text{MHz}$

の信号を表示できます．

● サンプリング・レートとメモリ容量は切っても切れない深い関係

ディスプレイに1周期分の波形を表示させて，オシロスコープへの入力信号の周波数を下げていきます．メモリ容量とサンプリング・クロックの周波数は変えません．すると，いずれメモリに蓄積されているすべての波形データがディスプレイいっぱいに表示されます．

さらに入力信号の周波数を下げていき，それでも1周期分の波形を表示し続けるには，

① メモリ容量を増やす
② サンプリング・クロック

図14 波形蓄積メモリにはサンプリング点の振幅データが8ビットで記録されていく

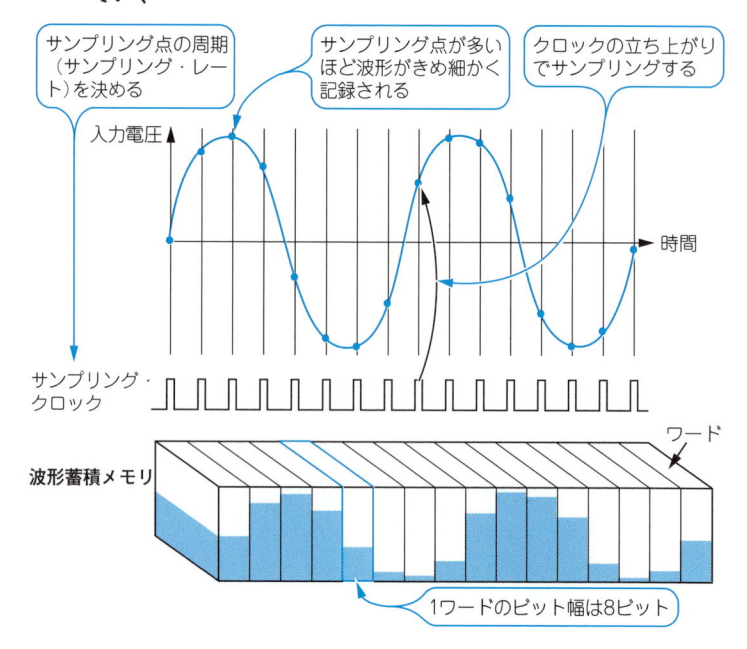

図15 水平スケールを長くしていくと波形蓄積メモリの利用率が上がる

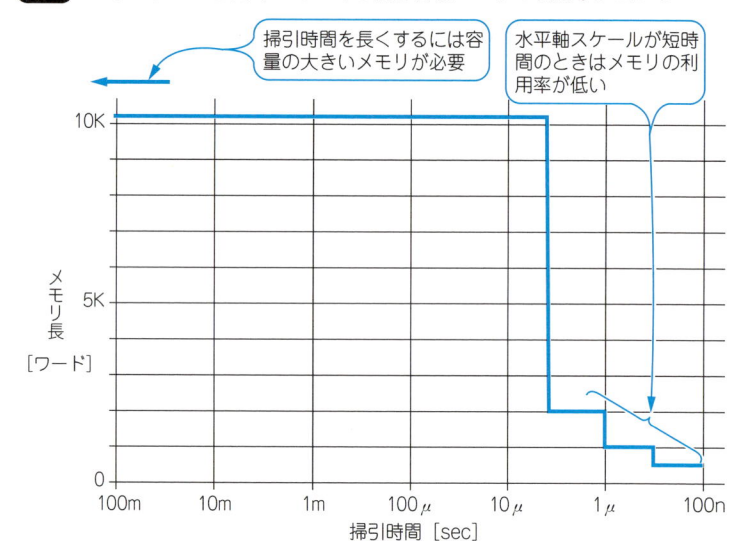

の周波数を低くするのどちらかを選ばなければなりません．この関係は次式で表されます．

$$f_{rate} = \frac{M}{t_S}$$

ただし，f_{rate}：サンプリング・レート[Hz]または[S/s]，t_S：掃引時間[秒]，M：メモリ容量[ワード]

例えばメモリ容量（M）を64ワード，水平軸のフルスケール（t_S）を50nsとすると，

$$f_{rate} = \frac{64}{50 \times 10^{-9}} = 1.3\text{GS/s}$$

となります．水平軸フルスケールを16.7ms（1/60s）とすると，

$$f_{rate} = \frac{64}{0.0167} = 3.8\text{kS/s}$$

になります．

周波数が高い入力信号に対しては，サンプリング・レートを1.3GS/sまで速めて対応することができます．

一方，入力信号の周波数が低くなると，メモリ容量の制約からサンプリング・レートを下げざるを得ません．このようにメモリ容量は最大サンプリング・レートと同じくらい重要な値です．

メモリ容量が大きければ，多数の波形を長時間取り込むことができます．このため多くのディジタル・オシロスコープは，1チャネルあたり，少ないもので数Kワード，多いもので数百Kワードのメモリを搭載しています．

図15に示すように，水平軸スケール（掃引時間）を長くしていくと，メモリの利用率が高くなります．逆に短くしていくと，サンプリング点の数が減少してメモリの利用率が低下します．

メモリ容量が大きくなると，画面の更新時間（アップデート・レート）が長くなります．

垂直軸回路の精度と最大入力電圧　　column

図C オシロスコープの入力部に直接さわると静電気が飛び込んで入力回路が壊れる可能性がある

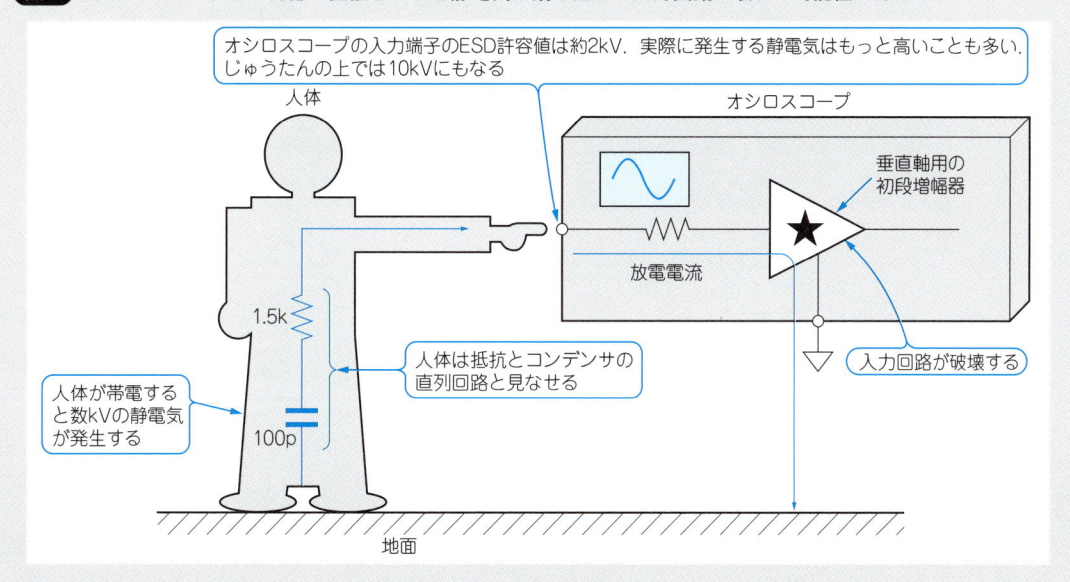

ディジタル・オシロスコープの入力部にある垂直軸のコントロール回路（垂直システム）は，アナログ回路で構成されています．入力信号の形状をいかに忠実に画面に表示するかに垂直システムの特性が大きく影響しています．そして，この特性がオシロスコープの価値そのものといっても過言ではありません．

● 精度は5mV/div.までは±4％，5mV/div.以上で±3％

一般的なオシロスコープは，2m～5V/div.程度のゲインの調整範囲があります．実際には10：1のプローブを使うことが多いので，20m～50V/div.と考えられます．

精度はスケールによって変わります．2m～5mV/div.では±4％，5mV/div.以上では±3％とや や良くなります．これはフルスケールいっぱいに波形を表示させた場合の精度です．

● 垂直軸の最大入力に注意

CH-1やCH-2の入力端子には加えることのできる電圧の限界があり，カテゴリⅡ（1MΩ，300V$_{RMS}$）などと書かれています．

これは，実効値300Vを越える電圧を加えると，機器が破壊する可能性があることを示しています．

仕様書には，これ以外に「ESD許容値 2kV」と書かれています．ESD（Electronic Static Discharge）とは，静電気による放電の許容値で，2kVは決して高い値ではありません（図C）．帯電した手などで入力端子を直接触ることは避けてください．10：1のプローブを使えばこの値は10倍になりますが，プローブの仕様に従う必要があります．

3 偽信号の発生

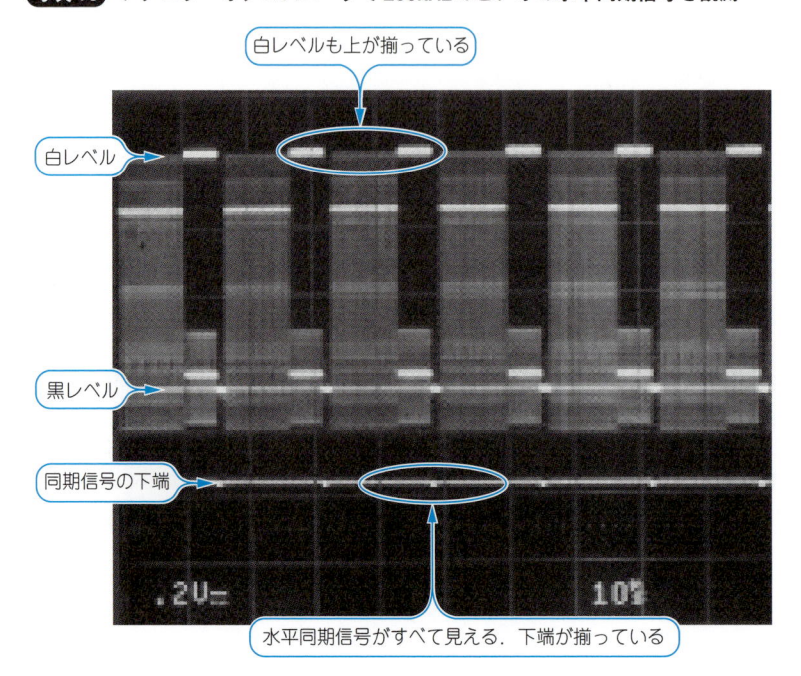

写真9 水平同期信号（200kHz）をサンプリング・レート10kS/sで観測

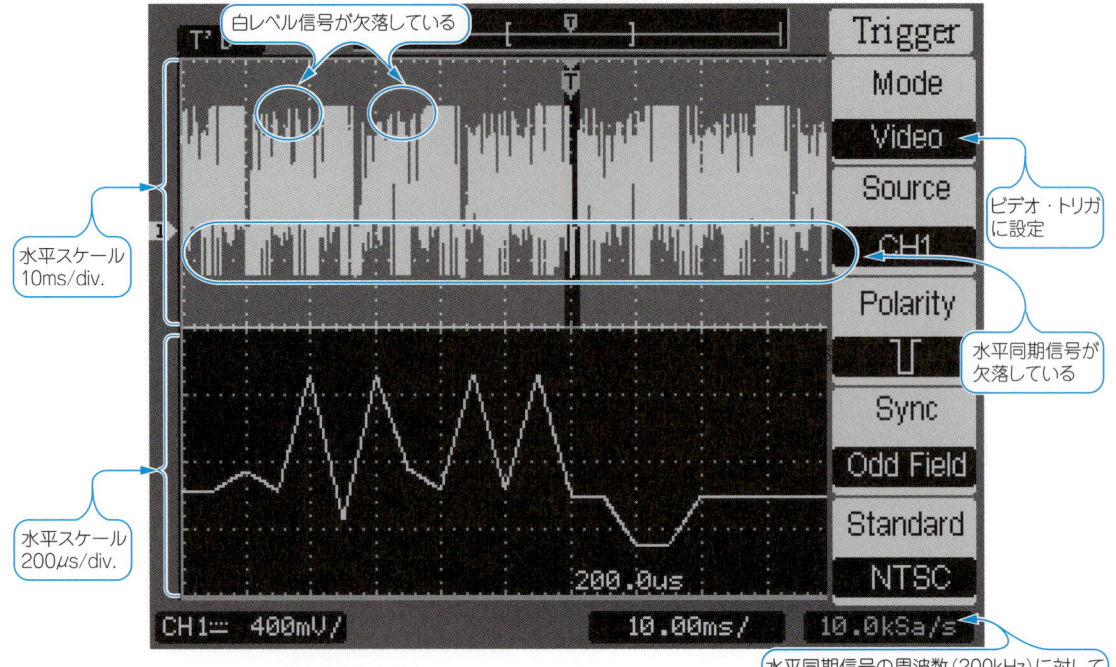

- 白レベル信号が欠落している
- 水平スケール 10ms/div.
- 水平スケール 200μs/div.
- ビデオ・トリガに設定
- 水平同期信号が欠落している
- 水平同期信号の周波数（200kHz）に対してサンプリング周波数が10kS/sと低い

　ビデオ信号に含まれている水平同期信号のパルス幅は約5μsです．周波数にすると，200kHzです．エイリアシングの発生を防ぐには，その2倍の400kS/s以上のサンプル・レートで観測しなければならないはずです．

　写真9に示すのは，水平軸スケール10ms/div.，サンプリ

写真10 アナログ・オシロスコープで200kHzのビデオの水平同期信号を観測

- 白レベルも上が揃っている
- 白レベル
- 黒レベル
- 同期信号の下端
- 水平同期信号がすべて見える．下端が揃っている

156　第7章　誤差の原因や測定限界

写真11 水平同期信号（200kHz）をサンプリング・レート500kS/sで観測

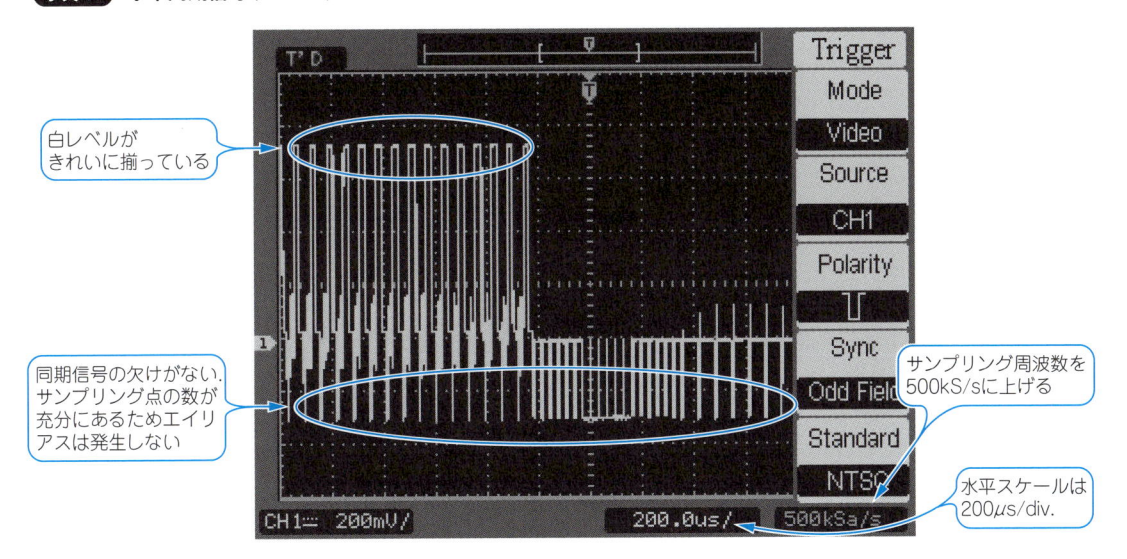

- 白レベルがきれいに揃っている
- 同期信号の欠けがない。サンプリング点の数が充分にあるためエイリアスは発生しない
- サンプリング周波数を500kS/sに上げる
- 水平スケールは200μs/div.

ング周波数10kS/sで観測した波形です．トリガ・モードはビデオです．

エイリアシングの発生の影響で，水平同期信号が5ms以上の期間欠落しています．

写真10に示すのは，同じ波形をアナログ・オシロスコープで観測した結果です．水平同期信号は欠落することなくすべて表示されています．

写真11に示すのは，サンプリング周波数を500kS/sに上げたときの表示波形です．エイリアシングの発生がなくなり，水平同期信号がしっかりと捕らえられています．

エイリアシングの発生を見つける方法　column

● 方法1

エンベロープ・モードやピーク検出モードに設定したりOFFしたりして，表示波形の変化を見ると，エイリアシングによる信号の欠けが発生しているかどうかを確かめることができます．

図Dに示すのは，エイリアシングが発生するような測定条件のもとで，ピーク検出モードに設定したときの波形です．**写真9**では，エイリアシングの影響で水平同期信号が欠落していましたが，ピーク検出モードにすると，サンプリング点間のピーク値が拾われて表示されます．

● 方法2

等価サンプリング機能を利用する方法もあります．これは，サンプリング点の位相をずらしていく手法で，サンプリング周波数より高い周波数の信号を捕らえることができます．このモードは，繰り返し波形にしか使えませんが，等価的にサンプリング周波数が上がります．このモードに入れたり，OFFしたりして，波形の変化を見ることで，測定によって発生しているエイリアシングの有無を確認することができます．

図D ピーク検出モードで観測すると同期信号や白/黒レベル信号の欠落部がベタで埋めつくされて表示される

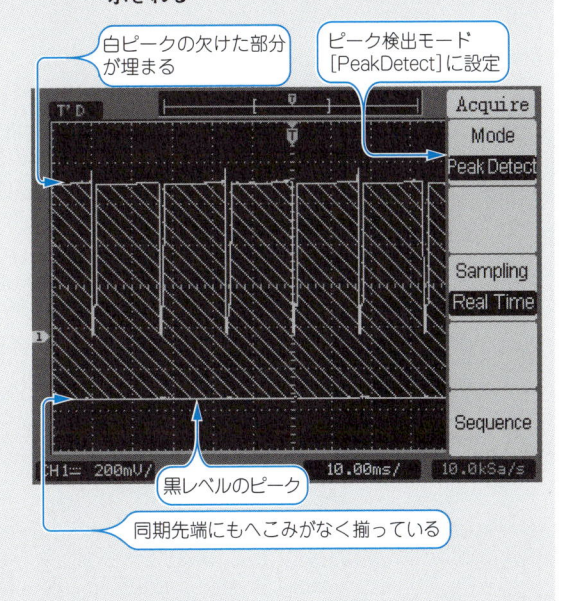

- 白ピークの欠けた部分が埋まる
- ピーク検出モード [PeakDetect]に設定
- 黒レベルのピーク
- 同期先端にもへこみがなく揃っている

# 索 引

【数字・アルファベットなど】

1：1プローブ	37
10：1パッシブ・プローブ	37
100：1パッシブ・プローブ	38
1000：1プローブ	43
ACカップリング	97
AC結合	62, 147
Blackman窓関数	111
BNCアダプタ	36
Capture	104
DCカップリング	97
DC結合	62, 147
EIA-232-E	122
ESD	155
EXT/5	89
EXTトリガ	89
FFT	105, 107
Force	88
GND	49
GP-IB	122
Hamming窓関数	110
HF Reject	97
I/Oセットアップ	137
IC絶縁キャップ	47
LVDS	32
LF Reject	97
Lower Limit	116
LPF	116
NTSC	95
PAL	95
Play Back	104
Rectangle窓関数	110
SECAM	95
trigger	84
Upper Limit	116
X-Yモード	78
X軸	58
Y軸	58

【あ・ア行】

アクティブ・プローブ	40
アナログ・オシロスコープ	71
アベレージング	118
アンダーシュート	19
位相	79
位相差	79
エイリアシング	157
エイリアス	152
エッジ・トリガ	90
エッジのなまり	19
オート・スケール	9
オート・トリガ	88
オーバーシュート	19, 128

【か・カ行】

カーソル	72
階段波	19
外部トリガ入力	9
加減算	112
下限周波数	116
基台	35
鋸歯状波	19
矩形波	19
グラウンド・スプリング	36, 145
グラウンド・リード	35, 36
グラウンド・リファレンス付きプローブ	46
高圧プローブ	43
高周波補正	54
校正信号端子	9
広帯域プローブ	51
高調波ひずみ	19
コマンド	124

【さ・サ行】

再生	103
サイン補間	152
サグ	19, 147
差動シリアル伝送ライン	112
差動伝送	33
差動プローブ	41
三角波	19
算定立ち上がり時間	149
サンプリング・クロック	154
サンプリング・レート	81, 153, 154
シールド	49
しきい値	99
自己校正	140
システム情報	137
ジッタ	19

自動測定	77, 126
周期	70, 130
周波数	70, 130
周波数帯域	53
周波数比	80
上限周波数	116
乗算	114
シングル・トリガ	98
垂直軸	58
垂直軸設定	9
垂直軸分解能	153
水平軸設定	9
水平掃引時間	58, 61
ストリーキング	19
正弦波	19
セルフ・キャリブレーション	140
セルフ・テスト	140
掃引	58
ソルダ・イン	50

【た・タ行】

帯域	148
帯域幅	149
タイム・ベース	58, 85
立ち上がり時間	75, 130
立ち上がり遅延時間	131
立ち下がり時間	130
立ち下がり遅延時間	131
単発信号	19, 105
遅延掃引	63
チャタリング	98
直線補間	151
低インピーダンス・プローブ	38
抵抗ディバイダ・パッシブ・プローブ	38
ディジタル・フォスファ・オシロスコープ	28
ディジタル補間	83
低周波補正	52
ディスプレイ	9
デューティ比	131
電流プローブ	44
同軸ケーブル	35
ドット・コネクション	152
トラッキング機能	76
トリガ	84
トリガ・ディレイ機能	86
トリガ回路	85
トリガ設定	9
トリガ点	86

【な・ナ行】

なまり	19
入力インピーダンス	49, 55
ノイズ	19, 49
ノーマル・トリガ	88
のこぎり波	19

【は・ハ行】

バースト波	19
パソコン・スコープ	30
パターン・トリガ	99
パッシブ・プローブ	37
バッテリ・バックアップ	111
パルス	19
パルス・トリガ	89, 93
ハンディ・オシロスコープ	20
反転コントロール	82
ピーク・ツー・ピーク	128
ピーク検出機能	139
ピーク電圧	69
ビデオ・トリガ	89, 94
フィルタリング	115
フーリエ変換	105
フック・チップ	35, 36
プリ・トリガ	86
プリシュート	19
プローブ	9, 34
プローブ・チップ	36
プローブ・ヘッド	35
飽和	19
ホールド・オフ	101
ポスト・トリガ	86
保存	65
ホワイト・ノイズ	117

【ま・マ行】

マスク・テスト	136
窓関数	109
ミクスト・シグナル・オシロスコープ	26
メニュー・ボタン	9

【ら・ラ行】

ランダム・ノイズ	117
ランプ波形	19
リサージュ	78
リファレンス点	86
リンギング	19, 145
ルーペつきプローブ	45
ロール・モード	100
録画	103
ロング・メモリ・オシロスコープ	22

■著者略歴

漆谷 正義（うるしだに まさよし）

1945年	神奈川県生まれ
1968年	広島大学理学部物理学科卒業
1971年	神戸大学大学院理学研究科修了
1971年	三洋電機株式会社入社
	レーザ応用機器の開発，ビデオ機器の設計など
2002年	受託開発業務およびテクニカル・ライタ

●本書記載の社名，製品名について ─── 本書に記載されている社名および製品名は，一般に開発メーカーの登録商標です．なお，本文中では™，®，©の各表示を明記していません．
●本書掲載記事の利用についてのご注意 ─── 本書掲載記事は著作権法により保護され，また産業財産権が確立されている場合があります．したがって，記事として掲載された技術情報をもとに製品化をするには，著作権者および産業財産権者の許可が必要です．また，掲載された技術情報を利用することにより発生した損害などに関して，CQ出版社および著作権者ならびに産業財産権者は責任を負いかねますのでご了承ください．
●本書に関するご質問について ─── 直接の電話でのお問い合わせには応じかねます．文章，数式などの記述上の不明点についてのご質問は，必ず往復はがきか返信用封筒を同封した封書でお願いいたします．ご質問は著者に回送し直接回答していただきますので，多少時間がかかります．また，本書の記載範囲を越えるご質問には応じられませんので，ご了承ください．
●本書の複製等について ─── 本書のコピー，スキャン，デジタル化等の無断複製は著作権法上での例外を除き禁じられています．本書を代行業者等の第三者に依頼してスキャンやデジタル化することは，たとえ個人や家庭内の利用でも認められておりません．

JCOPY〈出版者著作権管理機構委託出版物〉
本書の全部または一部を無断で複写複製（コピー）することは，著作権法上での例外を除き，禁じられています．本書からの複製を希望される場合は，出版者著作権管理機構（TEL：03-5244-5088）にご連絡ください．

ディジタル・オシロスコープ活用ノート

編 集	トランジスタ技術SPECIAL編集部	2007年7月1日	初版発行
発行人	小澤拓治	2020年8月1日	第7版発行
発行所	CQ出版株式会社	©CQ出版株式会社 2007	
	℡112-8619 東京都文京区千石4-29-14	（無断転載を禁じます）	
電 話	編集 03（5395）2148	定価は裏表紙に表示してあります	
	販売 03（5395）2141	乱丁，落丁はお取り替えします	
		編集担当者 野村 英樹／寺前 裕司	
		DTP・印刷・製本 三晃印刷株式会社	
ISBN978-4-7898-3760-6		Printed in Japan	